"十四五"职业教育国家规划教材

 大学生核心素养培育系列教材·数学类
新形态一体化教材

数学
（第三版）
建模

主　编　颜文勇　郑茂波

副主编　王　科　石　川

中国教育出版传媒集团

高等教育出版社·北京

内容提要

本书是"十四五"职业教育国家规划教材,是一本面向应用型高校的数学建模教材。本书融入党的二十大精神,精选丰富多样、难易恰当的模型,遵循常用的教学模式、按照新颖的体例编写而成。

本书包括基础篇和竞赛篇,分别对应课堂教学和竞赛培训,主要内容有数学建模简介、初等模型、微分模型、微分方程模型、线性代数模型、数学规划模型、概率统计模型、数学建模竞赛及论文写作、数据建模方法、综合评价模型、应用案例分析等。本书为新形态教材,相关章节配有视频二维码,学生可扫描查看;应用案例分析中设置有源程序代码二维码,学生也可扫描查看。教师如需获取本书授课用 PPT 等配套资源,请登录"高等教育出版社产品信息检索系统"(http://xuanshu.hep.com.cn)免费下载。

本书既可以作为普通高校本专科学生数学建模或数学模型课程教材,也可以作为具有初步高等数学知识的人员自学建模知识、训练数学应用能力或参加建模竞赛的参考书。

图书在版编目(CIP)数据

数学建模 / 颜文勇,郑茂波主编. -- 3版. -- 北京:高等教育出版社,2025.7. -- ISBN 978-7-04-064667-2

Ⅰ. O141.4

中国国家版本馆 CIP 数据核字第 2025ZC8084 号

SHUXUE JIANMO

策划编辑	马玉珍
责任编辑	马玉珍
封面设计	贺雅馨
版式设计	徐艳妮
责任绘图	黄云燕
责任校对	刘丽娴
责任印制	耿 轩

出版发行	高等教育出版社
社 址	北京市西城区德外大街4号
邮政编码	100120
印 刷	山东临沂新华印刷物流集团有限责任公司
开 本	787mm×1092mm 1/16
印 张	19
字 数	440千字
购书热线	010-58581118
咨询电话	400-810-0598
网 址	http://www.hep.edu.cn
	http://www.hep.com.cn
网上订购	http://www.hepmall.com.cn
	http://www.hepmall.com
	http://www.hepmall.cn
版 次	2011年6月第1版
	2025年7月第3版
印 次	2025年9月第2次印刷
定 价	44.80元

本书如有缺页、倒页、脱页等质量问题,请到所购图书销售部门联系调换

前　言

数学建模注重兴趣培养和过程开发，集知识传授、能力培养与素质提高于一体，集趣味性、知识性和探索性于一身。有别于传统数学教学，它能培养学生发现、分析和解决实际问题的兴趣与能力，提升学生的创新能力。本书遵循"四个衔接"，着力做到"两个突破"。

一、"四个衔接"

1. 与应用型人才培养目标相衔接，加强建模能力和求解能力的培养

本书通过大量来自生产实际的应用案例，培养学生从实际问题中发现数学问题，提炼并建立数学模型，并运用数学软件求解模型的能力。希望读者通过本书的学习，能应用已有的数学知识和方法不断改进工作方法、革新工艺流程，提高工作效率，提升产品质量，增强产品甚至企业的国际竞争力。

2. 与学生的知识能力水平相衔接，增加可施教性

（1）简化理论，突出应用。全书简化复杂的数学理论和高深的数学知识。在内容安排上，去掉较难的理论部分，如差分方程、偏微分方程、较难的随机模型等；在知识处理上，简化数学理论，弱化系统性，体现应用性与实践性，注重软件的应用。如求解线性规划问题的理论知识较多较难，本书省去单纯形法、对偶单纯法等理论算法，重点介绍利用数学软件求解规划问题的方法与技巧。

（2）分层设计。本书根据生源情况和学习需要分层设计。全书分基础篇和竞赛篇两部分，基础篇服务于广大学生数学建模的普及教学，为数学建模选修课设计或为大学数学课程的教辅资料，竞赛篇为部分优秀学生参加全国大学生数学建模竞赛设计。新版教材还精选了 2 篇在全国大学生数学建模竞赛中获"高教社杯"最高奖和"IBM SPSS"创新奖的论文，供读者学习交流。

3. 与课程内容相衔接

随着数学建模活动的不断深入，各高校在"将数学建模的思想和方法融入数学主干课程"的研究中进行了大胆的探索与实践，案例教学、启发式教学、互动式教学等教学与实践相结合的教学方法和教学内容正逐步进入数学教学课堂。本书在基础篇的设计中，尽量与应用型高校数学教学

内容相衔接，努力将数学建模教学与高等数学教学进行实质性的融合。

4. 与时俱进，培养数字化人才

为契合党的二十大报告提出的建设数字中国要求，教材增加了数据处理、统计建模方法等大数据技术知识，为培养适应数字中国建设需求的高素质技能人才打下良好基础。

二、"两个突破"

1. 突破传统《数学建模》教材的理论体系和知识框架，根据应用型人才培养目标和教学要求构建新的知识体系

本书在介绍相关的数学知识和方法的同时，突出数学建模的基本思想、基本知识和基本方法。所有知识尽量从实际问题引入，运用大量案例，让学生从大量浅显的实际问题的处理中领悟数学建模的方法，体会数学的奥妙与魅力，从而潜移默化地培养学生的数学应用意识与能力。

2. 突破传统《数学建模》教材的编写风格，体现趣味性、知识性和实用性

本书在知识的导入、展开、案例的选取和计算方法的介绍等方面，都尽量做到浅显易懂，引人入胜，充分激发学生的兴趣，让数学建模成为通俗、易懂、实用、好用的有力工具，而不是高深莫测、高不可攀的数学理论知识。希望同学们通过本教材的学习，能受益终身。

本书包括纸质教材、教学课件、教学视频、程序代码及其他教学资源库，为学生课内课外学习、线上与线下学习提供了丰富的资源。

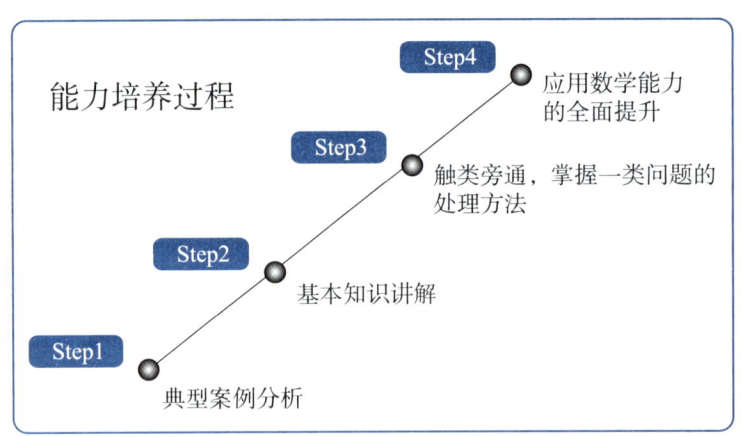

总的来说，本书具有风格新颖、形式活泼、直观生动、内容有趣，融知识性和实用性于一体等特点。希望同学们通过本课程的学习，提高发现问题和解决问题的能力、运用知识和寻找知识的能力，且达到学有所用、增强兴趣和信心的目的。

限于作者水平，本书不足之处在所难免，敬请广大同行和读者指正。

编　者

2025 年 2 月

目　录

基础篇

第 1 章　数学建模简介

学习目标

知识目标：

1. 了解数学模型和数学建模；

2. 了解数学建模的基本方法与步骤.

1.1　奇妙的数学

人们无时无刻不在与数学打交道. 日常购物离不开算术, 制订合理的购物或开销计划离不开现代数学方法. 数学是一门古老而又永远焕发青春的学科. 现代社会, 数学正突破传统的应用边界, 向几乎所有的人类知识领域渗透, 并越来越直接地为人类物质生产与日常生活作出贡献.

【优秀工程技术人员的数学素质】一名机械系的学生, 要想成为一名优秀的工程技术人员, 就应有意识地思考一系列与数学相关的问题, 如加工工件原材料大小、形状的选取, 材料切割方式的确定, 加工工件参数的设计, 加工工艺的优化, 工件精度的确定, 工艺流程的改良, 成品外包装规格尺寸的选择, 成品的摆放方式等.

机械制造专业既然如此, 其他专业就更不用多说. 现代社会的一个突出特点是定量化. 现代化的设计和控制, 从一个大工程的战略计划、新产品的开发与制作、成本的结算、施工、验收, 直到贮存、运输、销售和维修等都必须十分精确地规定大小、方位、时间、速度、成本等数字指标. 精确定量思维是对当代技术人员共同的要求. 数学不仅是现代社会发展的助推器, 引领科技的竞争, 而且数学作为一种文化, 已成为人类文明进步的重要标志. 美国著名数学家、哲学家、数理逻辑学家怀特黑德(Whitehead, 1861—1947)曾经说过: "只有将数学应用于社会科学的研究, 才能使得文明社会的发展成为可控制的现实. "

可以毫不夸张地说, 数学的应用无处不在. 其应用实例不胜枚举, 下面略举 2 例, 从中我们可以感受到数学的无穷魅力和强大威力.

1.【华罗庚的生产应用】20 世纪 70 年代, 华罗庚教授亲自率领研究小组, 深入到工厂、农村、矿山, 大力推广优选法与统筹法, 足迹遍及 23 个省市, 成果遍及许多行业, 解决了许多实际问题. 例如, 纺织业中提高织机效率与染色质量, 减少细纱断头率; 电子行业中试制新的 160 V 电容器, 使百万米废钼丝重新具备使用价值; 农业中提高加工中的出米率、出油率、出酒率等, 为国家经济建设作出了贡献.

2.【预测与控制】自然科学的主要任务是预测、预见各种自然现象. 数学是预测的重要武器, 而预测则是管理工作如资金的投放、商品的产销、人员的组织等的重要依据. 我国数学工作者在台风、地震、病虫害、鱼群、海浪等方面进行过大量的统计预测. 中国科学院数学与系统科学研究院陈锡康课题组连续多年预测全国粮食产量, 预测平均误差为产量的 1.6% 左右, 预测提前期达半年以上, 在预测精度和预测提前期方面居国际领先水平, 为国家决策提供了重要的科学依据.

事实上, 数学在国民经济和社会生活中扮演着越来越重要的角色. 希望同学们在今后的学习和工作中, 不仅能学好数学, 更能用好数学. 我们相信: 数学在未来科技的竞争中必将显示出更强大的威力, 彰显其作为整个科学技术根基的关键地位.

1.2　数学建模的概念

也许, 你只听说过航空航天模型、建筑模型、机械模型或手机模型等实物模型, 而对数学模型还很陌生. 但事实上, 数学模型并不是新事物, 可以说有了数学并用数学去解决实际问题, 就一定要用数学的语言、方法去近似地刻画该实际问题, 而这种刻画的数学表述就是一个数学模型.

【最典型的数学模型 1: 万有引力定律】 17 世纪, 牛顿从苹果落地这一自然现象中发现了万有引力, 并给出了万有引力定律公式 $F = G\dfrac{Mm}{r^2}$. 万有引力定律的数学表示就是一个很好的数学模型.

【最典型的数学模型 2: 微积分基本公式】 学习过微积分的同学都知道, 17 世纪牛顿和莱布尼茨几乎同时发明了微积分基本公式: 若 $F'(x) = f(x)$, 则 $\displaystyle\int_a^b f(x)\,\mathrm{d}x = F(b) - F(a)$. 微积分基本公式是一个划时代的优秀数学模型, 它掀开了数学史的新篇章.

一般地说, 当人们设计产品参数、规划交通网络、制订生产计划、控制工艺过程、预报经济增长、确定投资方案时, 都需要将研究对象的内在规律用数学的语言和方法表述出来, 并将求解得到的数量结果返回到实际研究对象的问题中去. 在决策科学化、定量化呼声日渐高涨的今天, 数学建模几乎无处不在.

1.2.1 数学模型与数学建模

下面从一个有趣的脑筋急转弯问题引入数学建模的相关话题.

问题 1　【趣味题】树上有 7 只鸟, 开枪打死一只, 还剩几只?

当我们置身于现实世界时, 应该考虑到以下情形:

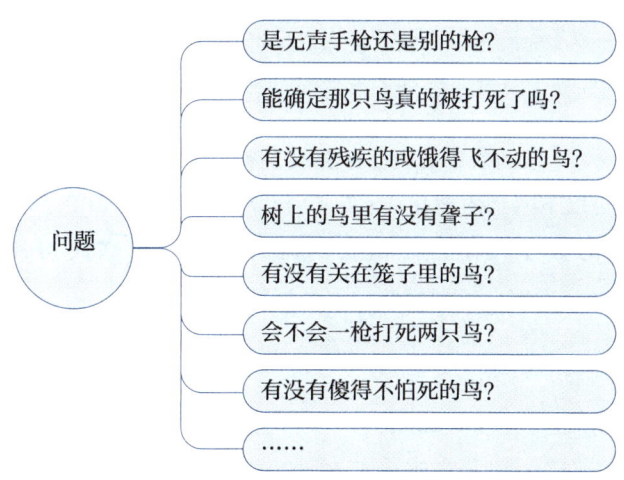

现实世界的复杂性和多样性需要充分发挥人们的想象力, 从不同的角度思考同一个问题, 想尽所有的可能. 但如果考虑的因素太多, 又会导致我们无从着手分析并得出最终结论. 因此, 在处理实际问题时, 必须抓住问题的主要方面, 对复杂的客观现实世界进行必要的、合理的简化假设, 从中抽象出数学问题, 建立数学模型.

若把实际问题看作原型，则数学模型是将原型经过简化提炼而构成的替代物．简化是构成数学模型的必要前提．

如果要下一个定义的话，**数学模型**是对一个实际问题，按照其内在规律做出一些必要、合理的简化假设后，运用适当的数学工具，得到的一个数学结构．借助数学的分析与计算全面探讨并求出所得模型的解．再结合相关背景知识，利用所得结果解释或回答实际问题．而建立数学模型的全过程称为**数学建模**．

这里所说的数学结构（数学表述）可以是一个等式或不等式，还可以是一个图表、图像、框图等（或数学公式、算法、表格、图示等）．

1.2.2 数学建模与求解数学应用题

数学建模的对象是客观实际问题．从问题 1 的思考过程还可以看出，数学建模不同于求解应用题：应用题已经是一个理想化的数学问题，而实际情况却往往比想象中的更复杂，更棘手．因此在建立数学模型之前，需要我们对客观对象进行深入的研究，并从中抽象出数学问题．图 1-1 能大概说明数学应用题与现实问题以及数学建模之间的关系．

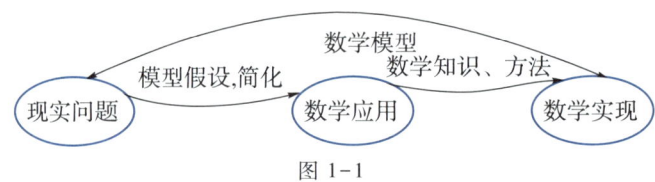

图 1-1

1.3 数学建模的方法与步骤

1.3.1 数学建模的一般步骤

下面，我们用一个简单的实例来说明数学建模的全过程．

> **问题 2** 【节约装修材料】小张要装修一间长方形房屋的地板，通过比较，他决定选用以下型号的玻化砖：500×500，600×600 和 800×800．试建立选择玻化砖型号的数学模型，使浪费的地砖最少．若这间房屋的面积为 4.2×3.6（m²），问选哪一种型号的地砖最好？

一、模型准备（弄清题意）

题目涉及安装行业的一些专用术语及专业知识，如：

（1）什么是玻化砖？

（2）玻化砖如何安装？ 有哪些技术要求？

第一步 模型的准备

（问题分析）

建模问题可能来自各行各业，而我们都不可能是全才．因此，当刚接触某个问题时，我们可能对其背景知识一无所知．这就需要我们想方设法

（3）三种型号的地砖：500×500，600×600，800×800 大小分别是多少？

带着这些问题，我们可以查阅资料，或咨询装修施工人员等．从而可以获知：玻化地板砖是一种硬度较大的瓷砖，为防止在使用过程中因热胀冷缩而引起拱翘，在安装过程中一般要预留收缩缝．三种地砖型号 500×500，600×600，800×800 分别表示边长为 0.5 m，0.6 m，0.8 m 的正方形地砖．

另外：

（4）题目要求：浪费材料最少．

（5）影响地砖选择的因素：

① 房间大小．

② 瓷砖大小．

准备就绪后，将进入下一步．

二、模型假设与变量说明（抓住主要因素，去掉次要因素）

经过模型准备，初步理顺了问题的要求以及影响目标的各个因素．为便于下一步建模，由问题 1 我们知道，必须在众多因素中，抓住主要因素，去掉次要因素，做必要的、合理的简化假设．

（1）假设房间地面为一个标准的长方形．

注：虽然建筑误差和测量误差可能导致测量数据与实际房屋尺寸有一些出入，但在最初分析时，我们可以将问题理想化．

（2）假设玻化砖均为标准的正方形，三种型号地砖的边长分别为 0.5 m，0.6 m，0.8 m．

（3）不考虑安装玻化砖时玻化砖之间的缝隙、房屋尺寸误差以及瓷砖尺寸误差等．

（4）假设一间屋用同一型号的地砖．

（5）假设一块地砖被切割后，余料不能再用．

（6）设房间长为 a m，宽为 b m．

（7）设三种型号地砖的边长分别为 $d_i(i=1,2,3)$．

地去了解问题的实际背景．通过查阅、学习，对问题有一个模糊的印象．再通过进一步的分析，对问题的了解逐渐明朗化．

模型准备跟炒菜前的准备一样，准备得越充分，解决问题就越得心应手．

> 资料查阅十分重要

第二步　模型的假设

现实世界的复杂性和多样性，使得我们不得不根据实际情况扩大思考的范围，再根据实际对象的特性和建模的目的，在分析问题的基础上对问题进行必要的、合理的取舍简化，并使用精确的语言做出假设．

如果假设过于详细，试图把复杂的实际现象的各个因素都考虑进去，无疑是一种有勇气但方法欠佳的行为．在假设中，应抓住问题的关键因素，抛弃次要因素．当然，如果假设不合理或过分简单，也同样会因为与实际相去甚远而使建模归于失败．

必要而合理化的模型假设应遵循两条原则：

A. 简化问题；

B. 保持模型与实际问题的"贴近度"．

> 必要的、合理化的简化

三、 模型的分析与建立

所用地砖的数量 $= \lceil a/d_i \rceil \cdot \lceil b/d_i \rceil$，
其中 $\lceil\ \rceil$ 表示向上取整，如 $\lceil 5.3 \rceil = 6$.

所用材料的面积

$$= (\lceil a/d_i \rceil \cdot d_i) \cdot (\lceil b/d_i \rceil \cdot d_i);$$

浪费面积 $= (\lceil a/d_i \rceil \cdot d_i) \cdot (\lceil b/d_i \rceil \cdot d_i) - ab$.

按题目要求：求浪费的材料最少，即

$$(\lceil a/d_i \rceil \cdot d_i) \cdot (\lceil b/d_i \rceil \cdot d_i) - ab$$

最小，

简记为

$$\min\{ (\lceil a/d_i \rceil \cdot d_i) \cdot (\lceil b/d_i \rceil \cdot d_i) - ab \}.$$

这就是要建立的数学模型.

四、 模型求解

当房间长 4.2 m、宽 3.6 m 时，将三种型号的地砖代入以上模型，进行比较，显然，选用 600×600 型地砖浪费材料最少.

五、 模型的分析与检验

在实际装修中，工人师傅一般会在正式铺地砖之前进行预铺，以调节误差，使铺出的地砖整齐、美观. 因此，建模时可以不考虑各种误差. 我们所得结果与实际情况吻合，模型正确实用即可.

第三步 模型的建立

根据所做的假设，利用适当的数学工具（应用相应的数学知识），建立多个量之间的等式或不等式关系，列出表格，画出图形，或确定其他数学结构.

事实上，建模时还有一个原则，即尽可能采用简单的数学工具，以便使更多的人能够了解和使用模型.

> 等式、不等式、表格、图形或其他数学结构

第四步 模型的求解

对建立的模型进行数学上的求解，包括解方程、画图形、证明定理以及逻辑运算等，会用到传统的和近代的数学方法，特别是软件和计算机技术.

目前有一些非常优秀的数学软件，如 MATLAB、Mathematica、Maple、Lingo 等，它们将为我们求解数学模型提供方便快捷的手段和方法. 本书将以 MATLAB 软件为平台，介绍利用 MATLAB 求解数学模型的方法和技巧.

> 可借助数学软件

第五步 模型的分析

将求得的模型结果进行数学上的分析. 有时根据问题的性质，分析各变量之间的关系和特定性态；有时根据所得的结果给出数学上的预测；有时则给出数学上的最优决策或控制. 这一步视实际问题的情况也可以合并在下一步.

> 视问题而定

第六步　模型的检验

把模型分析的结果返回到实际所研究的对象中，如果检验的结果不符合或部分符合实际情况，那么我们必须回到建模之初，修改、补充假设，重新建模；如果检验结果与实际情况相符，则进行最后的工作——模型的应用.

> 将结果返回实际, 检验

模型假设

下面通过几个实例说明模型假设的必要性以及如何进行模型假设.

问题3　【出租车的收费问题】请考虑出租车的收费标准.

分析　影响出租车定价的因素很多，如汽车的成本(包括购车成本、经营成本，其中经营成本又包括营业费用、燃油费等)、司机的驾车时间(行驶时间、堵车时间、汽车维修时间等)、出租车的使用年限，等等. 但合理的出租车定价应考虑哪些主要因素呢？

国内通行的收费标准考虑了以下4个因素：乘车起步价费用、出租车行驶的里程、单位里程的费用、堵车时间.

问题4　【淋雨量问题】一个雨天，你有急事需要从家到学校去，学校离家仅1 km，且事情紧急，你来不及花时间去翻找雨具，决定碰一下运气，冒着雨去学校. 然而出发后雨变大了，但你不打算再回去. 一路上，你将被大雨淋湿.

一个似乎很简单的考虑是你应该在雨中尽可能地快走，以减少淋雨的时间. 但如果考虑到降雨方向的变化，那么在全部路程上尽力地快跑是不是最好的策略？ 试建立数学模型来探讨如何在雨中行走才能降低淋雨的程度.

分析　此题涉及人体表面积的计算. 而人体是一个十分复杂的几何体，如果不进行必要的、合理化的简化，则很难得到计算结果.

这里，可以把人体假设为一个长方体.

问题5　【餐馆中洗盘子问题】餐馆每天都要洗大量的盘子，为了方便，某餐馆是这样清洗盘子的：先用冷水粗洗一下，再放进热水池洗涤，水温不能太高，否则会烫手，但也不能太低，否则洗不干净. 由于想节省开支，餐馆老板想了解一池热水到底可以洗多少个盘子，请你帮他建模分析一下.

分析　盘子有大小吗？是什么样的盘子？ 盘子是怎样洗的？…… 不妨假设：盘子大小相同，均为瓷质菜盘. 不难看出，水的温度决定洗盘子的数量. 盘子是先用冷水洗过的，其后可能还会再用清水冲洗，更换热水并非因为水太脏了，而是因为水不够热了. 那么热水为什么会变冷呢？ 假如想建立一个较精细的模型，你当然应当把水池、空气等吸热的因素都考虑进去，但餐馆老板的原意只是想了解一池热水大约可以洗多少个盘子，杀鸡焉用牛刀？不妨提出以下简化假设：

（1）水池、空气吸热不计，只考虑盘子吸热，盘子的大小、材料相同；

（2）盘子的初始温度与气温相同，洗完后的温度与水温相同；

（3）水池中的水量为常数，开始温度为 T_1，最终换水时的温度为 T_2；

（4）每个盘子的洗涤时间 ΔT 是一个常数（这一假设也可以不要）.

根据上述简化假设，利用热量守恒定律，餐馆老板的问题就很容易回答了. 当然，你还应当调查一下一池水的质量是多少，查一下瓷盘的吸热系数和质量等. 可见，假设条件的提出不仅和你研究的问题有关，还和你准备利用哪些知识、建立什么样的模型以及研究的深入程度有关，即在你提出假设时，模型的框架已经基本搭好了.

数学模型的一般步骤

第一步　**模型准备**

第二步　**模型假设**

（1）识别变量并对变量进行分类；

（2）确定变量与模型之间的相互关系.

第三步　**模型建立**

第四步　**模型求解**

第五步　**模型分析、检验**

（1）问题表述清楚了吗？

（2）在通常意义上它有意义吗？

（3）与实际情况相吻合吗？

（若否，则回到第二步；若是，则进入下一步.）

第六步　**模型应用**

整个模型的建立过程可用图 1-2 表示.

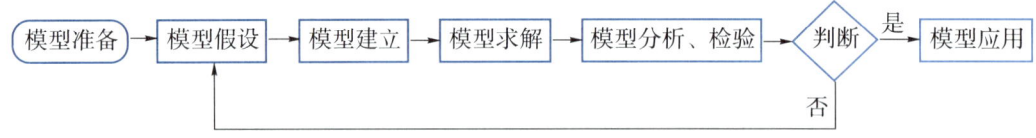

图 1-2

当我们面临新的建模问题时，这个流程是极具指导意义的. 应当注意的是，这个流程的目的是指导我们更好地进行建模实践，其应用是可以有弹性的，切勿生搬硬套. 也就是说，不是每个建模问题都要经过这六个步骤，其顺序也不是一成不变的. 一个具体建模问题要经过哪些步骤并没有一定的模式，通常与实际问题的性质、建模的目的等有关. 后面我们将结合实例对上述这个流程的各个步骤详加说明. 因此，在建模过程中不要局限于形式上的按部就班，重要的是根据所研究对象的特点和建模的目的，去粗取精、去伪存真，不断完善.

1.3.2 数学建模的思想方法

数学建模的过程是一种创新过程，它需要我们在深入了解实际问题的背景，获悉大量基础资料的前提下，弄清问题的性质、建模的目的，然后充分发挥我们的想象力，凭借建模经验、灵感，应用相关知识，创造性地开展工作. 数学建模方法不同于其他数学方法，没有普遍的准则和技巧，而经验、想象力、洞察力、判断力及直觉、灵感等在建模过程中起的作用往往比一些具体的数学知识更大. 数学建模是一项富有挑战性的工作，是一门"艺术". 要获取这门艺术的真谛，需要我们多学习、多体会. 如果你掌握好了这门艺术的真谛，那么你在工作中会更加游刃有余.

数学建模实践的每一步都蕴含着能力上的锻炼，在调查研究阶段，需要用到观察能力、分析能力和数据处理能力等. 在提出假设时，又需要用到想象力和归纳简化能力.

> **问题6** **【船夫运货模型】**如果一个船夫每次只能运一件物品，问他如何把一只羊、一只狼还有菜运往河对岸，才能保证狼不吃羊，羊不吃菜？

一、 模型假设与符号说明

（1）假设船夫不在场时，狼要吃羊，羊要吃菜，而狼不吃菜.

（2）船夫每次只能运一件物品.

（3）设河岸指船夫刚到河边时的那一岸，河对岸指船夫将东西运往的一岸.

二、 模型的分析、建立与求解

此问题的关键在于：在运输过程中，无论是在河岸还是对岸，狼与羊、羊与菜始终不能单独在一起.

方法一：状态转移方法

设初始状态 0 为 {船夫,羊,狼,菜}→{}.

河两岸的安全状态包括：{}、{羊}、{狼}、{菜}、{船夫}、{船夫,羊}、{船夫,狼}、{船夫,菜}、{狼,菜}、{船夫,狼,羊}、{船夫,狼,菜}、{船夫,羊,菜}、{船夫,羊,狼,菜}.

第一次：由于羊与菜，羊与狼不能单独在一起，故只有将羊运走. 转运状态为

$$\{狼,菜\}→\{船夫,羊\}→\{\}, \qquad\qquad 状态1$$

转运后的状态为

$$\{狼,菜\}\ \{船夫,羊\}. \qquad\qquad 状态2$$

第二次返空，否则将回到初始状态 0.

第三次：若将狼运走，转移时的状态为

$$\{菜\}→\{船夫,狼\}→\{羊\}, \qquad\qquad 状态3$$

转运后的状态为

$$\{菜\}\ \{船夫,狼,羊\}; \qquad\qquad 状态4$$

若从状态 2 将菜运走，则转移过程状态为

$$\{狼\}→\{船夫,菜\}→\{羊\}, \qquad\qquad 状态3'$$

转运后的状态为

$$\{狼\} \quad \{船夫,菜,羊\}. \qquad\qquad 状态 4'$$

以上两种转运方式均满足要求.

第四次:在状态 4 的情况下,若返空,则河对岸有羊与狼,它们不能单独留在一起,所以必须运其中一个.如果运狼,则又回到状态 2.假设运走羊,转移时的状态为

$$\{菜\} \leftarrow \{船夫,羊\} \leftarrow \{狼\}, \qquad\qquad 状态 5$$

转运后的状态为

$$\{船夫,菜,羊\} \quad \{狼\}; \qquad\qquad 状态 6$$

在状态 4′ 的情况下,同理,只能运羊,转移时的状态为

$$\{狼\} \leftarrow \{船夫,羊\} \leftarrow \{菜\}, \qquad\qquad 状态 5'$$

转移后的状态为

$$\{船夫,狼,羊\} \quad \{菜\}. \qquad\qquad 状态 6'$$

第五次:在状态 6 的情况下,为避免菜与羊在一起,只能运菜,转移时的状态为

$$\{羊\} \rightarrow \{船夫,菜\} \rightarrow \{狼\}, \qquad\qquad 状态 7$$

转移后的状态为

$$\{羊\} \quad \{船夫,菜,狼\}; \qquad\qquad 状态 8$$

在状态 6′ 的情况下,为避免羊与狼在一起,只能运狼,转移时的状态为

$$\{羊\} \rightarrow \{船夫,狼\} \rightarrow \{菜\}, \qquad\qquad 状态 7'$$

转移后的状态为

$$\{羊\} \quad \{船夫,菜,狼\}. \qquad\qquad 状态 8',同状态 8$$

第六次:返空.

第七次:在状态 8(或状态 8′)的情况下,将羊运往河的对岸,最终状态为

$$\{\} \quad \{狼,菜,船夫,羊\}. \qquad\qquad 状态 9$$

完成了转运任务.

因此,运送方案(一)(非"′"状态)的图示(图 1-3)为

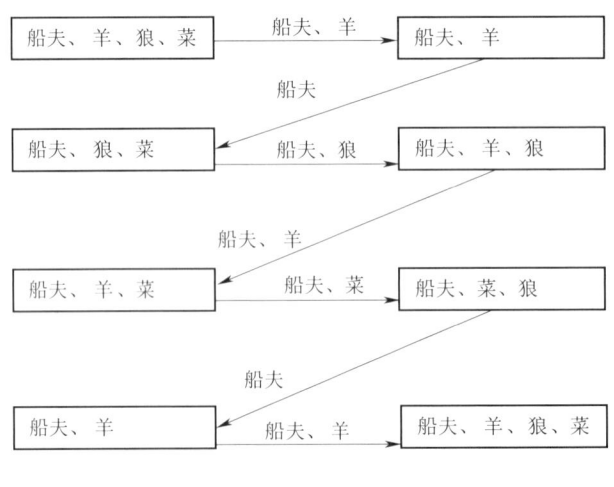

图 1-3

运送方案（二）（有"'"状态）与此相似.

方法二：排列组合和推理的方法

第一次：由于一次只能运送一件物品，而从羊、狼、菜三个中任选 1 个的组合数为 $C_3^1 = 3$，方案分别为运羊、狼或菜.船夫运走一件物品后，河岸有 2 件物品，河对岸有 1 件物品.河岸 2 件物品的可能性为从羊、狼、菜三个中任选 2 个的组合数，即有 $C_3^2 = 3$ 种可能，方案分别为羊与狼，狼与菜，羊与菜.由于羊与狼，羊与菜不能在一起，所以只能让狼与菜在一起，运走羊.结果：运羊.

第二次、第三次……按与第一次相似的思考方式确定，最后得到运送方案.

方法三：集合分析方法

设集合 $A = \{$羊，狼，菜$\} = \{a_1, a_2, a_3\}$.

设每一次运输（含往、返）过程中，河岸、对岸以及船上的物品所构成的集合分别为 B，C，D，它们均为 A 的子集，且满足以下条件：

（1）$A = B \cup C \cup D$.

（2）$B \cap C = \varnothing$，$D \cap C = \varnothing$，$B \cap D = \varnothing$.

（3）$D = \{a_1\}$，或 $D = \{a_2\}$，或 $D = \{a_3\}$，或 $D = \{\}$.

（4）B，$C = \{a_1\}$，或 $\{a_2\}$，或 $\{a_3\}$，或 $\{a_2, a_3\}$ 或 $\{\}$.

通过编程或粗略计算可得运送方案.

这一方法似乎有点小题大做，但它也不失为一种方法.

虽然建模没有固定的模式，但科学的思维方式是建模工作的基础，创新思维是建模成功的源泉.数学的创新思维有：类比思维、归纳思维、逆向思维、发散思维、猜测思维等.这些方法有许多共性，如：不轻易否定别人的意见，怀疑一般常识，敏锐地观察别人尚未察觉的事物，努力摆脱思维的困境等.因此，我们要时常问自己如下的问题：

（1）这个问题与什么问题相类似？

（2）假如变动问题的某些条件将会怎样？

（3）将问题分解成若干部分再考虑会怎样？

（4）重新组合又会怎样？

当对问题已有初步的想法或解决方案时，为进一步打开思路还可提出以下问题：

（5）我们还可以做些什么？

（6）还有没有需要进一步完善的内容？

（7）可否换一种数学工具来解决此问题？……

针对建模问题的复杂性，应抓住问题的核心或方案的关键词，先设计出类似的简化问题，然后再展开分析，尽可能全面、细致地分析客观现实世界中影响问题目标的各种可能性，分清层次，理清思路.经过多次加工，使模型由简单到复杂，由粗糙到精细，通过逐步完善，最终给出问题的完美解答.

1.4 数学模型的特点与分类

1.4.1 数学模型的特点

在学习数学建模时,请注意数学模型具有以下特点:

1. 答案的不唯一性

数学建模的结果无所谓"对"与"错",但却有优与劣的区别,评价一个模型优劣的唯一标准是实践检验.

2. 方法的不统一性

对同一个问题,各人因其特长和偏好等方面的差别,所采取的方法可以不同.使用近代数学方法建立的模型不一定就比采用初等数学方法建立的模型好,因为我们建模的目的是解决实际问题.

3. 模型的逼真性与可行性

尽管人们总是希望模型尽可能逼近研究对象,但是一个非常逼真的模型在数学上通常是难于处理的,因而达不到通过建模解决实际问题的目的,即实用上不可行.因此,在建模时不必追求模型的完美无缺而只要符合实际问题的基本要求即可.

4. 模型的渐进性

稍复杂一些的实际问题的建模通常不可能一次成功,往往要反复几次建模过程,包括由简到繁,也包括由繁到简,以期获得越来越满意的模型,这也符合人们认识问题的规律性.

5. 模型的可转移性(推广性)

模型是对现实对象进行抽象化和理想化的产物,常常不为对象的所属领域所独有,完全可能转移到另外的领域中去,这个特点也是使用类比法建模的基础.

1.4.2 数学模型的分类

数学建模可以按不同的方式分类,见表 1-1.

表 1-1

分类标准	具体类别
对某个实际问题了解的深入程度	白箱模型、灰箱模型、黑箱模型
模型中变量的特征	连续型模型、离散型模型或确定性模型、随机模型等
建模中所用的数学方法	初等模型、微分方程模型、线性方程组模型、规划模型、差分方程模型、图论模型、概率统计模型等
应用领域	生物模型、医学模型、经济模型、社会模型、交通流模型等
模型随时间的变化	静态模型和动态模型

实 训 1

问题 【**下班时间问题**】某人平时下班总是按预定时间到达某处，然后他妻子开车接他回家. 有一天，他比平时提早了 30 min 到达该处，于是此人就沿着妻子来接他的方向步行回去并在途中遇到了妻子. 这一天，他比平时提前了 10 min 到家，问此人共步行了多长时间？

【**小点拨**】

条件似乎不够. 换一种想法，问题就迎刃而解了. 假如他的妻子遇到他后仍载着他开往会合地点，那么这一天他就不会提前回家了. 提前的 10 min 时间从何而来？ 显然是由于节省了从相遇点到会合点，又从会合点返回相遇点这一段路，故由相遇点到会合点需开 5 min. 而此人提前了 30 min 到达会合点，故相遇时他已步行了 25 min. 请思考一下，本题解答中隐含了哪些假设？

第 2 章

初等模型

预备知识

初等数学的代数、三角、几何、平面解析几何和排列组合等知识.

学习目标

知识目标:

1. 掌握数学建模的基本方法与步骤;

2. 掌握建立初等模型的方法.

在运用数学这一强有力的工具去分析问题、建立模型和求解模型时，要视具体问题而灵活地运用相应的数学知识. 大量的实际问题可以直接运用初等数学的知识，建立静态的、确定性的初等模型. 常见的初等建模方法有代数分析方法、几何分析方法、量纲分析方法、逻辑分析方法和集合分析方法等. 这里主要介绍代数分析方法和几何分析方法及其应用.

2.1　一元函数模型

在建立数学模型时，常常需要将实际问题的文字表述、表格等转化为数学的关系式或图形，以便于进行定量分析、准确计算和科学决策. 在这种转换中，需要理清问题的主要变量之间的函数关系. 下面通过几个实例说明如何建立实际问题的一元函数模型. 本节还将利用 MATLAB 的绘图功能，借助函数图形帮助我们更直观地分析和处理实际问题.

问题1　【汽车租赁费用模型】国庆长假期间，小王租用了某汽车租赁公司一辆汽车外出旅游. 汽车租赁公司与小王签订的租车合同中约定：次日下午 6 时前交车按一天计，交车时验车. 租车的收费标准见表 2-1.

表 2-1

车型	基本租金/(元/辆·天)	里程收费/(元/km)
A	200	5

小王在国庆前一天到租车公司取了车，同时交付了 1 000 元押金. 假期第 5 天下午 5 时，他还车时支付了 2 800 元租车费(含押金). 问小王驾车行驶了多少千米？

一、模型假设与变量说明

（1）假设小王在租车期间没有造成汽车损坏，2 800 元租车费为基本租金与驾车里程收费之和.

（2）假设租车时间不到一天按一天计.

（3）设小王的租车费为 y 元，汽车行驶了 x km.

二、模型的分析与建立

由问题知道，小王共租用了 5 天汽车. 小王的租车费用 y 元为基本租金 200×5 元与汽车行程费用 $5x$ 元之和. 因此，租车费用 y 与车程 x 之间的关系为

$$y = 200 \times 5 + 5x,$$

即

$$y = 1\ 000 + 5x.$$

下面绘出此模型的函数图形(图 2-1).

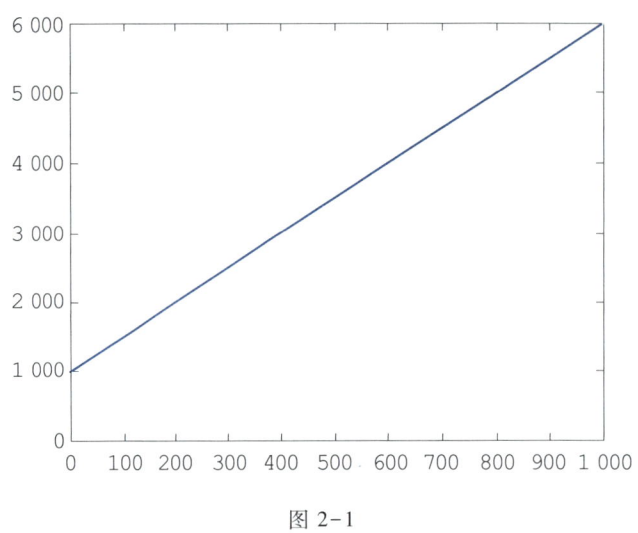

图 2-1

三、 模型求解

将 2 800 代入上式，得

$$2\ 800 = 1\ 000 + 5x,$$

解之，得 $x = 360$（km）.

由此可知，国庆期间小王驾车行驶了 360 km.

拓展思考：

1. 请做一个市场调研，了解目前汽车租赁价格的确定方式，并提出你的建议.

2. 如果一辆汽车的售价为 15 万元（含购置税等），汽车的保险费为 3 000 元/年．预估汽车的报废年限为 15 年．公司估计该车一年中约有 200 天被租用．若不考虑维修费、燃油费等其他费用，试确定公司不亏损的最低租赁价格，并为汽车租赁公司提供一个该款汽车的租赁方案.

随着社会经济的不断发展，一些新兴行业应运而生．如今，各种名目的租赁业务，如房产、汽车、设备、办公、人才、通信等的租赁如雨后春笋般诞生．租赁过程中，除规范租赁行为外，科学制定租赁方式、确定租赁价格已成为企业在激烈的市场竞争中制胜的法宝．一般来说，在开展租赁业务时，需要分析行业的市场行情和发展前景，在确定租赁价格时要综合考虑诸多因素，如设备的购置费、折旧率、租赁时间和用途等，特殊情况下还要考虑市场因素及设备的稀缺程度等.

问题 2 **【理财模型】**刘艳老人最近以一百万元的价格卖掉自己的房屋搬进了敬老院．有人向她建议将一百万元用来投资，并将投资回报用于支付各种保险．经过再三考虑，她决定用其中的一部分去购买公司债券，剩余部分存入银行．公司债券的年回报率是 5%，银行的存款年利率是 3%.

(1) 假设老人购买了 x 万元的公司债券，试建立她的年收入模型.

(2) 如果她希望获得 45 000 元的年收入，则她至少要购买多少公司债券？

一、 模型假设与变量说明

（1）假设不考虑投资公司债券的风险.

（2）假设公司债券的红利与银行的利息都按年支付，且利率是固定的.

（3）假设老人将一百万全部用来购买公司债券或存入银行，没有闲置.

（4）设刘艳老人的年收入为 I，购买公司债券的金额为 x，则存入银行的金额为（$100-x$），公司债券的年回报率为 r_1，银行存款的年利率为 r_2.

二、 模型的分析、建立与求解

问题（1）

刘艳老人的年收入 I（单位：万元）为购买公司债券的红利收入 xr_1 与银行存款的利息收入 $(100-x)r_2$ 之和. 因此建立模型如下：

$$I = xr_1 + (100-x)r_2 \quad (0 \leqslant x \leqslant 100),$$

即

$$I = (r_1 - r_2)x + 100r_2.$$

将问题中的已知数据代入模型，得

$$I = (5\% - 3\%)x + 100 \times 3\%$$
$$= 2\%x + 3 \quad (0 \leqslant x \leqslant 100).$$

问题（2）

由问题（1）建立的模型可以看出，老人的年收入 I 与购买公司债券的金额 x（单位：万元）有关. 已知年收入 $I = 4.5$ 万元，要求投资公司债券的金额 x. 将年收入 4.5 万元代入模型，得 $4.5 = 2\%x + 3$. 解之，得 $x = 75$（万元）.

所以如果刘艳老人希望获得 45 000 元的年收入，则至少要购买 75 万元的公司债券.

如今，理财已逐步走进千家万户，在花样繁多的理财产品（如公司债券、银行理财产品、股票、基金、银行利息、保险、房地产等）中，有的风险大，投资时间长，收入高；有的风险小，投资时间短，收入低……假设投资公司债券和银行存款利率固定，就可以利用初等数学的方法，建立初等模型，通过计算和比较，在这些理财产品中做出明确选择，以确保预期收益.

> **问题 3　【出版社的稿酬模型】**有两家出版社正在竞争一部新作的版权. A 出版社给作者的报酬：前 3 000 册提供 6% 的版税；超过 3 000 册部分支付 8% 的版税另加每本 2 元的稿酬. B 出版社给作者的报酬：前 4 000 册不支付版税，但超过 4 000 册部分将支付 10% 的版税和每本 3 元的稿酬. 请问作者应选择哪一家出版社？

一、 模型假设与变量说明

（1）假设该书的定价是固定的，与选择的出版社无关.

（2）假设该书的销量是固定的，即选择哪家出版社对销量没有影响.

（3）假设出版社的稿酬均按销量计.

（4）设作者选择 A、B 两家出版社所得的报酬分别为 y_1，y_2（单位：元），销量为 n 册，书的定价为 p 元/本.

二、 模型的分析与建立

出版社给作者的报酬 y_1，y_2（单位：元）为版税与稿酬之和.

A 出版社给作者的报酬为

$$y_1 = \begin{cases} 6\%np, & 0 \leqslant n \leqslant 3\,000, \\ 8\%(n-3\,000)p + 2 \times (n-3\,000) + 6\% \times 3\,000p, & n > 3\,000, \end{cases}$$

即

$$y_1 = \begin{cases} 6\%np, & 0 \leqslant n \leqslant 3\,000, \\ 8\%np + 2n - 60p - 6\,000, & n > 3\,000. \end{cases}$$

B 出版社给作者的报酬为

$$y_2 = \begin{cases} 0, & 0 \leqslant n \leqslant 4\,000, \\ 10\%(n-4\,000)p + 3 \times (n-4\,000), & n > 4\,000, \end{cases}$$

即

$$y_2 = \begin{cases} 0, & 0 \leqslant n \leqslant 4\,000, \\ 10\%np + 3n - 400p - 12\,000, & n > 4\,000. \end{cases}$$

三、 模型求解

这里 y_1，y_2 均为分段函数，当 $n \leqslant 4\,000$ 时，显然 $y_1 > y_2 = 0$，所以选择 A 出版社. 当 $n > 4\,000$ 时，令 $y_1 = y_2$，即

$$8\%np + 2n - 60p - 6\,000 = 10\%np + 3n - 400p - 12\,000,$$

解之，得 $n = \dfrac{6\,000 + 340p}{2\%p + 1} > 4\,000.$

于是，得以下结果：

（1）当销量 $n < \dfrac{6\,000 + 340p}{2\%p + 1}$ 时，选择 A 出版社；

（2）当销量 $n = \dfrac{6\,000 + 340p}{2\%p + 1}$ 时，选择 A、B 出版社所得的报酬相同，此时，作者可以在 A、B 两家出版社之间任选一家；

（3）当销量 $n > \dfrac{6\,000 + 340p}{2\%p + 1}$ 时，选择 B 出版社.

下面以 $p = 30$ 元为例作出这两个模型的函数图形，如图 2-2 所示. 从图 2-2 可以清楚地看出作者应在两家出版社之间做何选择.

拓展思考：

（1）如果 C 出版社提供 7% 的版税，作者又该如何做出选择？

（2）如果 D 出版社提供版权费 10 万元，作者又该如何选择？

（3）请分析书的定价对作者选择出版社有何影响.

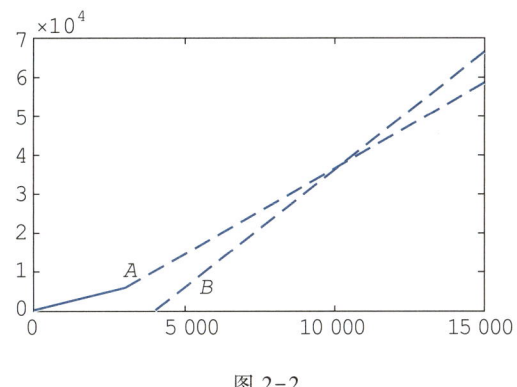

图 2-2

要在多个方案中做出决策，可以先建立各个方案的函数模型，然后再进行分析、比较，辅以函数图形，可以更直观地得出结论，以确定决策方案.

> **问题 4　【参观购票策略模型】** 某展览馆为鼓励团体消费，门票收费标准为：每人 5 元，40 人以上（含 40 人）的团体票 6 折优惠. 试建立门票费用模型，简单分析购票策略，并分别计算当有 32 人、40 人、50 人入馆参观时需要支付的门票费.

一、模型假设与变量说明

（1）假设一个参观团可以购买大于参观团人数的门票数.

（2）设参观团有 x 人，实际购门票费为 y 元. 按 x 人购买 x 张门票的费用为 y_1 元.

二、模型的分析与建立

若按参观团实际人数购门票，则门票费模型为

$$y_1 = \begin{cases} 5x, & x < 40, \\ 60\% \times 5x, & x \geq 40. \end{cases}$$

在实际购买门票时，当 x 接近 40 人时，通过粗略分析可知，按实际人数购买门票的费用可能高于按 40 人购买团体打折门票的费用.

事实上，按 40 人（团体票）购买享受 6 折优惠的总门票费为 $60\% \times 5 \times 40 = 120$ 元，而这一门票总费用相当于只购买了 $\dfrac{60\% \times 5 \times 40}{5} = 24$ 人的门票. 因此，当 $24 \leq x < 40$ 时，按 40 人购买团体打折门票的费用低于按实际人数购买门票的费用；当 $0 < x \leq 24$ 时，按实际人数购买门票的费用低于 120 元，可以按实际人数购买门票.

由以上分析可知，当 $x < 24$ 时按实际人数购买门票；当 $24 \leq x < 40$ 时按 40 人团体票 6 折优惠购买门票；当 $x \geq 40$ 时按团体票 6 折优惠购买门票. 参观团实际需要支付的门票费模型如下：

$$y = \begin{cases} 5x, & 0 \leq x < 24, \\ 120, & 24 \leq x < 40, \\ 60\% \times 5x, & x \geq 40. \end{cases}$$

三、 模型求解

当 $x = 32$ 时，实际需要支付的门票费 $y = 120$（元）；

当 $x = 40$ 时，实际需要支付的门票费 $y = 120$（元）；

当 $x = 50$ 时，实际需要支付的门票费 $y = 150$（元）.

拓展思考：

如果门票收费标准为：每人 5 元，20 人以上（含 20 人）40 人以下（不含 40 人）的团体票每人少 1 元，40 人以上（含 40 人）的团体票 6 折优惠. 请建立门票费函数模型，并给出相应的购票策略.

"薄利多销""量大从优"是一个重要的营销手段. 一方面它给顾客带来实惠，另一方面它增加了商家的销量. 如何确定优惠方案或打折方案也是一门学问. 合理的优惠方案会刺激消费，提升销量，增加商家利润. 在制定优惠方案时，先要考虑商品的成本，然后考虑商品的属性，是耐用品还是易耗品，是生活必需品还是奢侈品. 不同属性的商品价格对潜在的购买力的影响是不一样的，从而对商品销量的影响也不尽相同. 一般来说，耐用品和奢侈品的价格对市场销量的影响要弱一些.

2.2　多元函数模型

在实际建模中，有时由于情况比较复杂，影响决策变量的因素有多个，这时可以根据需要建立多元函数模型.

> **问题 5　【居民电费模型】** 由于电力紧张，某地鼓励"错峰"用电. 该地电网居民生活电价表（单位：元/kWh）规定"一户一表"，居民生活用电收费标准如下：
>
> （1）月用电量在 60 kWh 及以下部分，每日 7：00 ~ 23：00 期间用电，每千瓦时 0.472 4 元；23：00 ~ 次日 7：00 期间用电，每千瓦时 0.229 5 元.
>
> （2）月用电量在 61 ~ 100 kWh 部分，每千瓦时提高标准 0.08 元.
>
> （3）月用电量在 100 ~ 150 kWh 部分，每千瓦时提高标准 0.11 元.
>
> （4）月用电量在 150 kWh 及以上部分，每千瓦时提高标准 0.16 元.
>
> 根据以上规定，建立该地"一户一表"居民用电量与电费之间的函数关系模型. 若某户居民 6 月份的用电量为：7：00 ~ 23：00 期间用了 200 kWh，23：00 ~ 次日 7：00 期间用了 100 kWh，请计算这户居民 6 月份应缴纳的电费. 根据所建立的模型为居民提供一个合理化的用电建议.

一、 模型假设与变量说明

1. 电表能准确地显示每户居民各时段的月用电量，且无公摊.

2. 假设收费标准按月执行.

3. 设 Z 为"一户一表"居民的月电费，居民一个月内在时段 7：00 ~ 23：00 的用电量为

x，时段 23：00 ~ 次日 7：00 的用电量为 y.

二、 模型的分析与建立

居民月用电量应为在时段 7：00 ~ 23：00 的用电量 x 与在时段 23：00 ~ 次日 7：00 的用电量 y 的总和，当总用电量超过 60 kWh 而未超过 100 kWh 时，超过 60 kWh 部分的电量，居民需支付额外电费，以此类推. 模型如下：

$$Z = \begin{cases} 0.472\,4x + 0.229\,5y, & 0 \leq x+y \leq 60, \\ 0.472\,4x + 0.229\,5y + (x+y-60) \times 0.08, & 60 < x+y \leq 100, \\ 0.472\,4x + 0.229\,5y + 0.08 \times 40 + 0.11(x+y-100), & 100 < x+y \leq 150, \\ 0.472\,4x + 0.229\,5y + 0.08 \times 40 + 0.11 \times 50 + 0.16(x+y-150), & 150 < x+y, \end{cases}$$

即

$$Z = \begin{cases} 0.472\,4x + 0.229\,5y, & 0 < x+y \leq 60, \\ 0.472\,4x + 0.229\,5y + (x+y-60) \times 0.08, & 60 < x+y \leq 100, \\ 0.472\,4x + 0.229\,5y + 3.2 + 0.11(x+y-100), & 100 < x+y \leq 150, \\ 0.472\,4x + 0.229\,5y + 8.7 + 0.16(x+y-150), & 150 < x+y. \end{cases}$$

三、 模型求解

这里 $x = 200$，$y = 100$，因为 $x+y = 300 > 150$，所以将 $x = 200$，$y = 100$ 代入电费模型中的第 4 个方程，得 $Z = 150.13$ 元.

建议：由于夜间(时段 23：00 ~ 次日 7：00)电价不到白天(时段 7：00 ~ 23：00)电价的一半，所以居民应尽可能地在 23：00 ~ 次日 7：00 时段用电，如一些耗电量较高的电器可设置在夜间工作. 另外，由于用电量越高，电价越高，所以，提倡居民养成节约用电的好习惯.

拓展思考：

1. 请你给出当地水、电、天然气等费用的模型，并给出合理的使用建议.

2. 请根据你的调查确定一个家庭(按人口算)水、电、天然气的最低月用量，你有更好的价格方案吗？

【小点拨】

中国是一个人口众多的国家，各种资源十分匮乏，因此，政府提出了"建立节约型社会"的口号. 水、电、天然气、粮食等是每个家庭的必需品，如果每个家庭浪费一点，全国浪费的数字就会十分惊人. 因此，有必要了解每个家庭的基本用量，制定合理的收费方案，保障居民的基本生活需要，避免铺张浪费.

问题 6 【手机资费模型】随着 5G 普及和携号转网推进，运营商持续优化资费结构. 某电信运营商推出的新版"智享套餐"在流量、通话权益方面呈现新特点，具体收费标准见表 2-2. 若不考虑其他权益等，请给出它的流量资费计算方法.

表 2-2

套餐档位	月费/元	包含流量/GB	包含通话/分钟	超出通话费/元/分钟	其他权益
智享 59	59	10	100	0.19	视频会员×1
智享 99	99	30	300	0.15	云存储 50 G
智享 159	159	60	800	0.10	国际漫游包

注: 所有套餐全国接听均免费, 超出流量按 5 元/GB 叠加.

一、模型假设与变量说明

1. 假设电信运营商"智享套餐"第 i 种方案（$i=1,2,3$）的手机资费中不考虑其他权益等费用.

2. 变量假设如下:

f_i: "智享套餐"第 i 种方案（$i=1,2,3$）的月资费（元）;

x: 该月手机使用流量（GB）, y: 该月手机使用的通话时长（分钟）;

a_i: 第 i 种方案的月基本费（元）;

b_i: 第 i 种方案每月包含的流量（GB）;

c_i: 第 i 种方案每月超出套餐部分流量的资费（元/GB）;

d_i: 第 i 种方案每月包含的通话时长（分钟）;

e_i: 第 i 种方案每月超出套餐部分通话时长的资费（元/分钟）.

二、模型的分析与建立

手机月资费与月基本费、流量、通话费用有关, 为固定套餐费与额出部分的流量与电话费用之和, 资费模型如下:

$$f_i = \begin{cases} a_i, & 0 \le x \le b_i, 0 \le y \le d_i, \\ a_i + e_i(y - d_i), & 0 \le x \le b_i, y > d_i, \\ a_i + c_i(x - b_i), & x > b_i, 0 \le y \le d_i, \\ a_i + c_i(x - b_i) + e_i(y - d_i), & x > b_i, y > d_i. \end{cases}$$

具体地, 对于第一种方案, 为

$$f_1 = \begin{cases} 59, & 0 \le x \le 10, 0 \le y \le 100, \\ 59 + 0.19(y - 100), & 0 \le x \le 10, y > 100, \\ 59 + 5(x - 10), & x > 10, 0 \le y \le 100, \\ 59 + 5(x - 10) + 0.19(y - 100), & x > 10, y > 100. \end{cases}$$

拓展思考:

表 2-3 给出某公司"青春版套餐"方案, 试比较"青春版套餐"方案与"智享套餐"方案分别适合哪些用户群体?

【小点拨】

"商场如战场", 在竞争激烈的商品经济中, 科学合理地确定商品的销售价格可以争取更多的客户, 创造更大的利润. 除租赁定价外, 还存在

表 2-3

套餐名称	月费/元	流量/GB	通话/分钟
青春版 Lite	19	20 通用+30 定向	50
青春版 Pro	29	30 通用+50 定向	100
青春版 Max	39	50 通用+80 定向	200

各种商品的定价问题. 如商场琳琅满目的商品定价、宾馆定价、机票定价、新房屋销售定价、电影票定价等, 合理定价可以确保企业在激烈的"价格战"中立于不败之地. 事实上, 商品定价不仅直接影响到企业的收益, 而且也是一门学问. 在确定价格时, 首先要考虑商品的成本, 如固定成本、可变成本等, 以及同类商品的价格. 新产品的成本因素可能还要考虑研发经费、广告宣传费用等.

2.3　几何模型

数学建模是一门艺术, 建模的过程没有固定的方法与套路, 要根据实际问题灵活地确定建模思路. 有时, 根据问题的实际情况, 可以先建立函数关系, 再借助函数图形进一步分析与建模; 而有时则需要先借助一些几何图形建立相应的函数模型. 因此建模的过程要视具体情况而定, 只有多实践, 多体会, 熟能生巧, 才能掌握好这门艺术.

> **问题 7　【切割钢板的优化模型】**一道生产工序是用冲床从 1 m×1 m 的钢板上压切下 100 块直径为0.1 m 的小圆板, 请设计一个切割方案, 尽量减少损耗. 请问该圆板还能压切出更多的小圆板吗?

一、模型准备

在生产车间, 如何下料使浪费的材料最少主要取决于下料的方式. 本问题等同于在一正方形的纸板上裁剪一些大小相同的圆, 使剩余的纸屑面积最小. 我们可以先利用纸板做实验, 也可以先用圆规在纸上画圆以帮助分析. 事实上, 有多种裁剪方式, 方式(1)如图 2-3 所示, 方式(2)如图 2-4 所示.

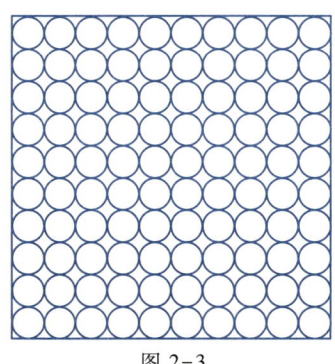

图 2-3

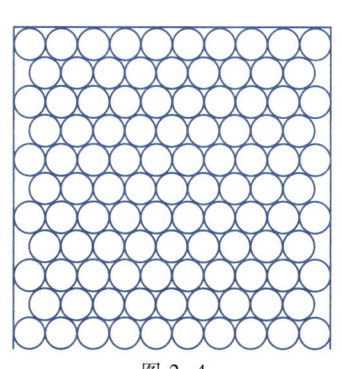

图 2-4

但要使浪费的材料最少，我们可以只考虑(1)(2)两种方式.

二、 模型假设与变量说明

（1）假设冲床能高精度地切割，使圆与圆彼此相切.

（2）假设不考虑钢板大小和圆的大小误差.

（3）假设圆与圆的接触形式(除临近钢板边缘的圆)为以下两种，且方式不混合：

① 4 个圆相切，呈正方形排列；

② 6 个圆相切，呈三角形排列.

（4）假设各种切割方式都不产生废品.

（5）设钢板的长为 l m，宽为 d m，圆板的直径为 D m，半径为 r m，圆板的数量为 N，圆板的总面积为 S_1 m²，钢板面积为 S m²，损耗率为 W.

三、 模型的分析、建立与求解

此时 $l = d = 1$，$r = 0.05$，$D = 0.1$.

（1）先考虑圆呈正方形排列的情形，如图 2-3 所示. 通过粗略的测算和分析，可知这时横、纵方向均可压切 10 个半径为 0.05 m 的圆，共可压切 $10 \times 10 = 100$ 个小圆板.

100 个圆的面积为

$$S_1 = \pi r^2 \times 100 = \pi \times 0.05^2 \times 100 \approx 0.785\ 4\ (\text{m}^2).$$

钢板面积为

$$S = ld = 1 \times 1 = 1\ (\text{m}^2).$$

损耗率为

$$W = \frac{S - S_1}{S} = \frac{1 - 0.785\ 4}{1} = 21.46\%.$$

（2）再考虑圆呈三角形排列的情形，如图 2-4 所示.

① 计算每排压切圆板的数量

从图 2-4 可以看出，第一排可割 10 个圆，第二排可切割 9 个圆，第三排可切割 10 个圆，第四排可切割 9 个圆，以此类推……即每排切割圆板的数量依次为：10,9,10,9,10,9,10,9,10,9,10,…

② 计算可压切圆板的层数

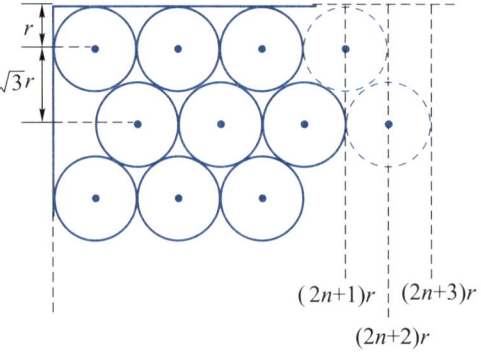

图 2-5

利用图 2-5 可以计算切割圆板的层数. 此时，中间每层圆板的高度为 $\sqrt{3}\,r$，边上第一层边缘到第一层圆板圆心与最后一层圆板圆心到钢板边缘的高度之和为 $2r$. 设切割圆板的层数为 n，则它应满足

$$2r + \sqrt{3}\,r(n-1) < d.$$

将 $d=1$，$r=0.05$ 代入上式，得 $n=11$. 从而可从钢板上压切 $10 \times 6 + 9 \times 5 = 105$ 个小圆板，大于按正方形排列时压切 100 个小圆板的数量.

105 个圆的面积为

$$S_1 = \pi r^2 \times 105 = \pi \times 0.05^2 \times 105 \approx 0.824\,7\,(\mathrm{m}^2).$$

钢板面积不变，损耗率为

$$W = \frac{S - S_1}{S} = \frac{1 - 0.824\,7}{1} = 17.53\%.$$

综上分析，知道按三角形排列的方式压切小圆板损耗最低，损耗率为 17.53%，此时可以生产出 105 个小圆板.

拓展思考：

（1）小圆板的数量还能增加吗？ 如果采用"相等行"和"不相等行"两种方法混合的方案，结果如何？

（2）4 点相切式不必为方形排列，采用一种错开的形式，如图 2-6 所示. 试研究一下效果.

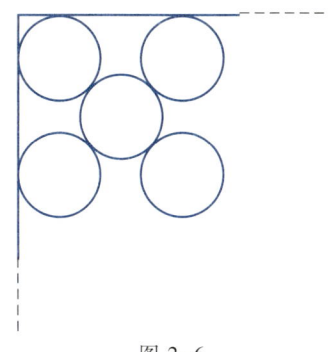

图 2-6

（3）把模型推广到任意钢板和任意小圆板的情形，能否为公司提供合理方案？

（4）把模型扩展到在同一钢板上压切两种不同尺寸的情况，在什么条件下小圆板能嵌在大圆板缝隙之间呢？

【小点拨】

在生活中有许多"下料"问题，如机械零件的下料、家具的下料、服装裁剪的下料等，巧妙地下料会提高原材料的利用率，减少材料浪费，节约成本. 有时，借助几何图形可以直观地比较出下料方案的优劣，再辅以必要的计算，最终确定最优方案.

2.4　排列组合及其他模型

问题 8　【旅游景点的选择模型】家住成都的小张准备暑期带孩子到北京及附近城市去旅游，成都某旅行社开辟了以下两条旅游线路：

线路一	北京、北戴河、天津
线路二	北京、沈阳、哈尔滨

另外，旅行社还告知小张，他也可以在两条线路中任选一个或多个城市旅游.

（1）若北京是小张必选的旅游城市，则他有多少种选择方式？

（2）若从成都到北京必须在西安转机，从成都到西安有 3 个航班，从西安到北京有 3 个航班，问小张从成都到北京共有多少种航班安排方式？

一、模型假设与变量说明

（1）线路一与线路二不能交叉，即这两条线路是相互独立的.

（2）只在旅行社提供的线路中考虑.

（3）在西安转机到北京的航班可以考虑不在同一天.

二、模型的分析、建立与求解

问题（1）

在线路一中，

① 若只考虑到一个城市旅游，则只有北京 1 种选择；

② 若考虑到 2 个城市旅游，这两个城市必须包括北京，则有 C_3^2-1 种选择，即有 2 种选择，具体为北京+北戴河，北京+天津；

③ 若考虑到 3 个城市旅游，则只有 1 种选择.

所以在线路一中，小张有 $1+2+1=4$ 种选择.

同理，在线路二中，

① 若只考虑到一个城市旅游，则只有北京 1 种选择；

② 若考虑到 2 个城市旅游，则有 C_3^2-1 种选择，即有 2 种选择，具体为北京+沈阳，北京+哈尔滨；

③ 若考虑到 3 个城市旅游，则只有 1 种选择.

所以在线路二中，小张也有 $1+2+1=4$ 种选择.

综上分析，利用加法原理，共有 $4+4=8$ 种选择.

问题（2）

利用乘法原理，共有 $2\times3=6$ 种不同航行方式.

在确定方案个数时,常用到排列组合的知识. 其中加法原理与乘法原理是两个最基本最常用的原理.

A. **加法原理**:若事件 A_1 有 m_1 种不同的进行方式,事件 A_2 有 m_2 种不同的进行方式,并且事件 A_1 和 A_2 是互不重叠、互不相交的,则事件 A_1 或事件 A_2 共有 $m_1 + m_2$ 种进行方式.

B. **乘法原理**:若事件 A_1 有 m_1 种不同的进行方式,事件 A_2 有 m_2 种不同的进行方式,则进行事件 A_1 接着进行事件 A_2 共有 $m_1 m_2$ 种进行方式.

问题 9 【比赛场次模型】 某次网球单打比赛分两个阶段. 第一阶段为预赛,按分组单循环赛进行,共分成四组,每组 n 个人. 第二阶段为决赛,实行淘汰赛. 由各小组的前两名参加,最终决出冠军. 问冠军至少要打多少场比赛?

一、 问题分析

单循环赛的打法为:若某小组有 5 名运动员,编号分别为 1 号、2 号、3 号、4 号和 5 号,则将进行以下比赛: 1 号—2 号, 1 号—3 号, 1 号—4 号, 1 号—5 号; 2 号—3 号, 2 号—4 号, 2 号—5 号; 3 号—4 号, 3 号—5 号; 4 号—5 号. 共有 $C_5^2 = \dfrac{5 \times 4}{2} = 10$ 场比赛. 而 1 号选手必须与其他 4 名运动员交锋,至少要打 4 场.

淘汰赛的规则为:抽签决定对手,输者被淘汰,赢者进入下一轮.

二、 模型假设与变量说明

假设无运动员缺赛.

三、 模型的分析、建立与求解

所谓冠军,就是预赛进入小组前 2 名,决赛淘汰了所有对手者. 由于两种比赛的方式不同,分预赛和决赛两个阶段考虑.

(1)预赛中至少要打的比赛场数. 由单循环赛的打法知,每个人在小组内至少要进行 $n-1$ 场.

(2)冠军在决赛中至少要参加的比赛场数. 由于决赛实行淘汰制,他必须战胜对手,参加每轮的比赛,而进入决赛的选手共有 $2 \times 4 = 8$ 名.

(解法一:归纳法)每比赛一轮,淘汰一半选手,因为 $2^3 = 8$,所以共有 3 轮比赛,而冠军必须参加每轮比赛,所以冠军在决赛中至少要参加 3 场比赛.

(解法二:列举法)参加决赛的选手有 8 名,第一轮比赛后剩下 4 名,第二轮后剩下 2 名,第三轮即在这 2 人中决出冠军. 所以冠军在决赛中至少要进行 3 场比赛.

利用加法原理,可知冠军从初赛到决赛至少要打 $n-1+3 = n+2$ 场比赛.

拓展思考:

如果这次网球比赛的初赛和决赛均实行淘汰赛,那么冠军至少要打多少场比赛?

问题 10 【排队打水模型】每天下午 5：00 至 5：30 之间开水房的拥塞每位同学都深有感触，有些人喜欢一个人占几个水龙头，对每个人来讲，最好的办法是在不违反排队顺序的前提下尽可能早地接触水龙头．事实上大家也基本上是这样做的．试分析最节省时间的打水方案．

一、模型假设与变量说明

假设有 2 个水龙头，有 $2n$ 个人来打水，每个人拎着两个壶，每打一壶水要 t min.

二、模型的分析与建立

下面考虑两种排队打水方式：

方式 A(经验方法)：两个人同时各用一个水龙头．相当于有 2 列，每列的情况为：第 1 个人需要 $2t$ min，第 2 个人的等待时间为 $2t$ min、打水时间为 $2t$ min，共需要 $4t$ min……以此类推，将 $2n$ 个(2 列)水壶打满水，共需要的时间为

$$2t \times (1+2+\cdots+n) \times 2 = 2tn(n+1).$$

方式 B：只有 1 列，每次分配水龙头时都优先满足最前面的一个人．这样，第 1 个人先用两个水龙头，要 t min，等他打完了第 2 个人再用．第 2 个人的等待时间和打水时间共为 $t+t=2t$(min)……以此类推，将 $2n$ 个水壶打满水，共需要的时间为

$$t \times (1 + 2 + 3 + \cdots + 2n) = tn(2n + 1).$$

三、模型求解

若 $n=5$，$t=1$，方式 A 需要的时间为

$$2 \times (2+4+6+8+10) = 60 \ (\text{min}).$$

方式 B 需要的时间为

$$1+2+3+4+5+6+7+8+9+10 = 55(\text{min}).$$

计算结果说明，后一个方式是更有效率的．也就是说，这个看起来有些"自私"的方案，事实上是一个更合理的方案．

全国大学生数学建模竞赛(专科组)的大量赛题均可以通过建立初等模型求解．如1999 年 D 题"钻井布局"，2000 年 D 题"空洞探测"，2001 年 C 题 "基金使用计划"，2007 年 C 题"手机'套餐'优惠几何"，2009 年 C 题"卫星地面监测"等．

实 训 2

问题 1 【保本分析问题】一制造商生产某产品的销售单价为 880 元．生产该产品的固定成本为 6 万元，每件产品的可变成本为 480 元．问该制造商必须售出多少产品才能保本？

问题 2 【薪酬方案的确定问题】一家著名的计算机销售代理公司正在制定薪酬方案，目前有以下两种方案：

方案一：每月 3 800 元底薪，另加销售额 3% 的提成；

方案二：每月 3 920 元底薪，另加销售额超过 2 万元后的 5% 的提成.

请为公司确定销售额在什么范围内方案一优于方案二，并为公司做出决策提供建议.

问题 3 【水费计算问题】某城市为节约用水，在保证居民正常用水的前提下，制定了如下收费方案：每户居民每月用水量不超过 4.5 t 时，水费按 1.1 元/t 计算，超过部分以每吨 5 倍价格收费. 试建立每月用水费用的函数模型，并计算每月用水量分别为 3.5 t、4.5 t、6 t 的费用.

问题 4 【贷款购房问题】刘洋夫妇现有 60 万元积蓄，准备购买一套 200 万元的新房. 银行可提供三成按揭. 他们每月缴存的房屋公积金共计 1 200 元，公积金账户上现共有 8 万元. 根据有关规定，公积金账户上的余额和今后缴存的公积金可以每年支取一次用于还房屋贷款. 刘洋夫妇均有稳定的工作，家庭固定月收入大概为 15 000 元(扣除各种社会保险、公积金等).

（1）假设他们将现有积蓄全部用于首付，试分别建立按 5 年、10 年、20 年贷款购房时每月分别应支付的还款模型.

（2）结合刘洋的家庭情况，提供贷款购房的合理化建议.

问题 5 【涂色问题】一名油漆工正用宽度为 10 cm 的油漆刷将红油漆刷在一块长方形木板上. 如果长方形木板的长、宽分别为 2 m、1 m，要求油漆工从木板的中心不重复地刷一遍，请设计一种时间最省的方案. 如果油漆工每秒可刷 0.1 m，那么他刷完这块木板至少需要多长时间？

问题 6 【包装箱的设计问题】某床单厂某型号的床单用长、宽、高分别为 23 cm、35 cm 和 4.5 cm 的纸盒进行包装. 现在公司准备订购一批纸箱将这批床单发往外地，为便于搬运和运输，要求纸箱的长、宽和高均在 60～90 cm. 请为公司合理设计纸箱的尺寸，使所用纸板最省且浪费空间最少.

问题 7 【建筑材料的计算问题】某施工队将修建一间长 6 m，宽 4 m 的仓库，仓库的设计高度为 3.5 m，另有一道高为 2.5 m，宽为 2 m 的门和两扇宽为 2.5 m，高为 1.8 m 的窗户. 修建用的砖大小为 24×11.5×5.3（cm³）. 若仓库用单砖修建，请帮施工队算一算他们至少需要购进多少块砖.

问题 8 【图案设计问题】服装设计师正设计在一块白布上用不同色彩的圆圈进行喷绘，假设所有圆圈的半径均为 2 cm，喷绘后布料上不能有白色. 问如何设计图案，可使所用颜料最少.

问题 9　【人员的确定问题】育苗小学五年级一班有 5 人学过舞蹈，4 人会弹钢琴．六一儿童节即将来临，班上准备排练一个舞蹈节目．节目要求：舞蹈人员不超过 4 人，钢琴伴奏不超过 2 人．从这批艺术特长生中确定表演人员有多少种方法？

问题 10　【贷款修路问题】某市政府拟贷款 10 亿元人民币修建一条高速公路，估计公路建成后每天可收取 35 万元车辆过路费．另外，每年养路费和职工工资等开支费用为 2 000 万元．

（1）若银行的贷款年利率为 6%，市政府需要多少年才能还清这笔贷款？

（2）如果每天所收车辆过路费只有 30 万元，银行的贷款利率为 6%，那么该市政府能否在 20 年内还清贷款？

（3）如果该公路只能收费 20 年，那么每天至少要收多少过路费才能还清贷款？

第 3 章

微分模型

预备知识

一元函数导数和微分.

学习目标

知识目标:

1. 掌握建立(一元和多元)函数最值模型的方法;

2. 掌握求函数驻点的方法来求函数的最值.

3.1 一元函数的最值模型

在实际生产和生活中，常常遇到求"成本最低""产量最大""收益最高""利润最大""效率最高""用料最省""时间最短"等问题. 这类问题在数学上就是求函数的最大值、最小值问题，统称为**最值问题**. 它是数学上一类常见的优化问题，这类问题可以表示为以下模型：

$$\max(\min)f(x),$$

其中 $y=f(x)$ 为**目标函数**，$\max(\min)$ 分别表示求最大（最小）值. 求解此类问题可利用微积分学中的导数知识或借助 MATLAB 求解.

> **问题 1** 【水果的最佳采摘时间模型】又是苹果成熟的季节，老王正为采摘和出售苹果的时间犯愁. 如果这周采摘，每棵树可采摘约 10 kg 苹果，此时，批发商的收购价格为 3 元/kg. 如果每推迟一周，则每棵树的产量会增加 1 kg，但批发商收购苹果的价格会减少 0.2 元/kg. 8 周后，苹果会因为熟透而开始腐烂. 老王第几周采摘，收益最高？

一、模型准备

此题为求老王第几周采摘，每棵苹果树的收益最高，其中收益＝产量×单价.

二、模型假设与变量说明

（1）假设采摘按整周考虑，不考虑分期采摘的情形.

（2）假设老王采摘苹果后立即卖给批发商.

（3）假设本周每棵树可采摘苹果 10 kg，且最近 8 周内每推迟一周，一棵苹果树会多长出等质的苹果 1 kg.

（4）假设第 x 周采摘时每棵树的收益为 $R(x)$ 元，$x=0$ 对应第 1 周.

三、模型的分析与建立

第 x 周采摘时每棵树可采摘的苹果数量为

$$Q(x)=10+x,$$

此时，苹果的销售单价为

$$p(x)=3-0.2x,$$

所以第 x 周采摘农户的收益为

$$R(x)=Q(x)p(x)=(10+x)(3-0.2x)$$
$$=30+x-0.2x^2.$$

四、模型求解

方法一：将收益函数求导，得

$$R'(x)=1-0.4x,$$

令 $R'(x)=0$，得驻点 $x=2.5$．把 $x=2.5$ 代入，得最大收益 $R=31.25$（元）．

方法二：利用 MATLAB 求解．

```
>> syms x
>> y = 30+x-0.2 * x^2;
>> ezplot(y,[-20, 40])
```

由于 MATLAB 的函数命令 fminsearch 是求函数的最小值，故要把函数 $R(x)=30+x-0.2x^2$ 转换成 $-R(x)=-30-x+0.2x^2$．从图 3-1 可以看到，第 3 周左右采摘，老王获得的收益最高．因此选择 $x_0=3$ 为初始点，在其周围寻找最小值．

```
>> y = @ (x) -30-x+0.2 * x^2;
>> [fval,x] = fminsearch(y,3)
fval =
        2.5000
x =
        -31.2500
```

因为 $R(2)=31.2$（元），$R(3)=31.2$（元），所以第 2 周或第 3 周采摘获利最佳，此时每棵苹果树的收益为 31.2 元．

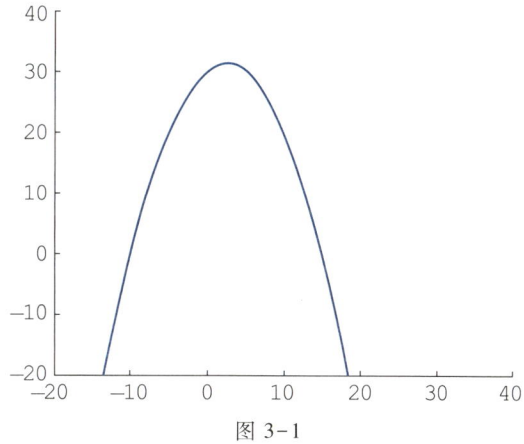

图 3-1

拓展思考：

（1）如果本周采摘，每棵树可采摘约 15 kg，问题 1 的其他条件不变，那么第几周采摘，老王的收益最高？

（2）分析苹果现有产量与采摘周数之间的关系．

（3）如果考虑分期采摘，是否会提高收益？

建立和求解最值模型的一般步骤

（1）在理清变量关系的基础上，弄清问题的目标，建立所求问题的目标函数．

（2）求解：用求导的方法得驻点，若在问题考虑的范围内得到唯一驻点，分析实际问题的最值又存在，则此驻点即为最值点；或用 MATLAB 求出所求问题的最值点．

问题 2　【光纤收费标准模型】某地有多家有线电视公司. 有线电视公司 A 的光纤收费标准为 14 元/(月·户), 目前它拥有 5 万个用户. 某位投资顾问预测, 若公司每月降低 1 元的光纤收视费, 则可以增加 5 000 个新用户.

　　(1) 请根据这一预测, 为公司制定收费标准, 以获得最大收益.

　　(2) 如果公司每月每户降低 1 元的光纤收视费, 只增加 1 000 个新用户, 那么该如何制定收费标准?

一、 模型假设与符号说明

(1) 假设该地的用户数远远大于 5 万.

(2) 假设只考虑公司降价而不考虑提价的情况.

(3) 若公司每月每户降低 1 元的光纤收视费, 可增加 a 个新用户. 公司每月每户降低 x 元的光纤收视费, 公司的月收益为 $P(x)$ 元.

二、 模型建立

$P(x)$ = 每月每户交纳的收视费×总用户数, 即

$$P(x) = (14-x)(50\ 000+ax)$$
$$= 700\ 000+(14a-50\ 000)x-ax^2, \quad 0 \leqslant x \leqslant 14.$$

三、 模型求解

(1) 当 $a = 5\ 000$ 时, $P(x) = 700\ 000+20\ 000x-5\ 000x^2$, 求导得

$$P'(x) = 20\ 000-10\ 000x.$$

令 $P'(x) = 0$, 得驻点 $x = 2$.

　　根据实际问题的分析知道, 当公司定价为 $14-2 = 12$ (元) 时, 公司拥有 $50\ 000+5\ 000×2 = 60\ 000$ (户) 用户, 此时公司每月的最大收益为 $12×60\ 000 = 720\ 000$ (元) = 72 (万元).

　　用 MATLAB 作出函数 $P(x) = 700\ 000+20\ 000x-5\ 000x^2$ 的图形, 如图 3-2 所示, (1) 中 x 取值 0 ~ 14, (2) 为放大图形, x 取值为 0 ~ 4.

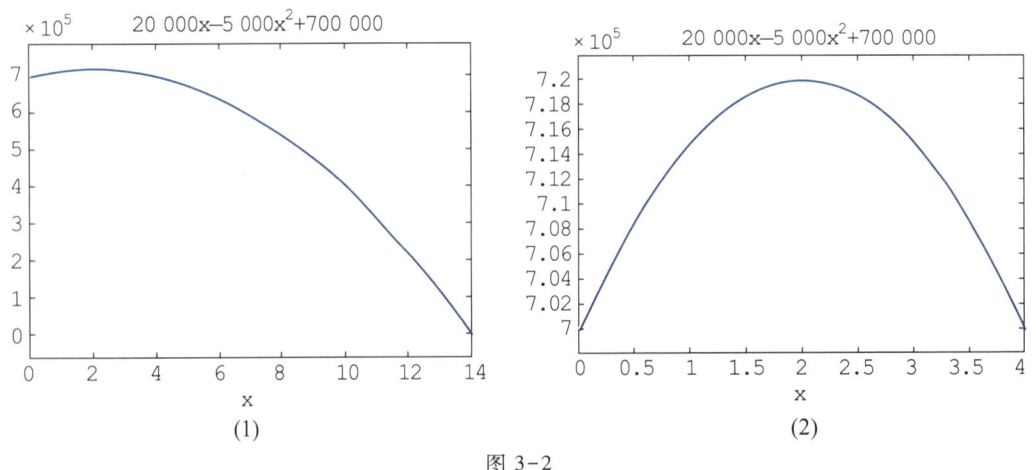

图 3-2

（2）当 $a = 1\,000$ 时，$P(x) = 700\,000 - 36\,000x - 1\,000x^2$，求导得

$$P'(x) = -36\,000 - 2\,000x,$$

令 $P'(x) = 0$，得驻点 $x = -18$，而由实际问题知 $x \geqslant 0$，故与实际情况不吻合，应舍去. 此时只有当 $x = 0$，即公司定价为 14 元时，方可获得最大月收益 $5 \times 14 = 70$（万元）.

用 MATLAB 作出函数 $P(x) = 700\,000 - 36\,000x - 1\,000x^2$ 的图形，如图 3-3 所示.

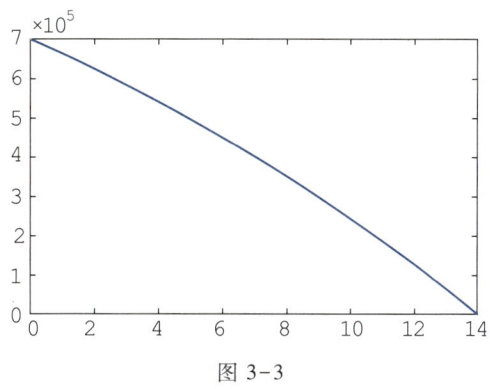

图 3-3

拓展思考：

（1）在问题（1）中，如果通过调研发现，该公司最多只能拥有 5.7 万个用户，那么该如何制定收费标准？

（2）试分析最佳收费与每降低 1 元新增客户数量之间的关系.

【小点拨】

商品的销量在一定程度上受商品价格的影响. 一般来说，降低商品价格会增加销量，所以并不是商品价格越高，企业获利越高. 科学合理地确定商品的价格会使企业获得最佳收益.

问题 3 【最佳车速模型】小王准备租用一辆载重为 5 t 的货车将一批货物从成都运往都江堰. 为节省高速公路费，他安排司机走老公路. 若货车以 x km/h（$40 < x < 65$）的速度行驶，每升柴油可供货车行驶 $\dfrac{400}{x}$ km，而此时柴油的价格是 5.36 元/L，司机的劳务费为 30 元/h，设从成都到都江堰的路程为 45 km，请帮小王确定运费最低的货车行驶速度.

一、问题准备

小王支付的运费包括以下两个部分：劳务费和燃油费. 这里不考虑货车的折旧费和租车费，又因货车走老公路，所以可以不考虑过路费.

二、模型假设与变量说明

（1）假设货车按设定的速度匀速行驶.

（2）假设货车在途中未发生任何意外.

（3）假设小王支付的运费只包括司机的劳务费和汽车的燃油费，不考虑租车费用和货车折旧费.

（4）假设车辆走老公路不产生过路费且车程为 45 km.

（5）假设只考虑从成都到都江堰的车程，不考虑从出发地点到路口的距离．

（6）设货车行驶的速度为 x km/h，行驶完全程的时间为 t h．小王支付的劳务费为 y_1 元，柴油费为 y_2 元，运费为 y 元．

三、 模型的分析与建立

运费包括司机的劳务费和汽车的燃油费，其中

1. 劳务费＝行车时间×劳务费单价

劳务费单价为 30 元/h，货车行驶的时间为 $t=\dfrac{45}{x}$，所以支付的劳务费为

$$y_1=\frac{45}{x}\times30=\frac{1\,350}{x}.$$

2. 燃油费＝使用燃料的总量×燃料价格

全程消耗的柴油为 $45\div\dfrac{400}{x}=\dfrac{9x}{80}$，所以柴油费为

$$y_2=\frac{9x}{80}\times5.36=0.603x.$$

综上分析，运费为

$$y=\frac{1\,350}{x}+0.603x.$$

四、 模型求解

对总运费求导，得

$$y'=-\frac{1\,350}{x^2}+0.603,$$

令 $y'=0$，得驻点 $x=47.316$．因 $x=47.316$ 在 40 与 65 之间，所以根据实际问题知，当货车以 47.316 km/h 行驶时，小王支付的运费最低．

绘出运费函数图形，如图 3-4 所示．

所以当货车以 47.316 km/h 行驶时，小王支付的运费最低，最低运费为 57.063 元．

拓展思考：

一般地，汽车由于发动机转速的不同，其最佳效率也不一样．若这辆汽车发动机的效率为 $p=0.768-0.000\,12\,v^2$，请为小王确定汽车的最佳速度．

【小点拨】

在我国，汽车正逐步走进千家万户，汽车行业是我国的一个朝阳产业．但中国汽车市场的竞争依然十分激烈．随着燃油费的不断上涨，汽车的油耗成了购车族关注的焦点．改进发动机的性能，降低油耗，研发新能源汽车等已成为当前各汽车制造商研发的重点课题．在这些课题研究中，不可避免地要对汽车的各项指标进行定量检测与分析，而这些均离不开数学这一强大的工具．

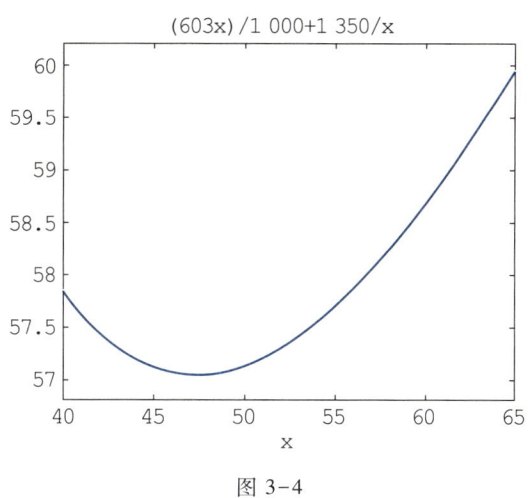

图 3-4

问题 4　【生产调度模型】佳韵体育专用器材厂收到生产 8 000 个跳水板的订单. 公司目前拥有 3 台生产跳水板的自动化设备, 每台机器每小时可以生产 30 个跳水板, 每台机器运转的折旧费是 160 元, 每个跳水板的材料费为 20 元. 生产过程中, 需要一个操作人员全程管理这些设备, 操作人员的劳务费为 30 元/h.

（1）请表示生产 8 000 个跳水板的总费用.

（2）问公司购置几台这样的设备, 可使成本最低?

一、 模型假设与符号说明

（1）假设公司有足够的钱购买设备.

（2）假设购置的机器能够同时正常运转.

（3）假设一个操作员能同时管理所有设备.

（4）设公司完成这批订单的成本为 y 元, 公司购置设备后共有 x 台设备, 生产 8 000 个跳水板共用了 h h.

二、 模型的分析与建立

公司生产 8 000 个跳水板的总费用 y（单位：元）= 材料费+机器运转的折旧费+操作人员的费用. 其中材料费 = 每个跳水板的材料费×跳水板的个数 = $20×8\,000$（元）, 机器运转的折旧费 = 每台机器的折旧费×机器台数 = $160x$（元）, 操作人员的费用 = 劳务单价×操作时间 = $30h$（元）. 因此, 可建立总费用模型为

$$y = 160x+30h+20×8\,000$$
$$= 160x+30h+160\,000, \tag{3.1}$$

其中 h, x 满足

$$30hx = 8\,000,$$

即

$$h = \frac{8\,000}{30x},$$

代入式（3.1）, 得

$$y = 160x + \frac{8\,000}{x} + 160\,000.$$

三、 模型的求解

问题（2）即为求函数 y 的最小值. 对 y 求导，得

$$y' = 160 - \frac{8\,000}{x^2}.$$

令 $y' = 0$，得驻点 $x = \sqrt{50} \approx 7.071$. 由于机器台数只能是整数，所以下面计算 $x = 7$ 和 $x = 8$ 时相应的总费用.

当 $x = 7$ 时，$y \approx 162\,262.86$（元）；当 $x = 8$ 时，$y = 162\,280$（元）.

绘出总费用函数图形，如图 3-5 所示.

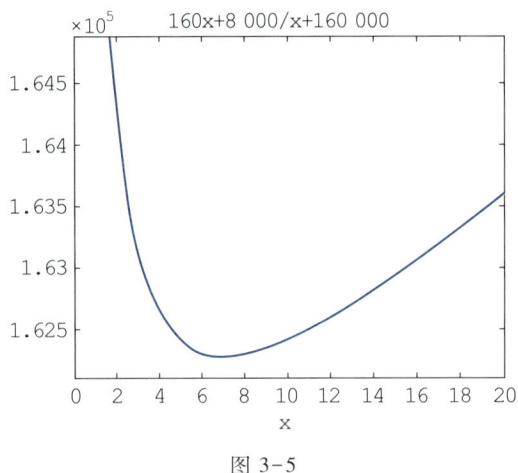

图 3-5

因此再购置 $7 - 3 = 4$ 台这样的设备，可使成本最低. 最低费用为 $162\,262.86$ 元.

拓展思考：

（1）若已知每台机器每小时运转的折旧费是 60 元，结论如何？

（2）若每台设备各需要一人管理，结果又如何？

（3）若租用一台设备的费用为 a 元/天，公司该如何确定设备购置方案？

【小点拨】

企业在扩大再生产时，必须进行充分的市场调研和投入产出分析等. 若盲目地扩大再生产，可能会使企业陷入困境，甚至破产. 扩大生产规模时究竟需要增加多少设备呢？ 本题通过数学建模给予很好的回答. 另外，企业也可以根据临时的订单需要，在可能的情况下，考虑租用一些设备，以解燃眉之急，达到减少成本、降低风险的目的. 这时，分析和处理方法与本问题相似.

问题5 【油管铺设模型】 某石化公司要铺设一根石油管道,将石油从炼油厂输送到河对岸的石油罐装点,如图3-6所示.炼油厂附近有条宽2.5 km的河,罐装点在炼油厂对岸沿河下游10 km处.如果在水中铺设管道的费用为6万元/km,在河边铺设管道的费用为4万元/km.试在河边找一点 P,使管道铺设费最低.

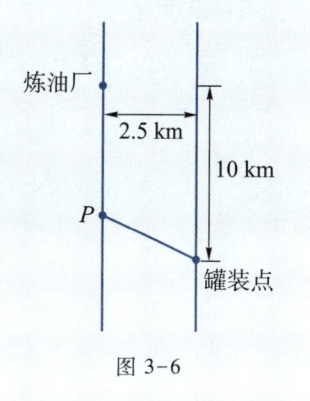

图3-6

一、 模型假设与变量说明

(1)假设河床宽度均为2.5 km,河岸是铅直的.

(2)假设炼油厂就在河边,它与河边的距离为0,石油罐装点在河对岸的河边上,到河边的距离也为0.

(3)设 P 点距炼油厂的距离为 x km,管道铺设费为 y 万元.

二、 模型的分析与建立

由图3-6知,从炼油厂到石油罐装点的管道铺设费由两部分构成:一部分是从炼油厂到河同岸的 P 点的管道铺设费 $4x$ 万元;一部分是从 P 点到河对岸的石油罐装点的管道铺设费 $6\sqrt{(10-x)^2+2.5^2}$ 万元.总铺设费为

$$y=4x+6\sqrt{(10-x)^2+2.5^2} \quad (x>0).$$

三、 模型求解

对 x 求导,得

$$y'=(4x)'+6\cdot\frac{\left[(10-x)^2+2.5^2\right]'}{2\sqrt{(10-x)^2+6.25}}$$

$$=4-\frac{6(10-x)}{\sqrt{(10-x)^2+6.25}}.$$

令 $y'=0$,得驻点 $x=10\pm\sqrt{5}$,舍去大于10的驻点.作出铺设费函数图形,如图3-7所示.由于管道最低铺设费一定存在,且在(0,10)内取得,所以最小值点为 $x\approx7.764$(km),最低的管道铺设费为 $y\approx51.18$(万元).

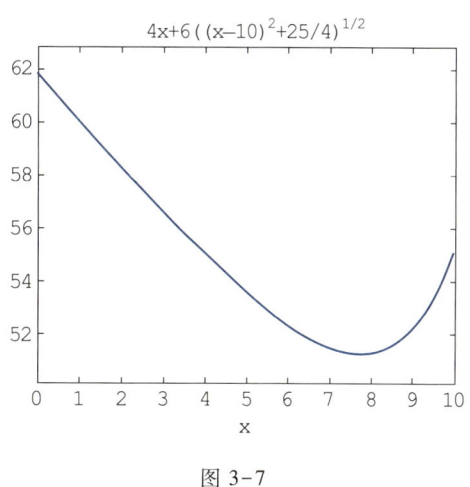

图3-7

如果要在河对岸设置两个石油罐装点，又该如何设计？

【小点拨】

在设计公路、铁路时，设计者们常常遇到"逢山开洞，遇水架桥"还是绕行的问题．虽然修桥和开凿隧道方便了交通，但桥梁和隧道的修建费用却远远高于普通公路和铁路的修建费用．在资金有限的情况下，合理选址和确定路线，不仅能满足设计要求，而且可以大大地节省修建成本．此问题的方法也适用于各种管网等的设计．

3.2　分段函数的最值模型

问题6　【旅行社交通费用模型】某旅行社将租用客车公司大、中、小型客车给旅行团．大、中、小型客车的载客数及租车费用（含司机费用、燃油费用等）详见表 3-1．

表 3-1

客车类型	可载人数	费用/（元/（天·辆））
大型客车	50	900
中型客车	40	750
小型客车	30	650

旅行社收费的标准为：若每团人数不超过 30 人，每人的交通费为 30 元；若每团人数大于 30 人，则给予优惠，每多 2 人，交通费每人减少 1 元，降至 20 元为止．试问每团人数为多少时，旅行社获得的交通费利润最大？ 最大利润是多少？

一、 模型假设与变量说明

（1）租车费用包括司机的劳务费和汽车的燃油费等所有与交通相关的费用．

（2）设旅行社租用大、中、小型三种客车的租金为 $r_i(i=1,2,3)$，$i=1,2,3$ 分别对应大、中、小型客车．当每团人数为 x 人时，旅行团交纳的交通费为 $M(x)$ 元，旅行社获得的交通费利润为 $L(x)$ 元．

二、 模型的分析与建立

旅行社获得的交通费利润＝旅行团交纳的交通费−租用相应客车的费用，即

$$L(x)=M(x)-r_i \quad (i=1,2,3).$$

具体地，当旅行团人数 $x\leqslant30$ 时，旅行社将租用小型客车，租车费用为 $r_3=650$ 元，交

通费利润为

$$L(x) = 30x - 650.$$

当旅行团人数 $30 < x \leqslant 40$ 时，旅行社将租用中型客车，租车费用为 750 元，收取每个游客的交通费为 $30 - \left[\dfrac{x-30}{2}\right]$（其中 $[\quad]$ 为取整函数），交通费利润为

$$L(x) = \left(30 - \left[\frac{x-30}{2}\right]\right)x - 750.$$

当旅行团人数 $40 < x \leqslant 50$ 时，旅行社将租用大型客车，租车费用为 900 元，收取每个游客的交通费为 $\max\left\{30 - \left[\dfrac{x-30}{2}\right], 20\right\} = 30 - \left[\dfrac{x-30}{2}\right]$（其中 $[\quad]$ 为取整函数），交通费利润为

$$L(x) = \left(30 - \left[\frac{x-30}{2}\right]\right)x - 900.$$

综上分析，旅行社获得的交通费利润为

$$L(x) = \begin{cases} 30x - 650, & x \leqslant 30, \\[2mm] \left(30 - \left[\dfrac{x-30}{2}\right]\right)x - 750, & 30 < x \leqslant 40, \\[2mm] \left(30 - \left[\dfrac{x-30}{2}\right]\right)x - 900, & 40 < x \leqslant 50. \end{cases}$$

三、 模型求解

由于利润函数中有取整函数，而取整函数是一个离散的分段函数，不便于讨论，为此，用如下函数简化分析

$$P(x) = \begin{cases} 30x - 650, & 0 \leqslant x \leqslant 30, \\[2mm] \left(30 - \dfrac{x-30}{2}\right)x - 750, & 30 < x \leqslant 40, \\[2mm] \left(30 - \dfrac{x-30}{2}\right)x - 900, & 40 < x \leqslant 50. \end{cases}$$

$$P'(x) = \begin{cases} 30, & 0 \leqslant x \leqslant 30, \\ 45 - x, & 30 < x \leqslant 40, \\ 45 - x, & 40 < x \leqslant 50. \end{cases}$$

当 $x \leqslant 30$ 时，$P'(x) > 0$，故当 $x = 30$ 时，旅行社获得的交通费利润最大，最大利润为 250 元；

当 $30 < x \leqslant 40$ 时，$P'(x) > 0$，故当 $x = 40$ 时，旅行社获得的交通费利润最大，最大利润为 $25 \times 40 - 750 = 250$ 元；

当 $40 < x \leqslant 50$ 时，令 $P'(x) = 0$，解得驻点 $x = 45$，故当 $x = 45$ 时，旅行社获得的交通费利润最大，最大利润为 $23 \times 45 - 900 = 135$ 元. 另外，可补充考虑 $x = 44$ 和 $x = 46$ 时函数 $L(x)$ 的值. 因为 $L(44) = L(46) = 112 < 135$，所以，此时函数的最大值 $L(45) = 135$.

综上分析，因为 $L(30) = L(40) > L(45)$，所以当旅行团人数为 30 或 40 时，旅行社获得的交通费利润最大，最大利润为 250 元.

拓展思考：

（1）请查阅相关资料，明确旅行社对组团旅游会考虑哪些费用.

（2）若有一个 30 人的团准备从成都去九寨沟旅游，请通过查阅相关资料帮旅行社计算游客的最低交通费用和最低旅行费用.

【想一想】

你参加过组团旅游吗？在组团旅游时，旅行社会根据组团人数确定相应的旅游费用. 一般来说，人数越多，费用越低. 为什么？

分段函数的最值

求分段函数的最值要分段讨论、比较各段上的最值，最大者即为所求分段函数的最值.

3.3 多元函数的最值模型

问题 7 **【易拉罐的设计模型】**我们只要稍加留意就会发现，销量很大的饮料的饮料罐（即易拉罐）的形状和尺寸几乎都是一样的. 看来，这并非偶然，应该是某种意义上的最优设计.

设易拉罐是一个正圆柱体，什么是它的最优设计？即半径和高之比是多少？

一、模型假设与变量说明

（1）假设易拉罐为标准的正圆柱体.

（2）不考虑制作易拉罐的拉环以及接缝处的材料.

（3）假设计算易拉罐容积时壁厚可忽略不计.

（4）假设易拉罐高为 h cm，半径为 r cm，上、下底的厚度为 d_1 cm，侧壁的厚度为 d_2 cm，制作一个易拉罐所需材料的体积为 V_1 cm^3，易拉罐的容积为 V cm^3.

二、模型的分析与建立

本题是求在材质相同，容积、壁厚一定的情况下，所耗材料最省，即求所耗材料的体积最小.

制作一个易拉罐所需材料（体积）可分为两部分：一是易拉罐上、下底的体积 $2\pi r^2 d_1$，二是易拉罐侧壁的体积 $2\pi rhd_2$. 总体积为

$$V_1 = 2\pi r^2 d_1 + 2\pi rhd_2,$$

易拉罐的容积为

$$V = \pi r^2 h.$$

三、模型求解

解法一：由 $V = \pi r^2 h$ 得 $h = \dfrac{V}{\pi r^2}$，将之代入 V_1，得

$$V_1 = 2\pi r^2 d_1 + 2\pi r \frac{V}{\pi r^2} d_2 = 2\pi r^2 d_1 + 2\frac{V}{r} d_2,$$

其中 d_1, d_2, V 是常数. 这里 V_1 是 r 的函数. V_1 对 r 求导, 得

$$V'_1 = 4\pi r d_1 - \frac{2V}{r^2} d_2,$$

令 $V'_1 = 4\pi r d_1 - \dfrac{2V}{r^2} d_2 = 0$, 解之得驻点 $r = \sqrt{\dfrac{Vd_2}{2\pi d_1}}$, 代入 $h = \dfrac{V}{\pi r^2}$, 得 $h = 2\sqrt[3]{\dfrac{Vd_1^2}{2\pi d_2^2}}$. $r : h = \dfrac{d_2}{2d_1}$.

这里 $V = 355 (\text{mL}) = 0.355 (\text{L})$, 经测量得 $d_1 \approx 0.22 (\text{mm})$, $d_2 \approx 0.11 (\text{mm})$, 计算得 $h \approx$ 1.218(dm) = 121.8(mm), $r \approx 0.305 (\text{dm}) = 30.5 (\text{mm})$. 此时半径与高之比为 $r : h \approx 1 : 4$.

经测量某品牌易拉罐的相关数据, 得 $h \approx 123.1 (\text{mm})$, $r \approx 30 (\text{mm})$, 推导计算结果与实际情况比较吻合.

解法二: 将此问题视为有约束的二元函数极值. 即在约束

$$V = \pi r^2 h$$

下, 求目标函数

$$V_1 = 2\pi r^2 d_1 + 2\pi r h d_2$$

的最小值. 其中 d_1, d_2 是常数, r, h 是自变量. 将 $d_1 \approx 0.22$ (mm), $d_2 \approx 0.11$ (mm) 代入, 即求在约束

$$V = \pi r^2 h$$

下

$$V_1 = 2\pi r^2 \times 0.22 + 2\pi r h \times 0.11$$

的最小值. 其中 r, h 是自变量.

构造拉格朗日辅助函数:

$$f(h, r, \lambda) = 2\pi r^2 \times 0.22 + 2\pi r h \times 0.11 + \lambda(V - \pi r^2 h).$$

对 h, r, λ 分别求偏导, 并令偏导为 0, 得

$$\begin{cases} \dfrac{\partial f}{\partial h} = 0.22\pi r - \lambda\pi r^2 = 0, \\[2mm] \dfrac{\partial f}{\partial r} = 0.88\pi r + 0.22\pi h - 2\pi r h \lambda = 0, \\[2mm] \dfrac{\partial f}{\partial \lambda} = V - \pi r^2 h = 0. \end{cases}$$

用 MATLAB 求解如下:

```
>>[r,h,t]=solve('0.88*r*pi+0.22*h*pi-2*r*h*t*pi=0','0.22
*r*pi-t*r^2*pi=0','0.355-r^2*h*pi=0','r,h,t')    % t 表示方程
中的 λ
r =
(0.3045599761    -0.1522799880+0.2637566762i    -0.1522799880
-0.2637566762i)
h =
(1.218239904    -0.6091199521+1.055026705i    -0.6091199521
```

```
                                                                      -1.055026705i)
t = (0.7223536160    -0.3611768080    -0.6255765820i    -0.3611768080+
0.6255765820i)
```

取实根，所得结果与前面一致，再通过简单计算 $r:h$ 知，当易拉罐的半径与高之比约为 1:4 时，材料最省。

拓展思考：

事实上，商家在设计易拉罐时，除考虑使用材料最省之外，还要考虑焊接、加工制作费以及包装、运输等各种因素。请你通过查阅相关资料，了解还需要考虑哪些因素。它们对易拉罐的设计有何影响？

【小点拨】

在市场竞争日益激烈的今天，企业除增加新产品的研发力度，提升产品的科技含量，增加企业核心竞争力外，还应学会"精打细算"，努力降低产品成本，增加利润，增强企业的经济实力，提升综合竞争力，从而在激烈的市场竞争中立于不败之地。一个小小的易拉罐的设计是如此，设计大型机械设备、耗材昂贵的设备更是如此。因此，同学们应牢固树立最优化的思想。

问题 8 【学校选址模型】某乡政府准备在相邻的 5 个村庄建一所小学，各村庄适龄小学生人数和与乡政府的距离如表 3-2 所示。

表 3-2

村庄	小学生人数/人	与乡政府的距离/km	方向角/°
村庄 1	33	5	40
村庄 2	41	4.5	42
村庄 3	27	4.7	30
村庄 4	19	3.5	37
村庄 5	38	4.5	34

其中方向角为村庄与乡政府的连线与水平方向的夹角。应如何选址使全部小学生所走的总路程最短？

一、模型准备

为清楚地表示出学校与各村庄的路程，必须借助坐标系。为此建立如下的直角坐标系：以乡政府为坐标原点，水平方向为 x 轴，垂直方向为 y 轴。

二、模型假设与变量说明

（1）假设所建小学到各村庄的路程为它到各村庄的直线距离。

（2）设第 i 个村庄有 $n_i(i=1,2,3,4,5)$ 名学生，村庄 $A_i(i=1,2,3,4,5)$ 在直角坐标系中的坐标为 $(x_i,y_i)(i=1,2,3,4,5)$，各村庄与乡政府的连线与水平方向的夹角为 $\theta_i(i=1,2,3,4,5)$，各村庄到学校的直线距离为 $d_i(i=1,2,3,4,5)$，校址选在点 $A(x,y)$。

三、 模型的分析与建立

各村庄到学校的距离为 $d_i = \sqrt{(x-x_i)^2+(y-y_i)^2}$ $(i=1,2,3,4,5)$，所有学生走的总路程为

$$S = \sum_{i=1}^{5} n_i \sqrt{(x-x_i)^2 + (y-y_i)^2}.$$

四、 模型求解

（1）计算各村庄的坐标.

利用 $x_i = d_i\cos\theta$，$y_i = d_i\sin\theta$ 计算各村庄的坐标，得

$A_1(3.83,3.21)$，$A_2(3.34,3.01)$，$A_3(4.07,2.35)$，$A_4(2.8,2.10)$，$A_5(3.73,2.52)$.

（2）这是一个二元函数的最优化问题. 将目标函数 S 分别对 x，y 求导，得

$$\frac{\partial S}{\partial x} = \sum_{i=1}^{5} \frac{n_i(x-x_i)}{\sqrt{(x-x_i)^2 + (y-y_i)^2}}, \qquad \frac{\partial S}{\partial y} = \sum_{i=1}^{5} \frac{n_i(y-y_i)}{\sqrt{(x-x_i)^2 + (y-y_i)^2}}.$$

将 n_i，(x_i,y_i) $(i=1,2,3,4,5)$ 代入模型，令 $\dfrac{\partial S}{\partial x}=0$，$\dfrac{\partial S}{\partial y}=0$.

用 MATLAB 求解如下：

```
>> x1 = [3.83 3.34 4.07 2.8 3.73];
>> y1 = [3.21 3.01 2.35 2.10 2.52];
>> n = [33 41 27 19 38];
f = @ (x)[sum(n.*(x(1)-x1)./sqrt(((x1-x(1)).^2)+((y1-x(2)).^2)));
sum(n.*(x(2)-y1)./sqrt(((x1-x(1)).^2)+((y1-x(2)).^2)))];
>> x = fsolve(f,[0 0])
x =
        3.6784    2.6493
```

得驻点 $(3.68, 2.65)$，由于实际问题的最值存在，且只找到了唯一驻点，所以此点即为所求问题的最值点，总距离为 77.728 5 km. 如图 3-8 所示.

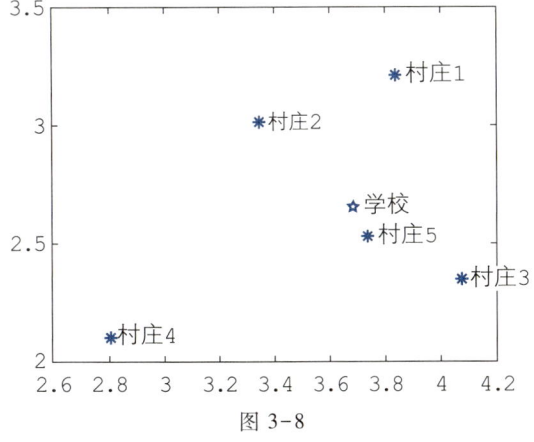

图 3-8

【小点拨】

在生产和生活中，常遇到各种选址问题. 如政府如何确定社会公共设施（如体育场馆、图书馆、医院等）的地址，既方便群众又利于交通；商场如何选定超市位置，既能保证充足客源又尽可能地方便顾客；电力部门如何确定乡村变电站的位置，既保证广大乡村的用电，又节约电网铺设费用等. 这些问题都属于最优化问题.

问题 1 【**选址修路问题**】铁路线上 AB 的距离为 100 km. 工厂 C 距 A 处 20 km，AC 垂直于 AB，如图 3-9 所示. 现要在 AB 线上选定一点 D 向工厂修筑一条公路，已知铁路与公路每千米货运费之比为 $3:5$，问 D 选在何处，才能使从 B 到 C 的运费最少？

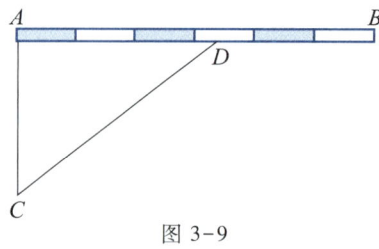

图 3-9

问题 2 【**商品销售问题**】某品牌衬衣，若定价为每件 50 元，则一周可售出 1 000 件. 市场调查显示，若每件降低 2 元，则一周的销售量可增加 100 件. 当每件衬衣定价为多少元时，能使商家的销售额最大？ 最大销售额是多少？

问题 3 【**旅行社收费问题**】某旅行社举办风景区旅游，若每团人数不超过 30 人，每张飞机票收费 900 元；若每团人数大于 30 人，则给予优惠，每多 1 人，每张机票减少 10 元，直至降到 450 元为止. 旅行社需付给航空公司包机费 15 000 元. 当每团人数为多少时，旅行社可获得最大利润？ 最大利润为多少？

问题 4 【**建转运站问题**】某工厂 A 到铁路的垂直距离为 3 km，工厂与火车站的水平距离为 5 km，汽车每千米的运费为 20 元/t，铁路每千米的运费为 15 元/t，为节省运费，拟在铁路线上选一点 M 建转运站. M 应建在何处？

第 4 章　微分方程模型

预备知识

常微分方程.

学习目标

知识目标:

1. 掌握建立微分方程模型的方法;

2. 掌握求解微分方程模型的方法;

3. 了解微分方程的数值解.

在科学、技术、工程以及经济研究中，常常需要寻求与问题有关的变量之间的函数关系. 这种函数关系有时可以直接建立，有时却只能根据分析和一些基本科学原理，建立所求函数及其变化率之间的关系式，即微分方程，然后再利用微分方程的求解方法或数学软件解出所求函数. 事实上，如果问题中涉及"变化""速度""增加""减少""生长""衰减"之类的词汇，这些词中的任一个都可能包含了一个微分方程.

一阶微分方程的一般形式为

$$\begin{cases} \dfrac{\mathrm{d}x}{\mathrm{d}t} = f(t, x), \\ x(t_0) = x_0, \end{cases}$$

其中 $f(t, x)$ 是 t, x 的函数，$x(t_0) = x_0$ 为初值条件.

4.1　利用微元法建立微分方程模型

问题 1　【高速公路上汽车总数模型】从 A 市到 B 市有条长 30 km 的高速公路，某天公路上距 A 市 x km 处的汽车密度（以每千米多少辆车计）为 $\rho(x) = 300 + 300\sin(2x + 0.2)$. 请计算该高速公路上的汽车总数.

一、模型假设与变量说明

（1）假设从 A 市到 B 市的高速路是封闭的，路上没有其他出口.

（2）设高速公路上的汽车总数为 W.

二、模型的分析与建立

利用微元法，在 $[x, x+\mathrm{d}x]$ 路段上，可将汽车密度视为常数，车辆数为

$$\mathrm{d}W = [300 + 300\sin(2x + 0.2)]\,\mathrm{d}x,$$

高速公路上的汽车总数为

$$W = \int_0^{30} [300 + 300\sin(2x + 0.2)]\,\mathrm{d}x.$$

三、模型求解

解法一：用凑微分法计算.

$$W = \int_0^{30} 300\mathrm{d}x + \frac{300}{2}\int_0^{30} \sin(2x + 0.2)\,\mathrm{d}(2x + 0.2)$$

$$= [300x - 150\cos(2x + 0.2)]\,\big|_0^{30} \approx 9\,278.$$

解法二：用 MATLAB 计算.

```
>> syms x
>> int(300+300*sin(2*x+0.2), x,0,30)
ans =
    9.2779e+003
```

所以此高速公路上的汽车总量约为 9 278 辆.

微元法建立微分方程模型的一般步骤与方法

对于实际问题，若各种研究对象在整体范围内是变化的，但经过分割后的局部范围内可以近似地认为是不变的，则可以在确定了变量及其取值范围后，用以下步骤建立微分方程模型：

第一步[用近似方法确定微元] 写出整体量 U 在自变量任一小区间 $[x, x+\mathrm{d}x]$ 上的微元 $\mathrm{d}U = f(x)\mathrm{d}x$，即得微分方程；

第二步[写出定积分式] 以所求量 U 的微元 $f(x)\mathrm{d}x$ 为被积表达式，写出在区间 $[a, b]$ 上的定积分，得

$$U = \int_a^b f(x)\,\mathrm{d}x.$$

上述方法称为**微元法**或**元素法**，也称为**微元分析法**.

微元法中，写出变量的"微元"是关键，常运用"以常代变，以直代曲，以匀代不匀"等方法. 微元法是一种实用性很强的数学方法和变量分析方法，在工程实践和科学技术中有着广泛的应用.

> **问题 2** **【学生宿舍的规划模型】** 2020 年年底的一项统计数据显示：新欣寄宿学校的在校生人数以 $280\mathrm{e}^{0.2x}$ 的速度递增，其中 $x = 0$ 对应 2020 年. 若学校目前有在校生 2 000 人，学生宿舍 700 间，每间最多可容纳 6 人.
>
> （1）请预测 2030 年学校有多少学生.
>
> （2）到 2030 年学校最多能容纳多少学生？若不能容纳，至少还需修建多少间宿舍？

一、 模型假设与变量说明

（1）假设今后 10 年学校的在校生人数均按 $280\mathrm{e}^{0.2x}$ 的速度递增，不会出现其他变化.

（2）假设现有宿舍 10 年后还能正常使用.

（3）设从 2020 年起的第 t 年新欣学校的在校生人数为 $P(t)$.

二、 模型的分析与建立

由题意知

$$P'(x) = \frac{\mathrm{d}P}{\mathrm{d}x} = 280\mathrm{e}^{0.2x},$$

利用微元法，在区间 $[x, x+\mathrm{d}x]$ 上，可将学校在校生人数的增长率视为常数，增加的人数为

$$\mathrm{d}P = 280\mathrm{e}^{0.2x}\mathrm{d}x,$$

所以 2030 年新欣学校的在校生人数为

$$P(10) = \int_0^{10} 280\mathrm{e}^{0.2x}\mathrm{d}x.$$

三、 模型求解

解法一：用凑微分法计算（略）.

解法二：用 MATLAB 计算.

```
>> syms x;
>> int(280 * exp(0.2 * x), x, 0, 10)
ans =
    1400 * exp(2)-1400
>> 1400 * exp(2)-1400
ans =
    8.9447e+003
```

通过计算知道，10 年后学校将有近 8 945 名学生. 而学校现有宿舍 700 间，按每间最多容纳 6 人计，最多可容纳 700×6＝4 200 名学生，差 8 945－4 200＝4 745 个床位，若仍按每间 6 人安排，则缺 4 745÷6≈791 间宿舍.

已知导数，建立和求解微分方程模型的方法

若某一量 $F(x)$ 相对于自变量 x 的变化率 $F'(x)$ 已知，即

$$\frac{\mathrm{d}F(x)}{\mathrm{d}x} = F'(x),$$

则在 $[x, x+\mathrm{d}x]$ 上，由微分与导数的关系得微元

$$\mathrm{d}F(x) = F'(x)\mathrm{d}x,$$

用微元法，以 $F'(x)\mathrm{d}x$ 为被积表达式，可得到 $F(x)$ 从 $x=a$ 到 $x=b$ 的总变化量为

$$F(b)-F(a) = \int_a^b F'(x)\mathrm{d}x.$$

因此若已知某个量的变化率为 $\frac{\mathrm{d}F(x)}{\mathrm{d}x}=f(x)$，则变量 $F(x)$ 从 $x=a$ 到 $x=b$ 的总增量为

$$F(b)-F(a) = \int_a^b f(x)\mathrm{d}x.$$

问题 3 【森林可砍伐年限模型】2020 年林业部门对某伐木场砍伐树木的统计数据表明，该伐木厂砍伐树木的速度（单位：$10^6\ \mathrm{m}^3/$年）为

$$R(t) = 2\mathrm{e}^{-0.2t},$$

其中 $t=0$ 对应 2020 年.

（1）请预测今后 5 年伐木厂将砍伐多少树木.

（2）如果空中侦察发现该片森林的木材储量为 800 万立方米，那么这片森林可供砍伐多少年？

一、 模型假设与变量说明

（1）假设森林的木材被砍伐后不再生长，即木材储量不再增加.

（2）假设该森林只有这一家伐木场.

（3）设第 t 年伐木厂将砍伐 $W(t)$ 树木. 森林的木材储量为 Q，可供砍伐 x 年.

二、 模型的分析与建立

（1）因为砍伐树木的速度为砍伐树木的数量关于时间的变化率，即

$$\frac{\mathrm{d}W(t)}{\mathrm{d}t} = R(t) = 2\mathrm{e}^{-0.2t},$$

利用微元法，有

$$W(5) = \int_0^5 2\mathrm{e}^{-0.2t}\mathrm{d}t.$$

（2）当森林的木材储量为 Q 时，设第 x 年砍伐完，则有

$$Q = \int_0^x 2\mathrm{e}^{-0.2t}\mathrm{d}t.$$

三、 模型求解

解法一：用凑微分法计算（略）.

解法二：用 MATLAB 求解.

（1）
```
>> syms t
>> int(2 * exp(-0.2 * t), t,0,5)
ans =
    -10 * exp(-1)+10
>>-10 * exp(-1)+10
ans =
    6.3212
```
故今后 5 年将砍伐 632.12 万立方米木材.

（2）将 $Q = 8$ 代入模型，则有 $8 = \int_0^x 2\mathrm{e}^{-0.2t}\mathrm{d}t$.
```
>> syms x;
>> solve('-10 * exp(-1/5 * x)+10 = 8',x)
ans =
    5 * log(5)
>> 5 * log(5)
ans =
    8.0472
```
所以最多可供砍伐 8 年多一点.

拓展思考：

（1）如果伐木厂砍伐树木的速度为常数，设 $R(t) = 2$（单位：$10^6\ \mathrm{m}^3/$年），其中 $t = 0$ 对应 2020 年. 森林的木材储量仍为 800 万立方米. 这片森林可供砍伐多少年？

（2）如果伐木厂砍伐树木的速度（单位：$10^6\ \mathrm{m}^3/$年）为 $R(t) = 2\mathrm{e}^{0.2t}$，其中 $t = 0$ 对应 2020 年，其他数据不变. 这片森林可供砍伐多少年？

（3）以上不同速度下所得数据说明了什么？

> **问题 4　【飞行跑道的设计模型】某喷气式客机起飞时的速度为 360 km/h，如果要求客机在 50 s 内匀加速地将速度提到起飞速度，那么设计的跑道至少应多长？**

一、模型准备

先进行单位换算，50 s 等于 $\dfrac{50}{3\ 600}=\dfrac{1}{72}$ h.

二、模型假设与变量说明

（1）假设飞行跑道为直线型跑道.

（2）假设飞机在跑道上匀加速行驶 50 s，起飞时的速度为 360 km/h.

（3）假设飞机在跑道上行驶的匀加速度为 a km/h²，a 为常数，t 时刻的速度为 $v(t)$，跑道长度为 S，t 时刻飞机行驶的距离为 $s(t)$.

三、模型的分析、建立与求解

由速度与加速度的关系知道：$a=\dfrac{\mathrm{d}v}{\mathrm{d}t}$，即 $v=\displaystyle\int_0^t a\mathrm{d}t$，根据题意，飞机要在 $t=\dfrac{1}{72}$（h）内匀加速地将速度提到 360 km/h，有

$$360=\int_0^{\frac{1}{72}} a\mathrm{d}t,$$

即 $360=\dfrac{1}{72}a$，所以

$$a=360\times72=25\ 920(\mathrm{km/h^2}).$$

因 $v(0)=0$，所以速度为

$$v(t)=25\ 920t,$$

再利用路程与速度之间的关系 $v(t)=\dfrac{\mathrm{d}s(t)}{\mathrm{d}t}$，得路程 $s(t)$ 为

$$s(t)=\int_0^t 25\ 920t\mathrm{d}t=12\ 960t^2.$$

将 $t=\dfrac{1}{72}$ 代入上式，得跑道的最短长度为

$$S=s\left(\dfrac{1}{72}\right)=12\ 960\times\left(\dfrac{1}{72}\right)^2=2.5(\mathrm{km}).$$

所以设计飞行跑道的最短长度为 2.5 km.

> **注意**

1. 在建立和求解数学模型时，一定要注意问题所给单位（量纲）是否一致，若不一致，必须先进行处理.

2. 已知变化率，要达到预定的设计要求，可以通过建立和求解所求量的微分方程得以解决. 一般地，与变化率有关的问题均可建立微分方程模型.

问题 5 【生活垃圾的总量预测模型】中国既是一个人口大国，又是一个垃圾生产大国. 随着人类生产和生活的不断发展，由此而产生的垃圾给生态环境及人类生存带来极大的威胁，成为重要的社会问题. 请查阅相关文献，搜集垃圾产量数据，在此基础上建立城市生活垃圾产量中短期预测模型，并分析模型的准确性和实用性.

一、 模型准备

通过网络查询，获得以下数据:城市生活垃圾的年增长速度达 8% ~ 10%. 仅 2019 年的垃圾产量就达 3.4 亿吨，预计到 2029 年垃圾产量约 6 亿吨.

二、 模型假设与变量说明

（1）假设 2019 年我国的垃圾产量为 3.4 亿吨.

（2）设第 t 年我国的生活垃圾为 $R(t)$（t 从 2019 年计）亿吨，垃圾的增长速度为 k 亿吨/年.

三、 模型的分析与建立

根据题意，利用微元分析法，第 t 年到第 $t + \Delta t$ 年间垃圾的增长量为

$$\Delta R(t) = R(t + \Delta t) - R(t) = kR(t) \cdot \Delta t.$$

方程两边同时除以 Δt，并令 $\Delta t \to 0$，由此建立微分方程

$$\frac{\mathrm{d}R}{\mathrm{d}t} = kR,$$

初值条件为 $R(0) = 3.4$（亿吨）.

四、 模型求解

解法一:

1. 求通解

将 $k = 0.08$ 代入模型，分离变量得

$$\frac{\mathrm{d}R}{R} = 0.08\mathrm{d}t,$$

两边积分得

$$R(t) = Ce^{0.08t}.$$

2. 求特解

将初值条件 $R(0) = 3.4$（亿吨）代入通解，得 $C = 3.4$. 于是满足该问题的特解为

$$R(t) = 3.4e^{0.08t}.$$

由此可知，2029 年的垃圾产量约为 $R(10) = 3.4e^{0.08 \times 10} \approx 7.566\,8$（亿吨）.

此问题也是运用**微元法**建立微分方程模型的一个例子.

解法二：用 MATLAB 求解.

```
>> dsolve('DR = 0.08 * R','R(0) = 3.4')
ans =
      (17 * exp((2 * t)/25))/5
```

从而，$R(t) = 3.4e^{0.08t}$. 把 t 换成 10，即得

```
>>(17 * exp((2 * 10)/25))/5
ans =
        7.5668
```

在思考这一问题时，垃圾的年增长速度可能随社会发展水平，人们的环保意识等的变化而变化，因此，此模型所得结果仅能作为短期的初步预测值.

增长率 ≠ 变化率

拓展思考：

请查阅更多资料，建立我国的垃圾产量预测模型.

你是否注意到这个问题与前 4 个问题有所不同？ 不同之处在于：这里已知变量的增长率，而非变化率.

建立微分方程模型的一般步骤与方法

一般地，若影响问题的因素较多，以致难以迅速地建立微分方程模型，或问题不是直接由变化率求总增量时，则可以通过以下步骤完成微分方程模型的建立：

第一步：如果自变量为 x，因变量为 y，先分析当自变量从 x 变到 $x+\Delta x$ 时相应的函数 y 的增量 Δy.

第二步：方程两边同时除以 Δx，并令 $\Delta x \to 0$，即得微分方程.

这一分析方法还可应用于动物种群数量预测，如人口预测、鱼群数量的预测、病虫害预测、传染性疾病传播预测等. 如已知人口增长速度，鱼群的捕捞和生长速度，病虫害和传染性疾病的传播速度等，则可以利用微元分析法建立相应的微分方程模型，并利用一些已知条件，求出所需量的函数表达式，从而计算出任意时刻的数量.

4.2 机理分析法建立微分方程模型

问题 6 【体内药物分析模型】某人突然开始强烈气喘，医生立即给他一次性注射 43.2 mg 茶碱药物，可以想象药物是进入了一个容积为 35 000 mL 的分隔区间（这一容积就是人体内药物可以达到的空间的总体积），药物离开病人身体的速度与体内药量成正比，比例常数为 0.082.试建立药物浓度 $c(t)$ 所满足的微分方程.

一、 模型假设与变量说明

（1）假设病人体内最初不含这种药物.

（2）设 t 时刻人体内的药物量为 $x(t)$（单位：mg；t 从注射时计），一次注入体内的药物量为 D，人体体液的总体积为 $V = 35\,000$ mL.

二、 模型的分析与建立

根据题意，药物离开人体的速度 $\dfrac{\mathrm{d}x(t)}{\mathrm{d}t}$ 与体内药量 x 成正比，即

$$\begin{cases} \dfrac{\mathrm{d}x}{\mathrm{d}t} = -kx, \\ x(0) = D, \end{cases}$$

其中 $k = 0.082$，初值条件为 $x(0) = 43.2$（mg）.

三、 模型求解

解法一：

1. 求通解

$$x(t) = De^{-kt},$$

药物的浓度为

$$c(t) = \frac{x(t)}{V} = \frac{D}{V}e^{-kt}.$$

2. 求特解

将初值条件 $x(0) = 43.2$（mg）代入通解，得 $D = 43.2$，又因为 $V = 35\,000$ mL，所以满足该问题的特解（药物的浓度）为

$$c(t) = \frac{43.2}{35\,000}e^{-0.082t}.$$

解法二：

```
>> dsolve('Dx = -0.082 * x','x(0) = 43.2')
ans =
    216/(5 * exp((41 * t)/500))
```

所以 $x(t) = \dfrac{216}{5}e^{-\frac{41}{500}t} = 43.2e^{-0.082t}$，$c(t) = \dfrac{x(t)}{D} = \dfrac{43.2}{35\,000}e^{-0.082t}$.

拓展思考：

如果此病人每隔 4 h 注射一次药，试建立药物浓度 $c(t)$ 所满足的微分方程.

通过建立微分方程模型并求解，得到体内的药物浓度实际上是一个指数衰减模型. 除药物在体内的代谢外，放射物的衰减、饮酒后酒在体内的代谢等均满足这一规律.

问题 7　**【刑事侦查中死亡时间的鉴定模型】**某地发生一起谋杀案. 刑侦人员测得尸体温度为 30 ℃，此时是下午 4 点整. 假设该人被谋杀前的体温为 37 ℃，被杀两个小时后尸体温度为 35 ℃，周围空气的温度为 20 ℃，试推断谋杀是何时发生的.

一、 模型假设与变量说明

（1）假设尸体的温度按牛顿冷却定律开始下降，即尸体冷却的速度与尸体温度和空气温度之差成正比.（牛顿冷却定律指出：物体在空气中冷却的速度与物体温度和空气温度之差成正比.）

（2）假设尸体的最初温度为 37 ℃，两小时后尸体温度为 35 ℃，且周围空气的温度保持 20 ℃不变.

（3）假设尸体被发现时的温度是 30 ℃，时间是下午 4 点整.

（4）假设尸体的温度为 $H(t)$（t 从谋杀时计）.

二、 模型的分析与建立

由于尸体的冷却速度 $\dfrac{\mathrm{d}H}{\mathrm{d}t}$ 与尸体温度 H 和空气温度之差成正比，设比例系数为 k（$k>0$ 为常数），则有

$$\frac{\mathrm{d}H}{\mathrm{d}t}=-k(H-20),$$

初值条件为 $H(0)=37$（℃）.

三、 模型求解

解法一：

1. 求通解

分离变量得

$$\frac{\mathrm{d}H}{H-20}=-k\mathrm{d}t,$$

两边积分得

$$H-20=Ce^{-kt}.$$

2. 求特解

将初值条件 $H(0)=37$（℃）代入通解，得 $C=17$. 于是满足该问题的特解为

$$H=20+17e^{-kt}.$$

为求出 k 值，根据 2 h 后尸体温度为 35 ℃这一条件，有

$$35=20+17e^{-k\cdot 2},$$

求得 $k\approx 0.063$，于是尸体的温度函数为

$$H=20+17e^{-0.063t}. \tag{4.1}$$

将 $H=30$（℃）代入式（4.1），有 $\dfrac{10}{17}=e^{-0.063t}$，即得 $t\approx 8.4$（h）.

解法二：用 MATLAB 求解.

```
>>dsolve('DH=-0.063*(H-20)','H(0)=37')        % 求解微分方程
ans =
    17/exp((63*t)/1000) + 20
>>solve('30=20+17*exp(-63*t/1000)','t')
```

```
ans =

    -(1000 * log(10/17))/63

>>-(1000 * log(10/17))/63

ans =

    8.4227
```

于是可以判定谋杀发生在下午 4 点尸体被发现前的 8.4 h，即是在上午 7 点 36 分发生的.

实 训 4

问题 1 【森林火灾问题】假设每年森林被火灾吞噬的面积（单位：百万亩①）由以下函数决定：

$$f(t) = 0.25e^{0.05t},$$

这里 t 年是从现在开始计算的时间. 那么在未来 3 年里，将有多少森林面积被火灾破坏？

问题 2 【保护濒临绝种动物问题】2019 年年初，一位动物保护组织的人员发现：保护区中某种濒临绝种的动物数量 $P(t)$ 正以如下速度增长

$$P'(t) = 0.51e^{-0.03t}.$$

（1）如果这种动物最初的数量为 $P_0 = 500$，那么 2029 年年底它的数量是多少？

（2）查阅一种濒临绝种的动物的资料，并用数学模型研究这种动物的数量变化.

问题 3 【计算器总产量问题】某一计算机公司研发了一套用于生产一种新型计算器的生产线，t 周的生产速度（单位：个/周）为

$$\frac{\mathrm{d}x}{\mathrm{d}t} = 5\,000\left[1 - \frac{100}{(t+10)^2}\right].$$

（注意到当时间足够长时，生产量接近每周 5 000 个，但是工人不熟悉新技术使得开始的生产量很低.）计算从第三周开始到第四周结束生产的计算器的个数.

问题 4 【癌症的药物治疗效果问题】在一项攻克癌症的研究中，科学家正在给一个癌症肿瘤大小为 30 cm³ 的患者应用一种新的治疗方法，癌症肿瘤体积的变化率为

$$V'(t) = 0.15 - 0.09e^{0.006t}（单位：cm^3/天）.$$

如果这项治疗是成功的，那么不超过 90 天，肿瘤将开始减少. 试问基于这一标准，这一新的治疗方法是否成功？

问题 5 【医院血液供给问题】预计在今后 25 天，某地方医院的血液供给变化率为

---

① "亩"为非法定计量单位，1 亩 ≈ 666.6 m²。

$f(t)=3\sqrt{t}-12$,其中 t（单位：天）是从现在开始计算的时间.

    （1）什么时候医院的血液供给达到最小值？

    （2）从现在到血液供给达到最小值，医院的血液供给共下降了多少？

问题 6 **【人口总数问题】**若某小镇人口每月的变化率为 $4+5t^{\frac{2}{3}}$，t（单位：月）从现在开始计. 如果该小镇现在的人口总数为 10 000 人，那么 8 个月后的人口总数是多少？

问题 7 **【广告效果问题】**某销售电暖器的企业在某个乡村开展宣传活动，宣传后，购买电暖器的客户数量的变化率为

$$N'(t)=154t^{\frac{2}{3}}+37（户/月），$$

t（单位：月）从宣传活动开始计. 那么自宣传起的 8 个月内共销售了多少电暖器？

问题 8 **【教养所的房间预测问题】**统计学家对当地一家教养所的统计分析得出：监狱里收容人员将以 $280e^{0.2x}$ 的速度增加，其中 x（年）是从当前开始计算的时间. 若目前监狱里收容了 2 000 人，现有 700 间牢房，每间最多可容纳 6 人.

    （1）请预测 10 年后将有多少人被收容？

    （2）10 年后，该监狱能容纳下收容人员吗？若不能容纳，则至少还需要修多少间？

问题 9 **【产品销售问题】**一种新产品刚面世时，厂家和商家总是采取各种措施促进销售，比如不惜血本大做广告等. 他们都希望对这种新产品的推销速度做到心中有数，厂家用于组织生产，商家便于安排进货. 怎样建立一个数学模型描述新产品推销速度，并由此分析出一些有用的结果以指导生产？

问题 10 **【能源问题】**随着全球工业化进程的加快，全球对石油的消耗也在不断增加. 请查阅相关资料，确定地球已探明的石油储藏量，目前全球每年的石油消耗量以及全球每年消耗石油的增长率. 假设一直没有可替代的新能源，那么地球的石油储藏能维持地球人用多少年？

问题 11 **【饮食算体重问题】**研究表明某女士每天摄入 2 500 卡①食物，1 200 卡用于基础新陈代谢（即自动消耗），并以每千克体重消耗 16 卡用于日常锻炼，其他的热量转变为身体的脂肪（设 10 000 卡可转换成 1 kg 脂肪）. 星期天晚上，该女士的体重是 57.152 6 kg，星期四那天她饱餐了一顿，共摄入了 3 500 卡的食物. 要求建立一个通过时间预测体重函数 $W(t)$ 的数学模型，并用它估计：

---

    ① "卡"为非法定计量单位，1 卡 ≈ 4.186 J.

（1）星期六该女士的体重.

（2）为了不增重，每天她最多的摄入量是多少？

（3）若不进食，N 周后她的体重是多少？

问题 12 【**地球赤道长度问题**】若以地球球心为坐标原点，赤道所在平面为 xOy 平面，以 0 度纬度方向为 x 轴正向建立空间直角坐标系，试计算以下假设情况下地球赤道的长度.

（1）设地球是半径为 6 371 km 的球体.

（2）设地球是一旋转体，赤道半径为 6 378 km，子午线短半轴为 6 357 km.

第 5 章 线性代数模型

预备知识

矩阵的概念与运算、线性方程组的相关知识.

学习目标

知识目标：

1. 掌握用矩阵表示实际量的方法；

2. 掌握用矩阵运算求解实际问题的方法；

3. 掌握建立实际问题线性方程组模型的方法.

5.1 矩阵模型

矩阵是由 $m \times n$ 个数 $a_{ij}(i=1,2,\cdots,m; j=1,2,\cdots,n)$ 排成的 m 行 n 列的数表

$$\begin{pmatrix} a_{11} & a_{12} & \cdots & a_{1n} \\ a_{21} & a_{22} & \cdots & a_{2n} \\ \vdots & \vdots & & \vdots \\ a_{m1} & a_{m2} & \cdots & a_{mn} \end{pmatrix} \quad \text{或} \quad \begin{bmatrix} a_{11} & a_{12} & \cdots & a_{1n} \\ a_{21} & a_{22} & \cdots & a_{2n} \\ \vdots & \vdots & & \vdots \\ a_{m1} & a_{m2} & \cdots & a_{mn} \end{bmatrix},$$

其中 a_{ij} 表示矩阵第 i 行第 j 列的**元素**，i 称为 a_{ij} 的**行标**，j 称为 a_{ij} 的**列标**. 当矩阵的行数与列数相等，即 $m=n$ 时，矩阵称为 n 阶**方阵**，记作 A 或 A_n. A 的左上角到右下角称为**主对角线**，其元素 a_{11}，a_{22}，$\cdots$，a_{nn} 称为**主对角线元素**（简称**主对角元**）. 若 n 阶方阵的对角线元素全为 1，其他元素为 0，则称此方阵为**单位矩阵**，记作 I.

矩阵不仅可以清晰地表示批量数据，而且利用矩阵运算，还可以方便快捷地由已知批量数据获得未知批量数据的值. 同时，矩阵也是学习线性规划知识的基础. 因此，撇开具体问题所包含的实际背景或实际意义，有时我们将文字、表格或图形等用矩阵表示.

已知矩阵 $A=(a_{ij})_{m \times n}$，$B=(b_{ij})_{m \times n}$，矩阵定义了如下运算：

（1）加、减法：$A \pm B=(a_{ij} \pm b_{ij})_{m \times n}$.

（2）数乘：$kA=(ka_{ij})_{m \times n}$，其中 k 为常数.

（3）乘法：$C=A_{m \times l}B_{l \times n}=(c_{ij})_{m \times n}$，其中 $c_{ij}=\sum\limits_{k=1}^{l} a_{ik}b_{kj}$.

（4）转置 $A^{\mathrm{T}}=(a_{ji})_{n \times m}$.

（5）方阵的逆：对于 n 阶方阵 A，如果存在一个 n 阶方阵 B，使得 $AB=BA=I$，则称方阵 A 是**可逆的**（简称 A 可逆），并称 B 是 A 的**逆矩阵**，记作 $A^{-1}=B$. 即 $AA^{-1}=A^{-1}A=I$.

问题 1　【**交通网络模型**】图 5-1 表明了 d 国 3 个城市，e 国 3 个城市，f 国 2 个城市相互间的交通情况.

在 d 国和 e 国间，城市通路情况可用下列矩阵表示：

$$\begin{array}{c} \\ d_1 \\ d_2 \\ d_3 \end{array} \begin{pmatrix} e_1 & e_2 & e_3 \\ 1 & 1 & 0 \\ 1 & 0 & 1 \\ 1 & 1 & 0 \end{pmatrix}$$

其中的数字 1 与 0 指相应城市间的通路数. 试写出 e 国与 f 国的通路矩阵，并进一步写出 d 国与 f 国的通路矩阵.

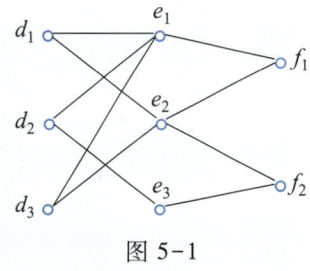

图 5-1

一、模型假设与变量说明

（1）假设用数字 0，1，2，$\cdots$ 表示相应城市间的通路数.

（2）设 d 国和 e 国间的通路矩阵为 A，e 国与 f 国的通路矩阵为 B，d 国与 f 国的通路矩阵为 C.

二、模型的分析与建立

由图 5-1 可知，e 国与 f 国的通路矩阵可以表示为

$$B = \begin{array}{c} \\ e_1 \\ e_2 \\ e_3 \end{array} \begin{pmatrix} f_1 & f_2 \\ 1 & 0 \\ 1 & 1 \\ 0 & 1 \end{pmatrix},$$

而 d 国和 e 国间的通路矩阵为

$$A = \begin{pmatrix} 1 & 1 & 0 \\ 1 & 0 & 1 \\ 1 & 1 & 0 \end{pmatrix}.$$

利用矩阵的乘法运算，得 d 国与 f 国的通路矩阵为

$$C = AB = \begin{pmatrix} 1 & 1 & 0 \\ 1 & 0 & 1 \\ 1 & 1 & 0 \end{pmatrix} \begin{pmatrix} 1 & 0 \\ 1 & 1 \\ 0 & 1 \end{pmatrix}.$$

三、模型求解

解法一：利用矩阵乘法的定义，得

$$C = \begin{array}{c} \\ d_1 \\ d_2 \\ d_3 \end{array} \begin{pmatrix} f_1 & f_2 \\ 2 & 1 \\ 1 & 1 \\ 2 & 1 \end{pmatrix}.$$

解法二：利用 MATLAB 的矩阵乘法命令求解.

```
>> a = [1 1 0;1 0 1;1 1 0];
>> b = [1 0;1 1;0 1];
>> C = a * b
```

在实际应用中，常用数字 1 或 0 分别表示电路、交通以及网络等的连通状态. 一般地，用数字 1 表示连通，数字 0 表示断开. 对于复杂的网络连接图，可用 0-1 矩阵表示结点的连通状况.

问题 2 【机床订购模型】兴兴机械厂生产甲、乙、丙三种规格的机床，其价格和成本见表 5-1.

表 5-1

项目	甲	乙	丙
单价/(万元/台)	7	6	5
成本/(万元/台)	6	4.5	4

1 月份，工厂收到北京、上海与广东三地的订购数量见表 5-2.请帮兴兴机械厂算一算各地订购三种机床的总价值、总成本、总利润各是多少.

表 5-2

类型	北京	上海	广东
甲机床／台	4	5	7
乙机床／台	5	6	8
丙机床／台	3	4	9

一、 模型假设与变量说明

（1）假设不考虑订货费及运输费等.

（2）假设用矩阵 A 表示三种规格机床的价格和成本矩阵；矩阵 B 表示北京、上海和广东三地三种机床的订购数量矩阵；矩阵 C 表示各地订购三种机床的总价值、总成本矩阵；矩阵 D 表示各地订购三种机床的总价值、总成本和总利润矩阵.

二、 模型的分析与建立

将表 5-1、表 5-2 分别转化为矩阵 A，B 为

$$A = \begin{pmatrix} 7 & 6 & 5 \\ 6 & 4.5 & 4 \end{pmatrix} \begin{matrix} 单价 \\ 成本 \end{matrix}$$

$$B = \begin{pmatrix} 4 & 5 & 7 \\ 5 & 6 & 8 \\ 3 & 4 & 9 \end{pmatrix} \begin{matrix} 甲 \\ 乙 \\ 丙 \end{matrix}$$

北京订购三种机床的数量分别乘以相应的单价 $7 \times 4 + 6 \times 5 + 5 \times 3$ 为北京订购三种机床的总价值……以此类推，利用矩阵的乘法运算，得

$$C = AB = \begin{pmatrix} 7 & 6 & 5 \\ 6 & 4.5 & 4 \end{pmatrix} \begin{pmatrix} 4 & 5 & 7 \\ 5 & 6 & 8 \\ 3 & 4 & 9 \end{pmatrix}.$$

三、 模型求解

$$C = \begin{pmatrix} 73 & 91 & 142 \\ 58.5 & 73 & 114 \end{pmatrix} \begin{matrix} 总价值 \\ 总成本 \end{matrix}$$

由于利润＝收益－成本＝机床的价值－成本，所以用矩阵 C 的第一行元素减去第二行的相应元素可以得到三地订购机床的总利润. 矩阵 D 为

$$D = \begin{matrix} \text{北京} & \text{上海} & \text{广东} \\ \begin{pmatrix} 73 & 91 & 142 \\ 58.5 & 73 & 114 \\ 14.5 & 18 & 28 \end{pmatrix} & & \end{matrix} \begin{matrix} \text{总价值} \\ \text{总成本} \\ \text{总利润} \end{matrix}$$

拓展思考:

若机床运往上海、北京与广东的运输费各为 300 元/台、200 元/台、120 元/台, 则各地订购三种机床的总利润各是多少?

矩阵运算的应用方法

一般地, 用矩阵表示数表后, 可先分析结果中的某个量的构成, 受此启发, 再运用相应的矩阵运算得到全部结果.

> **问题 3** 【信息加密解密模型】在军事通信中, 常将字符(信号)与数字一一对应, 如
>
> a b c d e f g ⋯ x y z
> 1 2 3 4 5 6 7 ⋯ 24 25 26
>
> 例如 are 对应矩阵 $B = (1 \quad 18 \quad 5)^{\mathrm{T}}$, 但如果按这种方式传输, 则很容易被敌方破译, 于是必须加密, 即用一个约定的加密矩阵 A 乘以原信号矩阵 B, 传输信号矩阵为 $C = AB$, 收到信号的一方再将信号还原. 如果敌方不知道加密矩阵, 则很难破译. 设收到的信号为 $C = (21 \quad 27 \quad 31)^{\mathrm{T}}$, 并已知加密矩阵为
>
> $$A = \begin{pmatrix} -1 & 0 & 1 \\ 0 & 1 & 1 \\ 1 & 1 & 1 \end{pmatrix},$$
>
> 问原信号 B 是什么?

一、 模型假设与变量说明

假设信号在传输过程中使用相同的密钥.

二、 模型的分析与建立

由加密原理知

$$C = AB,$$

即

$$B = A^{-1}C.$$

三、 模型求解

解法一: 先用构造矩阵 $(A \vdots I)$ 求 A^{-1}, 有

$$\begin{pmatrix} -1 & 0 & 1 & \vdots & 1 & 0 & 0 \\ 0 & 1 & 1 & \vdots & 0 & 1 & 0 \\ 1 & 1 & 1 & \vdots & 0 & 0 & 1 \end{pmatrix} \xrightarrow{r_3 + r_1} \begin{pmatrix} -1 & 0 & 1 & \vdots & 1 & 0 & 0 \\ 0 & 1 & 1 & \vdots & 0 & 1 & 0 \\ 0 & 1 & 2 & \vdots & 1 & 0 & 1 \end{pmatrix}$$

$$\xrightarrow{r_3 - r_2} \left(\begin{array}{ccc:ccc} -1 & 0 & 1 & 1 & 0 & 0 \\ 0 & 1 & 1 & 0 & 1 & 0 \\ 0 & 0 & 1 & 1 & -1 & 1 \end{array}\right) \xrightarrow[r_1 - r_3]{r_2 - r_3} \left(\begin{array}{ccc:ccc} -1 & 0 & 0 & 0 & 1 & -1 \\ 0 & 1 & 0 & -1 & 2 & -1 \\ 0 & 0 & 1 & 1 & -1 & 1 \end{array}\right)$$

$$\xrightarrow{-r_1} \left(\begin{array}{ccc:ccc} 1 & 0 & 0 & 0 & -1 & 1 \\ 0 & 1 & 0 & -1 & 2 & -1 \\ 0 & 0 & 1 & 1 & -1 & 1 \end{array}\right),$$

知

$$A^{-1} = \left(\begin{array}{ccc} 0 & -1 & 1 \\ -1 & 2 & -1 \\ 1 & -1 & 1 \end{array}\right),$$

所以

$$B = A^{-1} C = \left(\begin{array}{ccc} 0 & -1 & 1 \\ -1 & 2 & -1 \\ 1 & -1 & 1 \end{array}\right)\left(\begin{array}{c} 21 \\ 27 \\ 31 \end{array}\right) = \left(\begin{array}{c} 4 \\ 2 \\ 25 \end{array}\right).$$

解法二：利用 MATLAB 中相应命令求解如下：

```
>> a = [ -1 0 1;0 1 1;1 1 1];
>> c = [21 27 31]';
>> inv(a) * c
ans =
      4
      2
     25
```

所以原信号矩阵为 $B = (4 \quad 2 \quad 25)^{\mathrm{T}}$，信号为 dby.

拓展思考：

若加密矩阵仍为 A，要传输信息 "you"，对方收到的信息是什么？

【小点拨】

密码学广泛地运用于军事和现代信息技术中，它是信息安全的重要内容，加密与解密的原理为：先用某一密钥矩阵乘以原矩阵（原码），这一过程叫作加密，然后传输，对方收到新矩阵（密码）后再将其还原为原矩阵（原码），这一过程叫作解密（破译）. 随着密码学的不断发展，如今，密钥矩阵越来越复杂，加密方法也越来越多.

问题 4　【土地用途变更模型】 假设某地区今年的土地分布情况为：商业用地 8 000 亩，居住用地 16 000 亩，另外还有 12 000 亩的闲置土地. 根据当地的土地规划，该地区今后两年内土地变更情况见表 5-3. 那么两年后，该地区各类土地各有多少亩？

表 5-3 土地使用及变更情况

类型	转换为商业用地的比例/%	转换为居住用地的比例/%	转换为闲置土地的比例/%
商业用地	92	8	0
居住用地	12	87	1
闲置土地	4	7	89

一、 模型假设与变量说明

（1）假设该地区两年内严格按规划使用土地.

（2）设用矩阵 A 表示该城市土地使用及变更情况,

$$A = \begin{pmatrix} 0.92 & 0.08 & 0 \\ 0.12 & 0.87 & 0.01 \\ 0.04 & 0.07 & 0.89 \end{pmatrix},$$

用矩阵 B 表示今年该地区的土地情况, $B = (8\ 000 \quad 16\ 000 \quad 12\ 000)$.

二、 模型的分析、建立与求解

利用矩阵的运算,可分析出一年后商业用地、居住用地、闲置土地为

$$BA = (8\ 000 \quad 16\ 000 \quad 12\ 000) \begin{pmatrix} 0.92 & 0.08 & 0 \\ 0.12 & 0.87 & 0.01 \\ 0.04 & 0.07 & 0.89 \end{pmatrix}$$

$$= (9\ 760 \quad 15\ 400 \quad 10\ 840).$$

同理,两年后的商业用地、居住用地、闲置土地为

$$(BA)A = (9\ 760 \quad 15\ 400 \quad 10\ 840) \begin{pmatrix} 0.92 & 0.08 & 0 \\ 0.12 & 0.87 & 0.01 \\ 0.04 & 0.07 & 0.89 \end{pmatrix}$$

$$= (11\ 260.8 \quad 14\ 937.6 \quad 9\ 801.6).$$

已知状态转移矩阵,利用矩阵乘法,可以计算经过一次、二次、……、n 次转移后的相应数据.

问题 5 【转移模型】某租车公司有 3 个车库,顾客可以从某个车库租车后,还到 3 个车库中的任何一个. 经调查得知状态转移矩阵为

$$A = (a_{ij}) = \begin{pmatrix} 0.5 & 0.2 & 0.3 \\ 0.3 & 0.6 & 0.3 \\ 0.2 & 0.2 & 0.4 \end{pmatrix},$$

其中 a_{ij} 表示顾客从第 j 个车库租出的车归还到第 i 个车库的比例. 例如矩阵的第一列表示顾客从第 1 个车库租出的车辆分别有 50%,30%,20% 归还到第 1、2、3 个车库. 现公司有 280 辆车供出租,如何设计这 3 个车库的容量?

一、 模型假设与变量说明

（1）假设最初公司的车全部分散在各车库，都没被租出去，3 个车库分别有 x_0, y_0, z_0 辆车，并设 $X = \begin{pmatrix} x_0 \\ y_0 \\ z_0 \end{pmatrix}$.

（2）假设某一时刻公司的车都被租出去，到某一时刻又全部归还，这时各车库分别有 x_1, y_1, z_1 辆车.

二、 模型的分析与建立

在假设的情况下，汽车出租一次后，各车库的车辆数为

$$\begin{pmatrix} x_1 \\ y_1 \\ z_1 \end{pmatrix} = A \begin{pmatrix} x_0 \\ y_0 \\ z_0 \end{pmatrix} = \begin{pmatrix} 0.5 & 0.2 & 0.3 \\ 0.3 & 0.6 & 0.3 \\ 0.2 & 0.2 & 0.4 \end{pmatrix} \begin{pmatrix} x_0 \\ y_0 \\ z_0 \end{pmatrix}.$$

公司的管理者希望各车库的车辆数大体保持稳定，以减少调动空车的成本. 因此理想状态是

$$\begin{pmatrix} x_1 \\ y_1 \\ z_1 \end{pmatrix} = \begin{pmatrix} x_0 \\ y_0 \\ z_0 \end{pmatrix},$$

即

$$\begin{pmatrix} x_0 \\ y_0 \\ z_0 \end{pmatrix} = \begin{pmatrix} 0.5 & 0.2 & 0.3 \\ 0.3 & 0.6 & 0.3 \\ 0.2 & 0.2 & 0.4 \end{pmatrix} \begin{pmatrix} x_0 \\ y_0 \\ z_0 \end{pmatrix},$$

其中 $x_0 + y_0 + z_0 = 280$.

三、 模型求解

上面的矩阵方程可转化为

$$(I - A)X = 0.$$

这是一个齐次方程，用 MATLAB 求解如下：

```
>> a = [0.5 -0.2 -0.3;-0.3 0.4 -0.3;-0.2 -0.2 0.6];
>> rref(a)
ans =
      1.000 0          0     -1.2857
          0      1.0000     -1.7143
          0           0           0
```

即有一个多余方程，用方程 $x_0 + y_0 + z_0 = 280$ 替代上面第三个方程，得如下方程组

$$\begin{pmatrix} 0.5 & -0.2 & -0.3 \\ -0.3 & 0.4 & -0.3 \\ 1 & 1 & 1 \end{pmatrix} \begin{pmatrix} x_0 \\ y_0 \\ z_0 \end{pmatrix} = \begin{pmatrix} 0 \\ 0 \\ 280 \end{pmatrix}.$$

用 MATLAB 求解如下:

```
>> a = [0.5 -0.2 -0.3 0;-0.3 0.4 -0.3 0;1 1 1 280];
>> rref(a)
ans =
    1    0    0    90
    0    1    0   120
    0    0    1    70
```

即 3 个车库分别容纳 90, 120 和 70 辆车. 在实际考虑时, 每个车库可增加 10 辆车的车位, 因此 3 个车库的设计容量可分别为 100 辆, 130 辆和 80 辆.

问题 6 【商品市场占有率模型】 有两家公司 R 和 S 经营同类产品, 它们相互竞争. 每年 R 公司保留 $\frac{1}{4}$ 的顾客, 而 $\frac{3}{4}$ 转移向 S 公司; 每年 S 公司留有 $\frac{2}{3}$ 的顾客, 而 $\frac{1}{3}$ 转移向 R 公司. 当产品开始制造时, R 公司占有 $\frac{3}{5}$ 的市场份额, 而 S 公司占有 $\frac{2}{5}$ 的市场份额. 2 年后, 两家公司所占的市场份额怎样变化? 5 年以后又怎样? 是否有一组初始市场份额分配数据使以后每年的市场分配稳定不变?

一、 模型假设与变量说明

设转移矩阵 $A = \begin{pmatrix} \dfrac{1}{4} & \dfrac{1}{3} \\ \dfrac{3}{4} & \dfrac{2}{3} \end{pmatrix}$, 市场初始分配数据矩阵为 $X_0 = \begin{pmatrix} \dfrac{3}{5} \\ \dfrac{2}{5} \end{pmatrix}$, n 年后市场分配份额矩阵为 X_n.

二、 模型的分析与建立

由题知, 一年后, 市场分配为

$$X_1 = AX_0 = \begin{pmatrix} \dfrac{1}{4} & \dfrac{1}{3} \\ \dfrac{3}{4} & \dfrac{2}{3} \end{pmatrix} \begin{pmatrix} \dfrac{3}{5} \\ \dfrac{2}{5} \end{pmatrix},$$

两年后, 市场分配为

$$X_2 = AX_1 = A^2 X_0,$$

以此类推, n 年后市场分配份额为

$$X_n = AX_{n-1} = A^n X_0 (n = 1, 2, 3, \cdots).$$

设有数据 a 和 b 作为 R 和 S 公司的初始市场份额, 则有

$$a + b = 1.$$

为了使以后每年的市场分配不变, 根据顾客数量转移的规律, 有

$$\begin{pmatrix} \dfrac{1}{4} & \dfrac{1}{3} \\ \dfrac{3}{4} & \dfrac{2}{3} \end{pmatrix} \begin{pmatrix} a \\ b \end{pmatrix} = \begin{pmatrix} a \\ b \end{pmatrix},$$

即

$$\begin{pmatrix} -\dfrac{3}{4} & \dfrac{1}{3} \\ \dfrac{3}{4} & -\dfrac{1}{3} \end{pmatrix} \begin{pmatrix} a \\ b \end{pmatrix} = \mathbf{0}.$$

这是一个线性齐次方程组问题. 如果方程组有解, 则应在非零解的集合中选取正数解作为市场的初始份额.

三、 模型求解

下面利用 MATLAB 计算 2 年、5 年后的市场分配情况.

```
>> A = [1/4 1/3;3/4 2/3];
>> x0 = [3/5;2/5];
>> x2 = A^2 * x0
x2 =
    0.3097  0.6903
>> x5 = A^4 * x0
x5 =
    0.3077  0.6923
```

即两年后 R 公司和 S 公司的市场份额分别约为 31% 和 69%; 5 年后分别约为 31% 和 69%.

为了求 a 和 b 作为 R 和 S 公司稳定的初始市场份额, 需要求解齐次方程组.

```
>> format rat
>> rref(A-eye(2))
ans =
    1     -4/9
    0      0
```

由此得化简后的方程

$$a - \frac{4}{9}b = 0,$$

结合约束条件

$$a + b = 1,$$

得

$$a = \frac{4}{13} \approx 31\%,$$

$$b = \frac{9}{13} \approx 69\%.$$

这是使市场稳定的两家公司的初始份额.

拓展思考:

（1）在 R 公司和 S 公司的市场份额分别为 60% 和 40% 的情况下，根据计算结果，2 年后情况变化如何？5 年以后情况变化又如何？10 年呢？

（2）是否所有的市场初始分配份额，在经过若干年后均会趋于稳定？

5.2　线性方程组模型

n 元线性方程组指由多个线性方程（一次方程）构成的方程组，其中每个方程最多含有 n 个未知量. 它的一般形式为

$$\begin{cases} a_{11}x_1 + a_{12}x_2 + \cdots + a_{1n}x_n = b_1, \\ a_{21}x_1 + a_{22}x_2 + \cdots + a_{2n}x_n = b_2, \\ \cdots\cdots\cdots\cdots \\ a_{m1}x_1 + a_{m2}x_2 + \cdots + a_{mn}x_n = b_m. \end{cases}$$

这里有 n 个未知量，m 个方程，其中 m 不一定等于 n.

如果记 $A = \begin{pmatrix} a_{11} & a_{12} & \cdots & a_{1n} \\ a_{21} & a_{22} & \cdots & a_{2n} \\ \vdots & \vdots & & \vdots \\ a_{m1} & a_{m2} & \cdots & a_{mn} \end{pmatrix}, X = \begin{pmatrix} x_1 \\ x_2 \\ \vdots \\ x_n \end{pmatrix}, B = \begin{pmatrix} b_1 \\ b_2 \\ \vdots \\ b_m \end{pmatrix}$，则线性方程组可以用矩阵乘法表示

为 $AX = B$.

一个复杂的实际问题往往可以简化或归结为一个线性问题，线性方程或线性方程组是最简单最常见的方程或方程组. 如大型的土建结构、机械结构、输电网络、管道网络等，通过简单的分析均可直接归结为线性方程组. 下面还将看到，商品销售、交通管理、经济学中的投入产出分析以及人体保健等都可以建立线性方程组模型.

> **问题 7　【T 恤销售量模型】**某百货商店销售四种型号的 T 恤：小号、中号、大号和加大号. 各种型号 T 恤的销售价格分别为：22 元/件、24 元/件、26 元/件、30 元/件. 某日盘点时，店员把各型号 T 恤的销售数量弄混了，但他知道共售出了 13 件 T 恤，收入为 320 元，且大号的销售量为小号与加大号销售量之和，大号的销售收入也为小号与加大号销售收入之和. 当日销售了各种型号的 T 恤各多少件？

一、模型假设与变量说明

（1）假设各种型号的 T 恤均按销售价格出售.

（2）假设收入是指卖出 T 恤的毛收入，未扣成本.

（3）设小号、中号、大号与加大号 T 恤的销售量分别为 $x_i(i = 1,2,3,4)$.

二、 模型的分析与建立

由问题知，$x_i(i=1,2,3,4)$ 满足以下方程组

$$\begin{cases} x_1 + x_2 + x_3 + x_4 = 13, \\ 22x_1 + 24x_2 + 26x_3 + 30x_4 = 320, \\ x_3 = x_1 + x_4, \\ 26x_3 = 22x_1 + 30x_4, \end{cases}$$

将它改写成以下方程组

$$\begin{cases} x_1 + x_2 + x_3 + x_4 = 13, \\ 22x_1 + 24x_2 + 26x_3 + 30x_4 = 320, \\ x_1 - x_3 + x_4 = 0, \\ 22x_1 - 26x_3 + 30x_4 = 0. \end{cases}$$

三、 模型求解

用 MATLAB 求解如下：

```
>> a=[1 1 1 1 13;22 24 26 30 320;1 0 -1 1 0;22 0 -26 30 0];
>> rref(a)
ans =
    1    0    0    0    1
    0    1    0    0    9
    0    0    1    0    2
    0    0    0    1    1
```

所以小号、中号、大号和加大号 T 恤的销售量分别为 1 件，9 件，2 件和 1 件.

这里矩阵 a 由线性方程组的系数与常数按顺序构成，rref(a) 表示将矩阵 a 化为**行简化阶梯形矩阵**，即矩阵中每一行的第一个非零元素为 1，它所在列的其他元素均为零的矩阵. 由行简化阶梯形矩阵所对应的线性方程组可以立即写出线性方程组的解.

对于现实问题中的一些残缺数据，通过建立未知量的方程组，利用已知数据可以倒推未知数据.

问题 8 【交通管理模型】图 5-2 所示是某地区的交通网络图，设所有道路均为单行道，且路边不能停车，图中的箭头标识了交通的方向. 标识的数据为高峰期每小时进出道路网络的车辆数. 若进入每个交叉点的车辆数等于离开该点的车辆数，则交通流量平衡的条件得以满足，交通就不出现堵塞. 各支路交通流量各为多少时此交通流量达到平衡？

一、 模型假设与变量说明

假设一个交通网络的交通流量达到平衡是指在该交通网络中每个交通结点上进、出该结点的车辆数相等.

二、 模型的分析与建立

要各支路交通流量达到平衡，则每一个道路交叉点应满足交通流量平衡的条件，即可建立每个道路交叉点进、出车辆相等的方程.

设每小时进、出交叉点的车辆数如图 5-2 所示，根据题意，可建立如下方程：

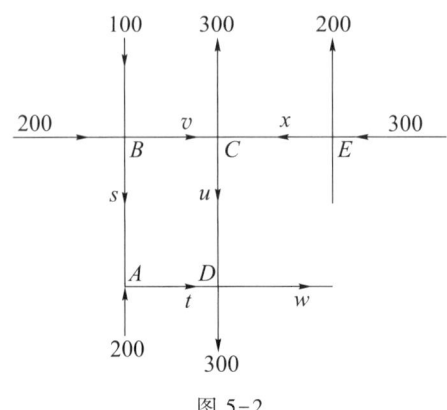

图 5-2

点 A：　　 $200+s=t$（进入该点的车辆数=离开该点的车辆数）；

点 B：　　 $200+100=s+v$；

点 C：　　 $v+x=300+u$；

点 D：　　 $u+t=300+w$；

点 E：　　 $300+w=200+x$.

从而，得到一个描述交通网络交通流量平衡的线性方程组

$$\begin{cases} s - t = -200, \\ s + v = 300, \\ -u + v + x = 300, \\ t + u - w = 300, \\ -w + x = 100. \end{cases}$$

三、 模型求解

用 MATLAB 求解如下：

```
>> a=[1 -1 0 0 0 0 -200;1 0 0 1 0 0 300;0 0 -1 1 0 1 300;0 1 1 0 -1 0 300;
0 0 0 0 -1 1 100];
>> rref(a)
ans =
    1    0    0    1    0    0    300
    0    1    0    1    0    0    500
    0    0    1   -1    0   -1   -300
    0    0    0    0    1   -1   -100
    0    0    0    0    0    0      0
```

由此可知方程组有无穷多组解，方程组的解为

$$
\begin{cases}
s = 300 - v, \\
t = 500 - v, \\
u = -300 + v + x, \\
w = -100 + x,
\end{cases}
$$

其中 v, x 为自由变量. 由于出入各交叉点的车辆不能为负数，即各未知数必须为正. 因此 v，x 还必须满足以下条件：$0 \leqslant v \leqslant 300, x \geqslant 100$，且 $v + x \geqslant 300$. 如取 $v = 150$、$x = 200$，则可以得到实际问题的一组解 $(150, 350, 50, 150, 100, 200)$.

这是一个交通网络流量平衡问题. 通过分析每一个路口（网络结点）的情况，可以建立整个交通网络的平衡模型.

问题9 【投入产出模型】某地区有三个重要企业：一个煤矿，一个发电厂和一条地方铁路. 开采 1 元的煤，煤矿要支付 0.25 元的电费及 0.25 元的运输费. 生产 1 元的电，发电厂要支付 0.65 元的煤费、0.05 元的电费及 0.05 元的运输费. 创收 1 元运费，铁路要支付 0.55 元的煤费及 0.1 元的电费. 在某一周内，煤矿接到外地 50 000 元的订货，发电厂接到外地 2 500 元的订货，外地对地方铁路没有需求. 问三家企业在这一周内总产值各为多少？ 三家企业相互支付多少金额？

一、 模型假设与变量说明

（1）假设该地区三个企业间需要的资源完全由该地区提供.

（2）设本周内煤矿的总产值为 x_1，电厂的总产值为 x_2，铁路的总产值为 x_3.

二、 模型的分析与建立

这个问题中出现了三个自身相互关联同时又与外界发生关联的变量：煤费、电费和运输费. 这里，费用可转化为相应的产值.

煤的产值＝订货值＋（发电＋运输）所需煤的费用；同理，电厂的产值＝订货值＋（开采煤＋运输＋发电）所需的电费；铁路的产值＝订货值＋（开采煤＋发电）所需的运输费用.

综上所述，可建立如下的线性方程组模型

$$
\begin{cases}
x_1 - (0 \times x_1 + 0.65x_2 + 0.55x_3) = 50\,000, \\
x_2 - (0.25x_1 + 0.05x_2 + 0.1x_3) = 2\,500, \\
x_3 - (0.25x_1 + 0.05x_2 + 0 \times x_3) = 0,
\end{cases}
$$

即

$$\begin{cases} x_1 - 0.65x_2 - 0.55x_3 = 50\,000, \\ -0.25x_1 + 0.95x_2 - 0.1x_3 = 2\,500, \\ -0.25x_1 - 0.05x_2 + x_3 = 0. \end{cases}$$

三、 模型求解

用 MATLAB 求解如下：

```
>> a=[1 -0.65 -0.55 50000;-0.25 0.95 -0.1 2500;-0.25 -0.05 1 0];
>> rref(a)
ans =

    1.0e+004 *

    0.0001         0         0    7.7843
         0    0.0001         0    2.5298
         0         0    0.0001    2.0726
```

最后，投入产出计算结果见表 5-4.

表 5-4 　　　　　　单位：元

项目	煤矿	电厂	铁路	外界需求	总产出
煤矿	0	16 444	11 399	50 000	77 843
电厂	19 461	1 265	2 073	2 500	25 298
铁路	19 461	1 265	0	0	20 726
总投入	38 922	18 974	13 472		

拓展思考：

如果煤矿受产能限制每月的最大产值为 70 000 元，则它最多只能有多少外地订单？

【小点拨】

在社会经济生活和工作中，各种因素间相互影响、相互联系，构成一个复杂的社会系统. 这时，需要理清关系，建立各因素之间的相应模型，从而准确把握各种数量及相互关系.

实　训　5

问题 1 【库存清单问题】一药品供应公司的存货清单上显示瓶装维生素 C 和瓶装维生素 E 的数量为

维生素 C：25 箱瓶装 100 片的，10 箱瓶装 250 片的，32 箱瓶装 500 片的；

维生素 E：30 箱瓶装 100 片的，18 箱瓶装 250 片的，40 箱瓶装 500 片的.

现用矩阵 A 表示这一库存. 若公司立即组织两次货运以减少库存, 每次运输的数量用矩阵 B 表示. 最后该公司维生素 C 和维生素 E 的库存各为多少?

$$A = \begin{pmatrix} 25 & 10 & 32 \\ 30 & 18 & 40 \end{pmatrix}, \qquad B = \begin{pmatrix} 10 & 5 & 6 \\ 12 & 4 & 8 \end{pmatrix}.$$

问题 2 【奶粉销售问题】设有两家连锁超市出售三种奶粉, 某日销量 (单位: 包) 见表 5-5, 每种奶粉的单价和利润见表 5-6.

表 5-5

超市	货类		
	奶粉 I	奶粉 II	奶粉 III
甲	5	8	10
乙	7	5	6

表 5-6 单位: 元

货类	单价	利润
奶粉 I	15	3
奶粉 II	12	2
奶粉 III	20	4

求各超市出售奶粉的总收益和总利润.

问题 3 【金属成分问题】永兴冶炼厂正在用 A、B、C 三种金属冶炼甲、乙两种合金各 30 t、20 t. 甲、乙两种合金含有 A、B、C 三种金属成分见表 5-7.

表 5-7

合金		金属		
		A	B	C
成分比例	甲	0.8	0.1	0.1
	乙	0.4	0.3	0.3

在甲、乙合金中, 这三种金属的含量各为多少?

问题 4 【顾客流动问题】某城市有 A、B、C 三家快餐店, 每季度它们之间顾客转移情况见表 5-8. 若 2024 年年初喜欢快餐店 A、B、C 的人数占城市人数的百分比分别为 0.15, 0.05, 0.05. 到 2027 年, 喜欢快餐店 A、B、C 的人数的百分比各为多少?

表 5-8

类型	A	B	C
A	0.85	0.15	0.1
B	0.1	0.75	0.05
C	0.05	0.1	0.8

问题 5 【打印行数问题】有三台打印机同时工作，一分钟共打印 8 200 行字. 如果第一台打印机工作 2 min，第二台打印机工作 3 min，共打印 12 200 行字；如果第一台打印机工作 1 min，第二台打印机工作 2 min，第三台打印机工作 3 min，共打印 17 600 行字. 问每台打印机每分钟可打印多少行字？

问题 6 【化肥成分问题】有三种化肥，成分如表 5-9.

表 5-9

种类		成分		
		钾/%	氮/%	磷/%
数量	A	20	30	50
	B	10	20	70
	C	0	30	70

现要得到 200 kg 含钾 12%，氮 25%，磷 63% 的化肥，需要以上三种化肥的量各是多少？

问题 7 【韩信点兵问题】有兵一队，人数在 500 至 1 000，三三数之剩二，五五数之剩三，七七数之剩二. 问这队兵有多少人？

问题 8 【快餐店市场份额问题】在一城市的某一商业区内，有 A、B 两家有名的快餐店. 据统计，每年 A 店保有其上一年顾客的 $\frac{1}{2}$，而另外的 $\frac{1}{2}$ 顾客转移到 B 店；每年 B 店保有其上一年顾客的 $\frac{1}{3}$，而另外的 $\frac{2}{3}$ 顾客转移到 A 店. 初始时，A 店和 B 店的市场份额分别为 $\frac{2}{3}$，$\frac{1}{3}$. 计算 5 年后 A 店和 B 店的市场份额 X_5 各为多少？ 对于足够大的时间 k，是否有 λ，使得 $X_{k+1} = \lambda X_k$？

第 6 章　数学规划模型

预备知识

线性代数.

学习目标

知识目标:

1. 掌握建立线性规划、整数规划和非线性规划模型的方法;

2. 掌握求解线性规划、整数规划和非线性规划的方法;

3. 了解多目标规划的建立及求解方法;

4. 了解混合规划的建立及求解方法.

数学规划是指在一项活动中决策者如何采用最好的资源配置方式以获得最大效用或达到最佳效果. 如利用有限的人力、物力、资金等资源使得生产活动支付的成本最小或获得的利润最大. 数学规划问题一般是求在给定条件下目标函数的最大值(max)或最小值(min), 其一般形式为

$$\min(\text{或 } \max)z = f(x_1, x_2, \cdots, x_n),$$

$$\text{s. t.} \begin{cases} g_i(x_1, x_2, \cdots, x_m) \leqslant 0 (i = 1, 2, \cdots, m), \\ h_i(x_1, x_2, \cdots, x_l) = 0 (i = 1, 2, \cdots, l), \end{cases}$$

其中, $x_i(i = 1, 2, \cdots, n)$ 为**决策变量**, $z = f(x_1, x_2, \cdots, x_n)$ 为**目标函数**. $g_i(x_1, x_2, \cdots, x_m) \leqslant 0 (i = 1, 2, \cdots, m)$, $h_i(x_1, x_2, \cdots, x_l) = 0 (i = 1, 2, \cdots, l)$ 为约束不等式或等式, 统称为**约束条件**, 简记为 s. t., 即 "subject to" 的简写.

由此可见, 数学规划模型的结构一般包括以下三个方面:

(1) 决策变量: 该问题的决定因素, 也是通过模型建立与求解来确定的未知量.

(2) 目标函数: 所关心的目标(某一变量)与相关的因素(某些变量)的函数关系.

(3) 约束条件: 实现目标的制约因素.

建立数学规划模型的关键点:

(1) 假设决策变量.

(2) 明确目标函数.

(3) 理清约束条件.

6.1　线性规划模型

如果数学规划模型中的目标函数和约束条件均为线性函数, 则称该问题为**线性规划问题** (Linear Programming, 简记为 LP). 自从 1947 年 G. B. Dantzig 提出求解线性规划的单纯形方法以来, 线性规划在理论上日趋成熟, 在实际应用中日益广泛与深入. 特别是在计算机能处理成千上万个约束条件和决策变量的线性规划问题之后, 线性规划的应用领域更为广泛, 它已成为现代管理中经常采用的基本方法之一.

线性规划模型的一般形式为

$$\min \quad z = c_1 x_1 + c_2 x_2 + \cdots + c_n x_n,$$

$$\text{s. t.} \begin{cases} a_{11} x_1 + a_{12} x_2 + \cdots + a_{1n} x_n = (\leqslant, \geqslant) b_1, \\ a_{21} x_1 + a_{22} x_2 + \cdots + a_{2n} x_n = (\leqslant, \geqslant) b_2, \\ \cdots\cdots\cdots\cdots \\ a_{m1} x_1 + a_{m2} x_2 + \cdots + a_{mn} x_n = (\leqslant, \geqslant) b_m, \\ x_j \geqslant 0, \quad j = 1, 2, \cdots, n, \end{cases}$$

或表示为

$$\min \quad z = \sum_{j=1}^{n} c_j x_j,$$

$$\text{s. t.} \begin{cases} \sum_{j=1}^{n} a_{ij}x_j = (\leqslant, \geqslant) b_i, & i = 1, 2, \cdots, m, \\ x_j \geqslant 0, & j = 1, 2, \cdots, n, \end{cases}$$

其中, $c_j(j = 1, 2, \cdots, n)$, $b_i(i = 1, 2, \cdots, m)$, $a_{ij}(i = 1, 2, \cdots, m; j = 1, 2, \cdots, n)$ 为已知常数, $x_j(j = 1, 2, \cdots, n)$ 为决策变量, $z = \sum_{j=1}^{n} c_j x_j$ 为目标函数.

线性规划的目标函数可以是求最大值, 也可以是求最小值, 约束条件的不等号可以是小于号, 也可以是大于号. 为避免这种形式多样性带来的不便, MATLAB 软件中规定线性规划的**标准形式**为

$$\min_{x} \quad \boldsymbol{c}^{\mathrm{T}}\boldsymbol{x},$$

$$\text{s. t.} \begin{cases} \boldsymbol{Ax} \leqslant \boldsymbol{b}, \\ \boldsymbol{x} \geqslant \boldsymbol{0}, \end{cases}$$

其中, $\boldsymbol{c} = (c_1, c_2, \cdots, c_n)^{\mathrm{T}}$ 和 $\boldsymbol{x} = (x_1, x_2, \cdots, x_n)^{\mathrm{T}}$ 为 n 维列向量, $\boldsymbol{b} = (b_1, b_2, \cdots, b_m)^{\mathrm{T}}$ 为 m 维列

向量, $\boldsymbol{A} = \begin{pmatrix} a_{11} & a_{12} & \cdots & a_{1n} \\ a_{21} & a_{22} & \cdots & a_{2n} \\ \vdots & \vdots & & \vdots \\ a_{m1} & a_{m2} & \cdots & a_{mn} \end{pmatrix}$ 为 $m \times n$ 矩阵.

满足约束条件的解 $\boldsymbol{x} = (x_1, x_2, \cdots, x_n)^{\mathrm{T}}$ 称为线性规划问题的**可行解**, 而使目标函数达到最小值的可行解叫**最优解**. 所有可行解构成的集合称为问题的**可行域**, 记作 R.

下面通过几个实例说明线性规划模型的建立方法与求解方法.

6.1.1 生产活动问题

问题 1 【生产安排模型】某豆腐店用不同质量的黄豆制作两种不同口感的豆腐. 制作口感较鲜嫩的豆腐每千克需要一级黄豆 0.2 kg 及二级黄豆 0.1 kg, 售价为 5 元/kg; 制作口感较厚实的豆腐每千克需要一级黄豆 0.1 kg 及二级黄豆 0.3 kg, 售价 3 元/kg. 现小店购入 9 kg 一级黄豆和 8 kg 二级黄豆. 豆腐店应制作两种豆腐各多少千克, 才能获得最大收益? 最大收益是多少?

一、 模型假设与变量说明

（1）假设制作的各种豆腐均能全部售完.

（2）假设豆腐售价无波动.

（3）设制作口感鲜嫩和厚实的豆腐各 x_1 kg 和 x_2 kg, 可获得 R 元收益.

二、 模型的分析与建立

该问题是在原材料一定的情况下确定各种豆腐的生产量, 以获得最大收益.

目标: 获得的总收益最大. 而总收益可表示为 $R = 5x_1 + 3x_2$.

约束条件:

（1）受一级黄豆数量的限制：$0.2x_1 + 0.1x_2 \leqslant 9$；

（2）受二级黄豆数量的限制：$0.1x_1 + 0.3x_2 \leqslant 8$.

综上分析，得到该问题的线性规划模型

$$\max \quad R = 5x_1 + 3x_2,$$

$$\text{s. t.} \begin{cases} 0.2x_1 + 0.1x_2 \leqslant 9, \\ 0.1x_1 + 0.3x_2 \leqslant 8, \\ x_1, x_2 \geqslant 0. \end{cases}$$

三、模型求解

据此建立此问题的 Lingo 程序 lg6-1.lg4.

```
max = 5 * x1 + 3 * x2;
0.2 * x1 + 0.1 * x2 <= 9;
0.1 * x1 + 0.3 * x2 <= 8;
```

运行结果如下：

objective value: 232.0000

Variable	Value	Reduced Cost
x1	38.00000	0.000000
x2	14.00000	0.000000

由此可知，制作口感鲜嫩和口感厚实的两种豆腐分别为 38 kg、14 kg 时豆腐店可获得最大收益，最大收益为 232 元.

拓展思考：

若豆腐店还要用黄豆生产豆浆，而每制作 1 kg 豆浆需要一级黄豆 80 g，又已知豆浆的售价为 1 元/kg，受销量影响，每天最多只能生产 200 kg 豆浆. 豆腐店该如何安排生产，才能使收益最高？

本问题为合理分配不同生产要素使得产品的产量或利润最大化. 经济活动中涉及大量如下优化问题：在满足"利润最大""收益最多""成本最低""效率最高"等条件下的生产安排问题，有时可能为成本一定的情况下求产量或利润最大等.

在线性规划问题中，评价一个决策的好坏，一般用目标函数的极大化和极小化来刻画. 例如，目标函数可以是：利润最大，成本最小，总产量最大，原料消耗最小，生产时间最短等.

建立规划模型的一般步骤

（1）形成问题：提出最优化问题，包括叙述目标是什么，约束条件是什么，求什么变量.

（2）建立模型：建立最优化问题的数学模型，确定变量，列出目标函数及约束式（等式或不等式）.

（3）求解模型：选择合适的求解方法. 目前，常利用计算机程序辅以计算.

一般地，求解数学规划模型可以用 Lingo、MATLAB 等软件. 本书介绍用 Lingo 软件求解规划模型.

Lingo 是 Linear Interactive and General Optimizer 的缩写，即"交互式的线性和通用优化求解器"，功能十分强大，可以求解线性规划、整数规划、非线性规划、混合规划等规划问题，方便灵活，而且执行速度非常快，是求解优化模型的最佳选择.同时，Lingo 的建模语言允许使用汇总和下标变量以一种易懂的直观的方式来表达模型，非常类似数学模型本身，因此使得 Lingo 模型更加容易构建、理解和掌握.

注：在 Lingo 模型中，变量都默认非负，故程序 lg6-1.lg4 中不需要写出非负约束.

（4）检验和改善模型.

问题 2　**【饲料配方模型】六旺养殖场用甲、乙两种原料配制饲料，甲、乙两种原料的营养成分及配方饲料中所含各营养成分最低量见表 6-1.已知甲、乙两种原料每袋的价格分别为 4 元和 6 元，求满足营养需要的成本最小的饲料配方.**

表 6-1

营养成分	原料甲每袋 成分含量	原料乙每袋 成分含量	配方饲料中的 最低含量
蛋白质	1	2	30
钙	2	1	10

一、　模型假设与符号说明

（1）假设原料没有浪费，且单位营养成分含量不变.

（2）假设配制饲料时，原料可以不为整袋.

（3）设用原料甲 x_1 袋，原料乙 x_2 袋.

二、　模型的分析与建立

该问题是饲料配方问题.确定配方饲料在满足营养元素要求的前提下两种原料的用量，使得配方饲料的成本最低.

目标：配方饲料成本最小.其中成本函数为 $C = 4x_1 + 6x_2$.

约束条件：

（1）配方饲料对蛋白质的要求：$x_1 + 2x_2 \geq 30$；

（2）配方饲料对钙的要求：$2x_1 + x_2 \geq 10$.

综上分析，得到该问题的线性规划模型

$$\min \quad C = 4x_1 + 6x_2,$$

$$\text{s. t.} \begin{cases} x_1 + 2x_2 \geq 30, \\ 2x_1 + x_2 \geq 10, \\ x_1, x_2 \geq 0. \end{cases}$$

三、 模型求解

据此建立此问题的 Lingo 程序文件 lg6-2.lg4.

$\min = 4 * x1 + 6 * x2$

$x1 + 2 * x2 >= 30;$

$2 * x1 + x2 >= 10;$

运行结果如下:

objective value: 90.000 00

Variable	Value	Reduced Cost
x1	0.000000	1.000000
x2	15.00000	0.000000

由此可知, 全部使用乙原料 15 袋即可达到营养要求, 且成本最低.

该问题为经济生产中产量一定时成本最低的问题, 与上一问题同属生产规划问题.

【小点拨】

在我国经济增长方式由粗放型向集约型发展的过程中, 应加强企业的内部管理, 有效地控制企业成本, 提升企业管理水平. 在产业布局时, 应重点扶持科技含量高的企业, 淘汰能耗高、产量低的企业, 节约社会资源.

一般地, 设某公司有 m 种资源 $B_1, B_2, \cdots, B_m$, 生产 n 种不同的产品 $A_1, A_2, \cdots, A_n$. 其单位利润等有关数据见表 6-2, 如何安排生产使总利润最大?

表 6-2

资源		产品				总量
		A_1	A_2	...	A_n	
单位消耗	B_1	a_{11}	a_{12}	...	a_{1n}	b_1
	B_2	a_{21}	a_{22}	...	a_{2n}	b_2
	$\vdots$	$\vdots$	$\vdots$		$\vdots$	$\vdots$
	B_m	a_{m1}	a_{m2}	...	a_{mn}	b_m
单位利润		c_1	c_2	...	c_n	

设 x_j 表示第 j 种产品的产量, 则可建立线性规划模型如下:

$$\max \quad z = \sum_{j=1}^{n} c_j x_j,$$

$$\text{s. t.} \begin{cases} \sum_{j=1}^{n} a_{ij} x_j \leqslant b_i, & i = 1, 2, \cdots, m, \\ x_j \geqslant 0, & j = 1, 2, \cdots, n. \end{cases}$$

若还要考虑固定成本，则需要引入 0-1 变量. 设第 j 种产品的固定成本为 M_j，第 j 种产品产量的上界为 L_j，引入 0-1 变量

$$y_j = \begin{cases} 1, & \text{生产第 } j \text{ 种产品}, \\ 0, & \text{不生产第 } j \text{ 种产品}, \end{cases}$$

则模型为

$$\max \quad z = \sum_{j=1}^{n} c_j x_j - \sum_{j=1}^{n} M_j y_j,$$

$$\text{s. t.} \begin{cases} \sum_{j=1}^{n} a_{ij} x_j \leq b_i, & i = 1, 2, \cdots, m, \\ 0 \leq x_j \leq L_j y_j, & j = 1, 2, \cdots, n, \\ y_j = 0 \text{ 或 } 1, & j = 1, 2, \cdots, n. \end{cases}$$

问题 3 【**装货模型**】远洋号货轮有前、中、后三个舱位，它们的容积与最大允许载重量见表 6-3. 现有三种货物待运，相关数据见表 6-4. 该货轮应装载 A、B、C 各多少件才能使运费收益最大？

表 6-3

项目	前舱	中舱	后舱
最大允许载重量/t	2 000	3 000	1 500
容积/m³	4 000	5 400	1 500

表 6-4

商品	数量/件	每件体积/m³	每件重量/t	每件运价/元
A	600	10	8	1 000
B	1 000	5	6	700
C	800	7	5	600

一、 模型假设与变量说明

（1）假设物资装运时货物之间的空隙忽略不计.

（2）假设每件货物不能拆分装载.

（3）假设只考虑货物体积，而不考虑货物长宽高等尺寸的限制.

（4）设商品 A, B, C 装入前舱、中舱、后舱的数量分别为 $x_{ij}, i = 1, 2, 3, j = 1, 2, 3$，其中 $i = 1, 2, 3$ 表示商品 A, B, C；$j = 1, 2, 3$ 表示前舱、中舱、后舱. 如 x_{23} 表示商品 B 装入后舱的数量.

二、 模型的分析与建立

该问题要求在满足不同舱位对重量和体积的限制条件下合理安排各种货物的装载数量，以获得最大收益.

目标：运费总收益最大，其中运费总收益函数为

$$R = 1\,000 \sum_{i=1}^{3} x_{1i} + 700 \sum_{i=1}^{3} x_{2i} + 600 \sum_{i=1}^{3} x_{3i}.$$

约束条件：

（1）受船舱重量限制（以前舱为例）：$8x_{11} + 6x_{21} + 5x_{31} \leqslant 2\,000$.

（2）受船舱容积限制（以前舱为例）：$10x_{11} + 5x_{21} + 7x_{31} \leqslant 4\,000$.

（3）受货物数量限制（以 A 为例）：$x_{11} + x_{12} + x_{13} \leqslant 600$.

综上分析，得到该问题的线性规划模型

$$\max \quad R = 1\,000 \sum_{i=1}^{3} x_{1i} + 700 \sum_{i=1}^{3} x_{2i} + 600 \sum_{i=1}^{3} x_{3i},$$

$$\text{s. t.} \begin{cases} 8x_{11} + 6x_{21} + 5x_{31} \leqslant 2\,000, \\ 8x_{12} + 6x_{22} + 5x_{32} \leqslant 3\,000, \\ 8x_{13} + 6x_{23} + 5x_{33} \leqslant 1\,500, \\ 10x_{11} + 5x_{21} + 7x_{31} \leqslant 4\,000, \\ 10x_{12} + 5x_{22} + 7x_{32} \leqslant 5\,400, \\ 10x_{13} + 5x_{23} + 7x_{33} \leqslant 1\,500, \\ x_{11} + x_{12} + x_{13} \leqslant 600, \\ x_{21} + x_{22} + x_{23} \leqslant 1\,000, \\ x_{31} + x_{32} + x_{33} \leqslant 800, \\ x_{ij} \geqslant 0, \ x_{ij} \in \mathbf{Z}, \ i = 1,2,3, j = 1,2,3. \end{cases}$$

三、 模型求解

据此建立此问题的 Lingo 文件 lg6-3.lg4.

```
max = 1000 * (x11+x12+x13) +
      700 * (x21+x22+x23) +
      600 * (x31+x32+x33);
8 * x11+6 * x21+5 * x31<=2000;
8 * x12+6 * x22+5 * x32<=3000;
8 * x13+6 * x23+5 * x33<=1500;
10 * x11+5 * x21+7 * x31<=4000;
10 * x12+5 * x22+7 * x32<=5400;
10 * x13+5 * x23+7 * x33<=1500;
x11+x12+x13<=600;
x21+x22+x23<=1000;
x31+x32+x33<=800;
```

运行结果如下：

Objective value: 801 000.0

Variable	Value	Reduced Cost
x11	150.0000	0.000000

x12	375.0000	0.000000
x13	75.00000	0.000000
x21	0.000000	20.00000
x22	0.000000	20.000000
x23	150.0000	0.000000
x31	160.0000	0.000000
x32	0.000000	0.000000
x33	0.000000	0.000000

由此得到各类货物装在不同舱位获利最大的方案, 见表 6-5.

表 6-5　　　单位: 件

商品	前舱	中舱	后舱
A	150	375	75
B	0	0	150
C	160	0	0

拓展思考:

在此模型中, 获得最大收益时可能导致前舱、中舱货物过多, 从而出现头重脚轻, 使行船的危险性增大. 请查阅相关资料, 考虑在货轮尽量平衡的状态下的最优货物装载方式.

该问题与上一问题同属物流配送问题. 不同的是该问题考虑的是在装载空间有限的条件下的物资配送. 在实际物流配送中, 我们往往要考虑诸多因素, 首先是分配各个产区的物资运送量, 其次是确定运往每一地区的物资运送方案.

一般地, 设某产品有 m 个产地 $A_1, A_2, \cdots, A_m$, n 个销地 $B_1, B_2, \cdots, B_n$. 各产地的产量、各销地的需求量及各产地运往各销地的单位运价见表 6-6, 且设 $\sum_{i=1}^{m} a_i = \sum_{j=1}^{n} b_j$, 在满足各地需求以及生产能力允许的条件下如何调运可使总运费最少?

表 6-6

产地		销地				产量
		B_1	B_2	$\cdots$	B_n	
运价	A_1	c_{11}	c_{12}	$\cdots$	c_{1n}	a_1
	A_2	c_{21}	c_{22}	$\cdots$	c_{2n}	a_2
	$\vdots$	$\vdots$	$\vdots$		$\vdots$	$\vdots$
	A_m	c_{m1}	c_{m2}	$\cdots$	c_{mn}	a_m
需求量		b_1	b_2	$\cdots$	b_n	

设 x_{ij} 表示从产地 A_i 运往销地 B_j 的数量, 则可建立线性规划模型如下:

$$\min \quad z = \sum_{i=1}^{m} \sum_{j=1}^{n} c_{ij} x_{ij},$$

$$
\text{s. t.} \begin{cases} \sum_{j=1}^{n} x_{ij} = a_i, & i = 1, 2, \cdots, m, \\ \sum_{i=1}^{m} x_{ij} = b_j, & j = 1, 2, \cdots, n, \\ x_{ij} \geq 0, & i = 1, 2, \cdots, m, \quad j = 1, 2, \cdots, n. \end{cases}
$$

6.1.2 投资问题

问题 4 【投资收益模型】 中财证券承诺为宏远建筑公司提供以下贷款：从 2020 年起连续 4 年内，于每年年初提供如下金额的贷款：2020 年——100 万元，2021 年——150 万元，2022 年——120 万元，2023 年——110 万元. 以上贷款中财证券已于 2019 年年底全部筹集到. 但为了充分发挥这笔资金的作用，在满足每年贷款额的前提下，中财证券可将多余资金分别用于下列投资项目：

（1）2020 年年初购买 A 种债券，期限 3 年，到期后本息合计为投资额的 140%，限购 60 万元；

（2）2020 年年初购买 B 种债券，期限 2 年，到期后本息合计为投资额的 125%，限购 90 万元；

（3）2021 年年初购买 C 种债券，期限 2 年，到期后本息合计为投资额的 130%，限购 50 万元；

（4）银行年息 4%.

中财证券应如何安排这笔筹集到的资金，使得 2019 年年底需要筹集到的资金数额最少？

一、模型假设与变量说明

（1）假设各项投资收益稳定.

（2）假设投资金额能及时回收用于贷款，无时间耽搁.

（3）假设证券公司每年年初将用于贷款和投资后多余的资金全部存入银行，年底取出本息.

（4）设 2019 年年底筹集的资金为 P 万元，购买 A，B，C 债券的金额分别为 x_A, x_B, x_C 万元，第 i 年存入银行的金额为 x_i 万元（$i=1,2,3$，$i=1$ 对应 2020 年）.

二、模型的分析与建立

该问题是在满足对建筑公司每年贷款数额要求的条件下，合理安排每年的投资计划，使得 2019 年年底筹集到的贷款金额最少.

目标：2019 年年底筹集的贷款金额 P 最少.

这里 P 是决策变量，它受以下条件的限制：

（1）受 2020 年年初贷款数额限制：$P - x_A - x_B - x_1 \geq 100$.

（2）受 2021 年年初贷款数额限制：$P-x_A-x_B-x_C-x_2+0.04x_1 \geqslant 250$.

（3）受 2022 年年初贷款数额限制：$P-x_A+0.25x_B-x_C-x_3+0.04(x_1+x_2) \geqslant 370$.

（4）受 2023 年年初贷款数额限制：$P+0.4x_A+0.25x_B+0.3x_C+0.04\sum\limits_{i=1}^{3}x_i \geqslant 480$.

综上分析，得到该问题的线性规划模型

$$\min \quad P,$$

$$\text{s. t.} \begin{cases} P - x_A - x_B - x_1 \geqslant 100, \\ P - x_A - x_B - x_C - x_2 + 0.04x_1 \geqslant 250, \\ P - x_A + 0.25x_B - x_C - x_3 + 0.04(x_1+x_2) \geqslant 370, \\ P + 0.4x_A + 0.25x_B + 0.3x_C + 0.04\sum\limits_{i=1}^{3}x_i \geqslant 480, \\ 0 \leqslant x_A \leqslant 60, \ 0 \leqslant x_B \leqslant 90, \ 0 \leqslant x_C \leqslant 50, \\ x_i \geqslant 0, \ i = 1,2,3. \end{cases}$$

三、 模型求解

据此建立此问题的 Lingo 文件 lg6-4.lg4.

```
min = x7;
x7-x4-x5-x1>=100;
x7-x4-x5-x6-x2+0.04*x1>=250;
x7-x4+0.25*x5-x6-x3+0.04*(x1+x2)>=370;
x7+0.4*x4+0.25*x5+0.3*x6+0.04*(x1+x2+x3)>=480;
x4<=60;x5<=90;x6<=50;
```

注：程序中的 x4，x5，x6 表示 x_A，x_B，x_C，x7 表示 P.

运行结果如下：

Objective value: 420.3957

Variable	Value	Reduced Cost
x7	420.3957	0.000000
x4	60.00000	0.000000
x5	90.00000	0.000000
x1	170.3957	0.000000
x6	20.00000	0.000000
x2	7.211538	0.000000
x3	0.000000	0.1553254

由此可知，在 2020,2021,2022 年年初分别存入银行 170.395 7 万,7.211 538 万,0 万，购买 A 种债券 60 万，B 种债券 90 万，C 种债券 20 万，这样在 2019 年年底只需要筹集到 420.395 7 万元资金，就能满足今后 4 年内提供的贷款需求.

拓展思考：

（1）请调查某一保险基金的投资管理情况，并对影响投资收益的相关因素做出分析，给出结论．

（2）请参考几种实际的基金或者保险业务，制定出一套投资方案．

（3）如果你是投资理财师，该如何为客户制定较好的投资理财方案？

6.2　整数规划模型

数学规划问题中有很多决策变量都只能取整数，如人员数量、机器设备台数、服装件数、汽车辆数等．如果规划问题中的决策变量 $x_i(i=1,2,\cdots,n)$ 要求取整数值，则称该模型为**整数规划模型**．整数规划模型的一般形式为

$$\min \quad z = \sum_{j=1}^{n} c_j x_j,$$

$$\mathrm{s.\,t.} \begin{cases} \sum_{j=1}^{n} a_{ij}x_j = (\leqslant,\ \geqslant) b_i, & i=1,2,\cdots,m, \\ x_j \in \mathbf{N}, & j=1,2,\cdots,n, \end{cases}$$

其中，$c_j(j=1,2,\cdots,n)$，$b_i(i=1,2,\cdots,m)$，$a_{ij}(i=1,2,\cdots,m;j=1,2,\cdots,n)$ 为已知常数，$x_j(j=1,2,\cdots,n)$ 为决策变量，$z = \sum_{j=1}^{n} c_j x_j$ 为目标函数．

在思考整数规划问题时，不能简单地利用一般规划问题的小数解通过"四舍五入"或其他取整办法而得到，因为这样取整后得到的结果未必是可行解，或者即使是可行解，也不一定是最优解．因此，我们要单独讨论整数规划问题．

6.2.1　生产活动中的问题

问题 5　【销售安排模型】乐家百货商场准备派小李、小张、小王三位销售人员去销售库存的 120 件大衣．由于他们以往的销售业绩不同，每销售一件产品小李、小张、小王所得报酬分别为 6 元、4 元、3 元．商场为保证销售速度，规定小李至少要承担 30 件销售任务，小张至少要承担 20 件销售任务，而小王承担的销售任务不能超过 50 件．应该如何安排销售计划使总销售成本最低？

一、 模型假设与符号说明

（1）假设三位销售人员能销售完 120 件大衣.

（2）小李、小张、小王承担的销售任务分别为 x_1，x_2，x_3.

二、 模型的分析与建立

该问题是在对三位销售人员销售数量进行一定限制的情况下，合理安排各销售人员的销售数量，使得公司支付给三位销售人员的总报酬最少.

目标：三位销售人员的总报酬最低. 而总报酬为 $C = 6x_1 + 4x_2 + 3x_3$.

约束条件：

（1）受总销售数量的限制：$x_1 + x_2 + x_3 = 120$.

（2）受销售员销售数量的限制（如小李）：$x_1 \geqslant 30$.

综上分析，得到该问题的整数规划模型

$$\min \quad C = 6x_1 + 4x_2 + 3x_3,$$

$$\text{s. t.} \begin{cases} x_1 + x_2 + x_3 = 120, \\ x_1 \geqslant 30, \\ x_2 \geqslant 20, \\ 0 \leqslant x_3 \leqslant 50, \\ x_1, x_2, x_3 \in \mathbf{N}. \end{cases}$$

三、 模型求解

据此建立此问题 Lingo 文件 lg6-5.lg4.

```
min = 6 * x1 + 4 * x2 + 3 * x3;
x1 + x2 + x3 = 120;
x1 >= 30;
x2 >= 20;
x3 <= 50;
@ gin(x1); @ gin(x2); @ gin(x3);
```

运行结果如下：

Objective value:		490.0000
Variable	Value	Reduced Cost
x1	30.00000	6.000000
x2	40.00000	4.000000
x3	50.00000	3.000000

由此可知，小李、小张、小王分别承担 30，40，50 件销售任务时，公司支付的总报酬最少，为 490 元.

Lingo 程序中，整数变量需要使用下列语句：

```
@ gin(x1); @ gin(x2); @ gin(x3).
```

拓展思考：

（1）请调研销售行业营销人员薪酬的确定方式.

（2）我国营销人员数量众多，一般来说，营销人员的收入都与销售额成正相关. 一些企业为提高产品销售量，留住优秀的营销人员，建立的激励机制便是卖出的产品越多，提成也越高. 如本题中，营业员销售超过 20 件时，每件可多提成 1 元，40 件多提成 2 元，以此类推，最高提成不超过 10 元. 问在这种情况下应如何安排销售任务？

（3）如果营业员销售超过 20 件时，超出部分每件多提成 1 元，结果又如何？

问题 6　【生产成本控制模型】某汽车生产商正在制订来年四个季度的汽车生产计划. 根据前几年生产销售的经验估计，明年前两个季度汽车的生产成本为 30 000 元/辆，后两个季度为 35 000 元/辆. 每个季度汽车的需求量分别为 700 辆，800 辆，1 000 辆，1 200 辆. 工厂每个季度最多生产 900 辆汽车，为了应对特殊情况，工厂允许第二、三两个季度加班. 每个季度加班最多可增加 300 辆汽车，但每辆汽车的成本将增加 6 000 元. 过剩产品的存贮费用为每个季度 3 000 元/辆. 问汽车生产商应如何安排生产，才能使得总成本最低？

一、模型假设与变量说明

（1）假设汽车的需求量为厂家可销售的数量.

（2）假设在一个季度内生产的车辆不考虑存贮费.

（3）设四个季度正常工作时间内生产的汽车分别为 x_1, x_2, x_3, x_4 辆；第二、三季度加班生产的汽车分别为 x_5, x_6 辆. 总成本为 C 元.

二、模型的分析与建立

该问题是在生产规模受限，市场需求一定的情况下，制订不同季度的汽车生产计划，使总成本最低.

目标：制造汽车的总成本最低. 而总成本包括正常工作时间的生产成本，加班时间的生产成本和每季度过剩车辆的存贮费. 其中

正常工作时间的生产成本为 $C_1 = 30\,000(x_1 + x_2) + 35\,000(x_3 + x_4)$.

加班时间的生产成本为 $C_2 = 36\,000x_5 + 41\,000x_6$.

第一季度末过剩车辆在第二季度的存贮费为 $3\,000(x_1 - 700)$.

第二季度末过剩车辆在第三季度的存贮费为 $3\,000(x_1 + x_2 + x_5 - 1\,500)$.

第三季度末过剩车辆在第四季度的存贮费为 $3\,000(x_1 + x_2 + x_3 + x_5 + x_6 - 2\,500)$.

要使总成本最低，第四季度末应没有过剩车辆，因此第四季度末无存贮费.

故总存贮费为 $C_3 = 3\,000(3x_1 + 2x_2 + x_3 + 2x_5 + x_6 - 4\,700)$.

约束条件：

（1）受第一季度需求量的限制：$x_1 \geq 700$.

（2）受前二季度需求量的限制：$x_1 + x_2 + x_5 \geq 1\,500$.

（3）受前三季度需求量的限制：$x_1 + x_2 + x_3 + x_5 + x_6 \geq 2\,500$.

（4）受四个季度总需求量的限制：$x_1+x_2+x_3+x_4+x_5+x_6=3\,700$.

（5）受正常工作时间内产量的限制：$0\leqslant x_1,x_2,x_3,x_4\leqslant 900$.

（6）受加班时间产量的限制：$0\leqslant x_5,x_6\leqslant 300$.

综上分析，得到该问题的线性规划模型

$$\min\quad C=39\,000x_1+36\,000x_2+38\,000x_3+35\,000x_4+$$
$$42\,000x_5+44\,000x_6-14\,100\,000,$$

$$\text{s. t.}\begin{cases}x_1\geqslant 700,\\ x_1+x_2+x_5\geqslant 1\,500,\\ x_1+x_2+x_3+x_5+x_6\geqslant 2\,500,\\ x_1+x_2+x_3+x_4+x_5+x_6=3\,700,\\ 0\leqslant x_1,x_2,x_3,x_4\leqslant 900,\\ 0\leqslant x_5,x_6\leqslant 300,\\ x_1,x_2,x_3,x_4,x_5,x_6\in\mathbf{N}.\end{cases}$$

三、 模型求解

据此建立此问题的 Lingo 文件 lg6-6.lg4.

```
min = 39000 * x1+36000 * x2+38000 * x3
    +35000 * x4+42000 * x5+44000 * x6-14100000;
x1>=700;
x1+x2+x5>1500;
x1+x2+x3+x5+x6>=2500;
x1+x2+x3+x4+x5+x6=3700;
x1<=900;x2<=900;x3<=900;x4<=900;
x5<=300;x6<=300;
@gin(x1);@gin(x2);@gin(x3);
@gin(x4);@gin(x5);@gin(x6);
```

运行结果如下：

```
Objective value:                        0.123 300 0E+09
        Variable        Value        Reduced Cost
            x1        900.0000          39000.00
            x2        900.0000          36000.00
            x3        900.0000          38000.00
            x4        900.0000          35000.00
            x5        100.0000          42000.00
            x6        0.000000          44000.00
```

由此可知，在第一、二、三、四季度分别生产 $900,900,900,900$ 辆汽车，第二季度加班生产 100 辆汽车可使得成本最低，最低成本为 $123\,300\,000$ 元，即 1.233 亿元.

"成本控制"是企业在生产经营活动中永恒的话题. 该生产成本模型不只考虑了直接生产成本, 还考虑了存贮费用以及相关的市场需求等因素. 在现实中, 生产—存贮—运输—销售—售后各个环节都会产生相应的成本. 影响商品成本的因素纷繁复杂. 例如该问题中影响存贮成本最直接的因素是生产过剩, 而天气、仓库租金、销售预期等因素也可能对存贮成本造成影响.

【小点拨】

在数学模型中不可能把现实中所有因素都考虑进来, 只需考虑主要因素对成本的影响. 不过在不同的环境条件下, 原来的主要因素可能转变成次要因素, 次要因素也有可能变成主要因素. 这样就需要建立新的数学模型对其进行分析.

6.2.2 人力资源管理问题

问题 7 【超市服务人员配置模型】某 24 小时营业超市需要招收一批服务人员, 要求每人每天连续工作 8 h(即两个时段). 每日各个时段超市需要服务员的最低数量见表 6-7. 超市至少需要招聘多少名服务人员, 才能满足日常业务需求?

表 6-7

时段	时间	最低人数
1	2:00—6:00	10
2	6:00—10:00	20
3	10:00—14:00	40
4	14:00—18:00	50
5	18:00—22:00	80
6	22:00—2:00	20

一、 模型假设与变量说明

(1) 假设服务员在某一时段一起开始上班, 在某一时段结束时一起下班.

(2) 假设每个服务员必须连续工作两个时段.

(3) 假设不考虑上下班人员交接班、中途吃饭和休息等时间.

(4) 设 x_i 为第 i 时段开始上班的人数($i=1,2,\cdots,6$).

二、 模型的分析与建立

该问题是在满足超市每天每个时段最低服务人数要求的条件下, 给出总人数最少的配置方案.

目标: 服务员总数最少. 所需服务员的总数为 $N = \sum\limits_{i=1}^{6} x_i$.

约束条件：

受各时段最低人数要求的限制，由于每人每天必须工作两个时段，所以第一时段与第六时段开始上班的人均服务于第一时段，即

$$x_6 + x_1 \geq 10.$$

综上分析，得到该问题的整数规划模型

$$\min \quad N = \sum_{i=1}^{6} x_i,$$

$$\text{s. t.} \begin{cases} x_6 + x_1 \geq 10, \\ x_1 + x_2 \geq 20, \\ x_2 + x_3 \geq 40, \\ x_3 + x_4 \geq 50, \\ x_4 + x_5 \geq 80, \\ x_5 + x_6 \geq 20, \\ x_i \in \mathbf{N} (i = 1, 2, 3, 4, 5, 6). \end{cases}$$

三、 模型求解

据此建立此问题的 Lingo 文件 lg6-7.lg4.

```
min = x1+x2+x3+x4+x5+x6;
x1+x6>=10;
x1+x2>=20;
x2+x3>=40;
x3+x4>=50;
x4+x5>=80;
x5+x6>=20;
@gin(x1);@gin(x2);@gin(x3);
@gin(x4);@gin(x5);@gin(x6);
```

运行结果如下：

Objective value:　　　　　　　　　　　　　　130.000 0

Variable	Value	Reduced Cost
x1	10.00000	1.000000
x2	40.00000	1.000000
x3	0.000000	1.000000
x4	60.00000	1.000000
x5	20.00000	1.000000
x6	0.000000	1.000000

由此可知，超市至少需要招聘 130 名服务人员.

拓展思考：

(1) 请调研企业(如大型工厂或超市)确定招聘人员数量的方案，并思考其合理性.

(2) 本问题中没有考虑员工中途吃饭、休息以及不同时间段超市应支付不同工资等因素. 若员工的月基本工资为 2 000 元，在晚上 22:00—早上 6:00 这两个时间段超市要多支付

20〔元/(人·时段)〕的夜班费. 应如何招聘服务人员既能满足日常业务需求又能使公司所支付的人员经费最少?

工作安排问题包括岗位安排和人员数量的确定两方面. 该问题属于后者, 建立此类问题数学规划模型的难点在于决策变量的选择上. 最简单直接的想法是: 决策变量为每个时段招聘人员的数量. 但每位招聘人员每天要连续工作两个时段, 这样会导致决策变量产生重复, 不便于处理. 将决策变量设为每个时段开始工作的人员数量则巧妙地避免了这一问题. 该模型适用于分析轮班制工作人员数量的确定.

在一些大型服务性机构中, 不同时段内需要的服务人员数量有显著差异. 例如, 对交通管理人员和医护人员的需求是白天多晚上少, 对酒店服务人员的需求是上半夜多下半夜少, 对电商客服、商场服务员等的需求也有类似的情况. 另外, 不同时段内公司支付给员工的工资往往又不同. 现在的问题是公司如何安排人员既满足工作需要又使公司的人员开支最少, 这就是人员时间安排问题.

在整数规划中还有一类更特殊的情形, 决策变量只能取 0 或者 1. 这类问题被形象地称为 **0-1 规划**.

> 问题 8 **【人员配置模型】某自行车零部件厂生产组装自行车所需的坐垫、脚踏、车轴和车筐四种零部件, 一车间有 4 个技术工人, 每个工人加工各个部件所用时间见表 6-8. 应如何安排加工任务使加工总时间最少?**

表 6-8

项目	部件 1(坐垫)	部件 2(脚踏)	部件 3(车轴)	部件 4(车筐)
A	10	9	7	8
B	5	8	7	7
C	5	4	6	5
D	2	3	4	5

一、 模型假设与变量说明

(1) 假设零部件加工过程中每个工人的加工时间不受其他因素影响.

(2) 假设加工过程中, 每个工人只能加工一种部件.

(3) 设 h_{ij} 表示第 i 个工人加工部件 j 所用的时间.

(4) 设 0-1 变量 x_{ij}, 其中

$$x_{ij} = \begin{cases} 1, & \text{第 } i \text{ 个人加工部件 } j, \\ 0, & \text{第 } i \text{ 个人不加工部件 } j. \end{cases}$$

二、 模型的分析与建立

该问题要求合理安排四人的加工任务, 使得加工总时间最少.

目标: 加工零件所花费的总时间最少. 加工零件所花费的总时间为 $H = \sum_{i=1}^{4} \sum_{j=1}^{4} h_{ij} x_{ij}$.

约束条件:

（1）受一个人只能加工一种零件的限制：$\sum\limits_{j=1}^{4} x_{ij} = 1, \quad i = 1, 2, 3, 4,$

（2）受一个零件只能由一人完成的限制：$\sum\limits_{i=1}^{4} x_{ij} = 1, \quad j = 1, 2, 3, 4.$

综上分析，得到该问题的线性规划模型

$$\min \quad H = \sum_{i=1}^{4} \sum_{j=1}^{4} h_{ij} x_{ij},$$

$$\text{s. t.} \begin{cases} \sum\limits_{j=1}^{4} x_{ij} = 1, \\ \sum\limits_{i=1}^{4} x_{ij} = 1, \\ x_{ij} = 0, \ 1, \quad i, j = 1, 2, 3, 4. \end{cases}$$

三、 模型求解

这是一个 0-1 规划问题，据此建立此问题的 Lingo 文件 lg6-8.lg4.

```
min = 10 * x11 + 9 * x12 + 7 * x13 + 8 * x14 +
    5 * x21 + 8 * x22 + 7 * x23 + 7 * x24 +
    5 * x31 + 4 * x32 + 6 * x33 + 5 * x34 + 2 * x41 + 3 * x42 + 4 * x43 + 5 * x44;
x11 + x21 + x31 + x41 = 1; x12 + x22 + x32 + x42 = 1;
x13 + x23 + x33 + x43 = 1; x14 + x24 + x34 + x44 = 1;
x11 + x12 + x13 + x14 = 1; x21 + x22 + x23 + x24 = 1;
x31 + x32 + x33 + x34 = 1; x41 + x42 + x43 + x44 = 1;
@ bin(x11); @ bin(x21); @ bin(x31); @ bin(x41);
@ bin(x12); @ bin(x22); @ bin(x32); @ bin(x42);
@ bin(x13); @ bin(x23); @ bin(x33); @ bin(x43);
@ bin(x14); @ bin(x24); @ bin(x34); @ bin(x44);
```

运行结果如下：

```
Objective value:                        20.000 0
            Variable      Value       Reduced Cost
               X13      1.000000        7.000000
               X24      1.000000        7.000000
               X32      1.000000        4.000000
               X41      1.000000        2.000000
```

由此可知，第一人生产车轴，第二人生产车筐，第三人生产脚踏，第四人生产坐垫所用总工时最少，最少时间为 20 小时.

0-1 变量需要使用下列语句：

```
@ bin(x11);
```

该问题属于人力资源管理中的工作岗位配置问题. 在现代企业中，除考虑将合适的人放在合适的工作岗位上外，还需要考虑在各个工作岗位上安排合理的人员数量，以保证顺利地完成工作任务，避免时间的延误和浪费.

一般地，设有人员 m 个，工作 n 件，且一人只能做一件工作，第 i 个人做第 j 件工作的时间(或费用)为 c_{ij}，问如何分派这些人员使总时间(或总费用)最少?

这里，可设

$$x_{ij} = \begin{cases} 1, & \text{第 } i \text{ 个人做第 } j \text{ 件工作,} \\ 0, & \text{第 } i \text{ 个人不做第 } j \text{ 件工作,} \end{cases}$$

则建立 0-1 规划模型如下

$$\min \quad z = \sum_{i=1}^{m} \sum_{j=1}^{n} c_{ij} x_{ij},$$

$$\text{s. t.} \begin{cases} \sum_{i=1}^{m} x_{ij} = 1, & j = 1, 2, \cdots, n, \\ \sum_{j=1}^{n} x_{ij} = 1, & i = 1, 2, \cdots, m, \\ x_{ij} = 0 \text{ 或 } 1, & i = 1, 2, \cdots, m, \quad j = 1, 2, \cdots, n. \end{cases}$$

实际生活中有大量问题只有两种选择，如"是"与"非"，"赞成"与"反对"，硬币的"正面"与"反面"等. 若将不同的选择分别赋值为 0 或 1，则可以将它们看成 0-1 规划问题.

6.3 非线性规划模型

如果数学规划模型中的目标函数和约束条件中至少有一个为非线性函数，则称该模型为**非线性规划模型**. 非线性规划在工程、管理、经济、科研和军事等方面都有着广泛的应用.

6.3.1 生产经营与消费中的问题

问题 9 【满意度模型】小明决定用 200 元钱给班级购买文具：计算器和笔记本. 已知每个计算器 12 元，每个笔记本 8 元. 小明对计算器的满意度符合函数 $\ln x$(x 为计算器数量)，对笔记本的满意度符合函数 $\ln 2x$(x 为笔记本数量). 小明应该如何安排购买计划才能使自己最满意?

一、 模型假设与变量说明

1. 假设小明用于购买计算器和笔记本的钱不超过 200 元.

2. 设小明购买 x_1 个计算器，x_2 个笔记本. 满意度为 S.

二、 模型的分析与建立

该问题是求在资金有限的条件下合理安排购买计算器和笔记本的数量，使得满意度最大.

目标：满意度最大. 而总满意度可以表示为 $S = \ln x_1 + \ln 2x_2$.

约束条件：

受总费用限制：$12x_1 + 8x_2 \leqslant 200$.

综上分析，得到该问题的非线性规划模型

$$\max \quad S = \ln x_1 + \ln 2x_2,$$

$$\text{s. t.} \begin{cases} 12x_1 + 8x_2 \leqslant 200, \\ x_1, x_2 \in \mathbf{N}. \end{cases}$$

三、 模型求解

据此建立此问题的 Lingo 文件 lg6-9.lg4.

```
max = @ log(x1)+@ log(2 * x2);
12 * x1+8 * x2<=200;
@ bin(x1);@ bin(x2);
```

运行结果如下:

```
 Objective value:                          5.337538
              Variable      Value        Reduced Cost
                    X1     8.000000         0.000000
                    X2     13.00000         0.6410244E-02
```

由此可知，当小明购买 8 个计算器和 13 个笔记本时最满意，满意度为 5.337 5.

此问题既可以看成整数规划，也可以看成非整数规划来建立模型和求解. 若当成非整数规划，先得到最大满意度的非整数解，再寻找相邻的满足条件的整数解即可. 另外，本问题还可以转化为有约束的最值问题进行求解.

由于此模型的目标函数为非线性函数，所以它为非线性规划模型.

> **问题 10** **【季度交货模型】**某电视机厂每季度向某电器商行提供智能电视. 按合同约定，其交货数量和日期分别为：第一季度末交 40 台，第二季末交 60 台，第三季末交 80 台. 工厂每季度的最大生产能力为 100 台，每季度的生产费用为 $f(x) = 50x + 0.2x^2$（百元），其中 x（台）为该季度生产智能电视的数量. 若工厂生产太多智能电视，则多余的智能电视可转到下季度向用户交货，但工厂需要支付存贮费，每台智能电视每季度的存贮费为 400 元. 该厂每季度生产多少台智能电视，才能既满足交货合同，又使工厂所花费的费用最少？

一、 模型假设与符号说明

（1）假设第一季度开始时无智能电视库存.

（2）假设不考虑智能电视运送费等其他费用.

（3）假设工厂只考虑前三季度的生产.

（4）设 x_i（台）为工厂第 i 季度生产智能电视的数量，生产费用为 C_1（百元），存贮费用为 C_2（百元），总费用为 C（百元）.

二、 模型的分析与建立

该问题是在满足商场每季度对产品需求量的前提下确定工厂每季度智能电视的生产数量，使得生产的总成本（包括存贮费）最低.

目标：总费用最少. 总费用为 $C = C_1 + C_2$. 其中，

$$C_1 = \sum_{i=1}^{3} \left(50x_i + 0.2x_i^2 \right);$$

$$C_2 = 4(x_1 - 40) + 4(x_1 + x_2 - 100) + 4(x_1 + x_2 + x_3 - 180)$$
$$= 4(3x_1 + 2x_2 + x_3 - 320).$$

约束条件：

（1）受第一季度交货数量的限制：$x_1 \geq 40$.

（2）受第二季度交货数量的限制：$x_1 + x_2 \geq 100$.

（3）受第三季度交货数量的限制：$x_1 + x_2 + x_3 \geq 180$.

（4）受每季度生产能力限制：$x_i \leq 100$，$i = 1, 2, 3$.

综上分析，得到该问题的非线性规划模型

$$\min \quad C = \sum_{i=1}^{3} 0.2x_i^2 + 62x_1 + 58x_2 + 54x_3 - 1\,280,$$

$$\text{s.t.} \begin{cases} x_1 \geq 40, \\ x_1 + x_2 \geq 100, \\ x_1 + x_2 + x_3 \geq 180, \\ x_i \leq 100, x_i \in \mathbf{N}, \ i = 1, 2, 3. \end{cases}$$

三、 模型求解

据此建立此问题的 Lingo 文件 lg6-10.lg4.

min = 0.2 * (x1^2+x2^2+x3^2)+62 * x1+58 * x2+54 * x3-1 280;

x1> = 40;x1+x2> = 100;x1+x2+x3> = 180;

x1< = 100;x2< = 100;x3< = 100;

@ bin(x1);@ bin(x2);@ bin(x3);

运行结果如下：

```
  Objective value:                    11280.00
                        Variable          Value
                            X1         50.00000
                            X2         60.00000
                            X3         70.00000
```

由此可知，工厂第一、二、三季度分别生产 50，60，70 台智能电视既满足市场需求，又使得总费用最低，最低费用为 1 128 000 元.

该问题仍然为生产安排模型. 一般来说生产成本随着产量的变化大多呈非线性增长. 因此建立的规划模型大多为非线性规划模型.

拓展思考：

调研企业生产计划的制订，他们考虑了哪些因素？ 如果把这些因素并入模型中，应对模型进行怎样的改进？

问题 11 【资源配置模型】 冬季临近，为保证全国居民的用电需求，某煤矿计划向华中、华东、华北地区配送电煤 1 000 万吨.近三年来各地冬季电煤实际需求量见表 6-9.请据此制订合理的电煤运送方案，最大限度地满足各地居民生活用电的需求.

表 6-9 电煤实际需求量 单位:万吨

年份	地区			总需求量
	华中地区	华东地区	华北地区	
2023	200	250	350	800
2024	250	300	350	900
2025	250	350	400	1 000

一、 模型假设与变量说明

（1）假设华中、华东、华北三地 2026 年的用电量与以往几年基本持平，没有明显的增长或减少.

（2）假设近几年煤矿向华中、华东、华北三地配送电煤的比例不变.

（3）假设前三年煤矿向华中、华东、华北三地配送电煤的量能满足当地居民生活用电的需要.

（4）设向华中、华东、华北各地配送电煤比例分别为 λ_1，λ_2，λ_3，近三年华中、华东、华北三个地区电煤实际需求量分别为 m_i 万吨、e_i 万吨、n_i 万吨，运送总量为 T_i 万吨，$i=1,2,3$.

二、 模型的分析与建立

该问题是已知前三年电煤配送的情况下，以前 3 年三地实际需求量为依据，确定 2026 年的运送方案.

目标：使配送比例与近三年各地实际需求量相差的平方和最小.目标函数为

$$\sum_{i=1}^{3} \left[(m_i - \lambda_1 T_i)^2 + (e_i - \lambda_2 T_i)^2 + (n_i - \lambda_3 T_i)^2 \right].$$

约束条件：

（1）受配送比例的限制：$\lambda_1+\lambda_2+\lambda_3=1$.

（2）3 年实际需求量的限制：$m_i+e_i+n_i=T_i$.

综上分析，得到该问题的非线性规划模型

$$\min \sum_{i=1}^{3} \left[(m_i - \lambda_1 T_i)^2 + (e_i - \lambda_2 T_i)^2 + (n_i - \lambda_3 T_i)^2 \right],$$

$$\text{s.t.} \begin{cases} \lambda_1 + \lambda_2 + \lambda_3 = 1, \\ m_i + e_i + n_i = T_i, \\ \lambda_1, \lambda_2, \lambda_3 \geqslant 0. \end{cases}$$

三、 模型求解

据此建立此问题的 Lingo 文件 lg6-11.lg4.

```
min=(200-x1*800)^2+(250-x2*800)^2+(350-x3*800)^2+
```

$$(250-x1*900)^2+(300-x2*900)^2+(350-x3*900)^2+$$

$$(250-x1*1000)^2+(350-x2*1000)^2+(400-x3*1000)^2;$$

x1+x2+x3=1;

运行结果如下：

Objective value: 1877.551

Variable	Value	Reduced Cost
X1	0.2591837	0.000000
X2	0.3346939	0.000000
X3	0.4061224	0.000000

由此可知，根据以往的经验，为了尽可能地避免意外发生，向华中、华东、华北运送的电煤量分别占总量的 25.92%、33.47%、40.61%.

在实际生产生活中，有很多活动需要事先开展需求调查，然后根据调查数据进行分析以指导生产计划安排. 但有些行业在产品策划上很难或不可能进行调查分析，例如寿险行业. 由于人的寿命的不确定性，在制定寿险产品前无法进行统计调查，只能根据人们以往的生存死亡数据进行统计分析，在大数定律基础上大胆假设某人将来生存死亡的可能性，计算出剩余寿命的期望值，以此来指导寿险产品的开发.

6.3.2 交通及管网设计问题

问题12 【公路设计模型】A 乡盛产柑橘，但由于道路交通不便，致使每年大量柑橘无法销往外地而腐烂. 于是市政府决定修建一条通往 A 乡的公路. 乡到市的水平距离为 80 km，与 A 乡垂直距离 30 km 处有一条河流流经该市，如图 6-1 所示. 单位货物公路运输费用与水路运输费用之比为 5：2. 应如何设计该公路使运输费用最低？

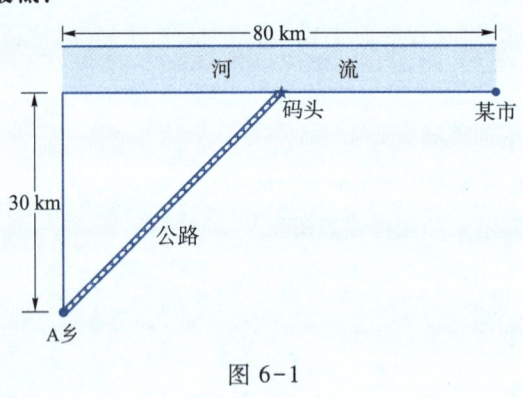

图 6-1

一、模型假设与变量说明

（1）假设不考虑地形因素对路线的影响，也就是可以修建直线型公路.

（2）假设河流流动路线笔直.

（3）假设在河流流经之处均可修建装运码头.

（4）假设不考虑货物装卸、搬运等费用．

（5）设修建公路的长度为 x_1 km，可利用水路运输的长度为 x_2 km，单位货物水路运输费用为 $2k$（ k 为常数）．

二、 模型的分析与建立

该问题是要求设计交通路线，使总运费（公路运费和水路运费之和）最低．

由问题可知，单位货物公路运输费用为 $5k$．

目标：总的运输费用最低．其中运输费用为 $C = 5kx_1 + 2kx_2$．

约束条件：

如图 6-1 所示，受两地及河流几何关系的限制，有

$$x_1^2 - (80 - x_2)^2 = 30^2.$$

综上分析，得到该问题的非线性规划模型

$$\min \quad C = 5kx_1 + 2kx_2,$$
$$\text{s. t.} \begin{cases} x_1^2 - (80 - x_2)^2 = 30^2, \\ x_1 \geqslant 0, \\ 0 \leqslant x_2 \leqslant 80. \end{cases}$$

三、 模型求解

据此建立此问题的 Lingo 文件 lg6-12.lg4.

```
min = 5 * x1 + 2 * x2;
x1^2 - (80 - x2)^2 = 900;
x2 < = 80;
```

运行结果如下：

```
  Objective value:                          297.4773
              Variable         Value       Reduced Cost
                    X1      32.73268       0.6001353E-08
                    X2      66.90693       0.000000
```

由此可知，修建公路 32.73 km，利用水路 66.91 km 可使得运输费用最低，最低费用为 297.48k 元．

这类问题又称为选址问题．实际中常遇到在某区域内选择工厂、仓库或其他公共设施的位置，以满足区域内客户的需要，并且使总"费用"最少的问题．选址问题又可根据备选设施的个数分为单源选址问题和多源选址问题．在多源选址问题中，不仅要确定新设施的位置，而且还要确定哪个设施应为哪些客户服务，因此，多源选址问题也称为选址-分配问题．

此非线性规划模型的约束条件中含有二次函数，因此它又被称作二次规划模型．非线性规划模型的分析与建立过程与线性规划模型的分析与建立过程相同．但非线性规划的求解却比线性规划难度大得多．本题运用 Lingo 的优化工具软件方便地得出了问题的解．

【小点拨】

在公路、铁路等交通以及城市管网的设计中，往往要考虑在满足一定设计要求的前提下，使得修建成本或将来的运输费用最低．这时可以建立成本或总运输费用最低的规划模型，达到节约建设资金，或降低用户将来支出，或方便用户使用等优化设计方案的目的．

6.4 多目标规划模型

有时，决策者的目的可能不止一个. 例如，经常会碰到要求用最少的投资获得最高的收益，用最短的时间取得最好的效果等诸如此类的问题. 称这类规划模型为**多目标规划模型**. 事实上，当我们要全面、综合地思考一些优化方案时，往往要兼顾多个目标的最大或最小，如

（1）在管网设计中，既要考虑修建费用最低，又要考虑方便用户.

（2）在交通设计中，既要考虑建设费用最低，又要考虑今后产生的运输或交通费用最低，还有可能要考虑车辆通行时间最短等.

（3）在物资调拨中，既要求运输费用最低，又要求运送时间最短等.

> **问题 13** 【**生产安排模型**】乐乐玩具厂生产两种玩具，玩具车的利润为 10 元/个，洋娃娃的利润为 8 元/个. 玩具车每个需要 3 h 装配时间，而洋娃娃需要 2 h. 每周有效总装配时间为 120 h. 工厂允许加班，但加班生产出来的每个玩具利润要减少 1 元. 两种玩具每周的需求量均为 30 个. 应如何安排生产才能使工厂的总利润最大并且使得工人尽可能少加班？

一、 模型假设与变量说明

（1）假设每周生产需求量内的产品能全部售完.

（2）假设不考虑生产过程中其他各种因素对加工时间的影响.

（3）设 x_1，x_2 分别为每周正常时间内生产的玩具车和洋娃娃的数量，x_3，x_4 分别为每周加班时间生产的玩具车和洋娃娃的数量.

二、 模型的分析与建立

该问题要求在完成每周两种玩具生产任务的前提下，对两种玩具的生产数量做统筹安排，使得满足以下两个条件：获得的利润最大且加班时间尽量少.

目标：总利润最大且加班时间尽量少. 其中总利润为 $P = 10x_1 + 8x_2 + 9x_3 + 7x_4$，工人加班时间为 $H = 3x_3 + 2x_4$.

约束条件：

（1）满足每周各种产品需求量的要求：$x_1 + x_3 = 30, x_2 + x_4 = 30$.

（2）受每周有效总工时的限制：$3x_1 + 2x_2 \leq 120$.

综上分析，得到该问题的双目标线性规划模型

$$\max \quad P = 10x_1 + 8x_2 + 9x_3 + 7x_4,$$
$$\min \quad H = 3x_3 + 2x_4,$$
$$\text{s. t.} \begin{cases} x_1 + x_3 = 30, \\ x_2 + x_4 = 30, \\ 3x_1 + 2x_2 \leq 120, \\ x_1, x_2, x_3, x_4 \geq 0. \end{cases}$$

三、 模型求解

此模型为双目标线性规划模型. 建立此问题的 Lingo 文件 lg6-13.lg4.

只将 P 最大作为目标.

$$max = 10 * x1 + 8 * x2 + 9 * x3 + 7 * x4;$$

$$x1 + x3 = 30;$$

$$x2 + x4 = 30;$$

$$3 * x1 + 2 * x2 <= 120;$$

运行结果如下:

```
Objective value:                        530.0000
                Variable        Value       Reduced Cost
                    X1        20.00000        0.000000
                    X2        30.00000        0.000000
                    X3        10.00000        0.000000
                    X4        0.000000        0.3333333
```

只将 H 最小作为目标.

$$min = 3 * x3 + 2 * x4;$$

$$x1 + x3 = 30;$$

$$x2 + x4 = 30;$$

$$3 * x1 + 2 * x2 <= 120;$$

运行结果如下:

```
Objective value:                        30.00000
                Variable        Value       Reduced Cost
                    X3        0.000000        0.000000
                    X4        15.00000        0.000000
                    X1        30.00000        0.000000
                    X2        15.00000        0.000000
```

把 H 最小作为 P 最大的约束条件, 因为 H 的最小值为 30, 所以把它作为 P 的条件即为

$$3x_3 + 2x_4 \geqslant 30,$$

则程序改写为

$$max = 10 * x1 + 8 * x2 + 9 * x3 + 7 * x4;$$

$$3 * x3 + 2 * x4 >= 30;$$

$$x1 + x3 = 30;$$

$$x2 + x4 = 30;$$

$$3 * x1 + 2 * x2 <= 120;$$

运行结果如下:

```
Objective value:                        530.0000
                Variable        Value       Reduced Cost
                    X1        20.00000        0.000000
```

X2	30.00000	0.000000
X3	10.00000	0.000000
X4	0.000000	0.3333333

这时，当 P 取得最大值时，H 恰好也取得最小值，所以所得解为一组最优解.

由此可知，正常时间生产玩具车 20 个，洋娃娃 30 个，加班生产玩具车 10 个，不加班生产洋娃娃，工厂可获得最大利润 530 元，且加班时间最少为 30 小时.

拓展思考：

请调查某工厂加班报酬的支付情况，并根据其加班时产品的利润做出对加班报酬支付的合理评价.

【小点拨】

某些生产任务繁重的企业若能科学、合理地安排生产任务，既能圆满地完成订单，保证企业获得最大利润，又能尽可能地减少员工的加班时间，降低员工的劳动强度，有效保护员工的合法权利，解决好劳资纠纷，树立良好的企业形象.

问题 14 【打工时间安排模型】小李每天可用 12 小时去打工，他可以在六份兼职工作中进行选择，每样工作的时间及报酬见表 6-10. 小李应如何安排打工计划，可使自己花尽量少的时间获得最丰厚的报酬？

表 6-10

工作	一	二	三	四	五	六
时间/h	4	2	3	8	6	9
报酬/元	40	30	30	100	70	110

一、 模型假设与变量说明

（1）假设不考虑小李两份工作之间交接时间.

（2）假设不考虑吃饭时间.

（3）设 $x_i = 1$ 表示小李做第 i 份工作，$x_i = 0$ 表示小李不做第 i 份工作，第 i 份工作的时间为 h_i，获得报酬为 w_i.

二、 模型的分析与建立

小李要在六份工作中选择合适的几份工作，使得用尽可能少的时间获得最丰厚的报酬. 总的打工时间不超过 12 小时.

目标：工作时间最短，报酬最高. 获得的报酬为 $W = \sum_{i=1}^{6} x_i w_i$，工作时间为 $H = \sum_{i=1}^{6} x_i h_i$.

约束条件：受总打工时间限制，$\sum_{i=1}^{6} x_i h_i \leq 12$.

综上分析，得到该问题的双目标规划模型

$$\max \quad W = \sum_{i=1}^{6} x_i w_i,$$

$$\min \quad H = \sum_{i=1}^{6} x_i h_i,$$

$$\text{s. t.} \begin{cases} \sum_{i=1}^{6} x_i h_i \leqslant 12, \\ x_i = 0, 1, i = 1, 2, \cdots, 6. \end{cases}$$

三、模型求解

据此建立此问题的 Lingo 文件 lg6-14.lg4.

```
max = 40 * x1+30 * x2+30 * x3+100 * x4+70 * x5+110 * x6;
4 * x1+2 * x2+3 * x3+8 * x4+6 * x5+9 * x6 <= 12;
@ bin(x1);@ bin(x2);@ bin(x3);@ bin(x4);@ bin(x5);@ bin(x6);
```

运行结果如下：

```
Objective value:                              140.0000
           Variable          Value       Reduced Cost
                 X2       1.000000          -30.00000
                 X6       1.000000          -110.0000
```

从工资最多中找时间最短的计划：

```
min = 4 * x1+2 * x2+3 * x3+8 * x4+6 * x5+9 * x6;
40 * x1+30 * x2+30 * x3+100 * x4+70 * x5+110 * x6 = 140;
4 * x1+2 * x2+3 * x3+8 * x4+6 * x5+9 * x6 <= 12;
@ bin(x1);@ bin(x2);@ bin(x3);@ bin(x4);@ bin(x5);@ bin(x6);
```

运行结果如下：

```
Objective value:                              11.00000
           Variable          Value       Reduced Cost
                 X2       1.000000          -30.00000
                 X6       1.000000          -110.0000
```

由此可知，小李选择打第 2,6 份工，可获得最大报酬 140 元，同时每天只需要花费 11 小时.

6.5 混合规划模型

很多时候，我们遇到的问题都不是单一的规划模型，有可能是非线性、整数、0-1、多目标规划的混合问题，下面通过几个例子来介绍此类问题的建模与求解.

问题 15 【蛋糕生产模型】某蛋糕店生产草莓、蓝莓、柠檬三种口味的蛋糕，各种口味的蛋糕每个需要的面粉和鸡蛋数量以及相应利润见表 6-11.若蛋糕店在圣诞节当天只配备了 6 000 g 面粉，900 g 鸡蛋.考虑到生产工艺，如果要生产某种口味蛋糕，则至少生产 60 个.蛋糕店应如何安排生产才能获得最大利润？

表 6-11

	草莓	蓝莓	柠檬
面粉/g	40	50	60
鸡蛋/g	5	8	12
利润/元	2	3	4

一、模型假设与符号说明

（1）假设在生产过程中没有材料浪费.

（2）假设生产的蛋糕能全部售出，且利润不受其他因素的影响.

（3）设商店生产草莓、蓝莓、柠檬三种口味的蛋糕的数量分别为 x_1, x_2, x_3 个，获得的总利润为 L 元.

二、模型的分析与建立

该问题是在原料数量一定的条件下，确定生产三种口味不同的蛋糕的数量，使得蛋糕店获得最大利润.

目标：获得的总利润最大.其中总利润为 $L = 2x_1 + 3x_2 + 4x_3$.

约束条件：

（1）受面粉数量的限制：$40x_1 + 50x_2 + 60x_3 \leqslant 6\,000$；

（2）受鸡蛋数量的限制：$5x_1 + 8x_2 + 12x_3 \leqslant 900$；

（3）生产工艺的限制：$x_1, x_2, x_3 = 0$ 或 $\geqslant 60$；

（4）整数限制：$x_1, x_2, x_3 \in \mathbf{N}$.

综上分析，得到该问题的规划模型

$$\max \quad L = 2x_1 + 3x_2 + 4x_3,$$

$$\text{s. t.} \begin{cases} 40x_1 + 50x_2 + 60x_3 \leqslant 6\,000, \\ 5x_1 + 8x_2 + 12x_3 \leqslant 900, \\ x_1, x_2, x_3 = 0 \text{ 或 } \geqslant 60, \\ x_1, x_2, x_3 \in \mathbf{N}. \end{cases}$$

三、模型求解

求解的关键是如何处理非线性约束条件：$x_1, x_2, x_3 = 0$ 或 $\geqslant 60$，下面介绍两种方法来求解.

1. 引入 0-1 变量

设 $y_1 \in \{0, 1\}$，则 $x_1 = 0$ 或 $\geqslant 60$ 等价于

$$60y_1 \leqslant x_1 \leqslant My_1, y_1 \in \{0, 1\}.$$

其中 M 为很大的正数，这里 M 可以取 2 000(蛋糕数量不可能超过 2 000). 类似地有

$$60y_2 \leqslant x_2 \leqslant My_2, y_2 \in \{0,1\},$$
$$60y_3 \leqslant x_3 \leqslant My_3, y_3 \in \{0,1\}.$$

于是，得到新的 0-1 整数规划模型

$$\max \quad L = 2x_1 + 3x_2 + 4x_3,$$

$$\text{s. t.} \begin{cases} 40x_1 + 50x_2 + 60x_3 \leqslant 6\ 000, \\ 5x_1 + 8x_2 + 12x_3 \leqslant 900, \\ 60y_1 \leqslant x_1 \leqslant My_1, y_1 \in \{0,1\}, \\ 60y_2 \leqslant x_2 \leqslant My_2, y_2 \in \{0,1\}, \\ 60y_3 \leqslant x_3 \leqslant My_3, y_3 \in \{0,1\}, \\ x_1, x_2, x_3 \in \mathbf{N}. \end{cases}$$

据此建立此问题的 Lingo 文件 lg6-15.lg4.

```
model:
max = 2 * x1 + 3 * x2 + 4 * x3;
40 * x1 + 50 * x2 + 60 * x3 <= 6000;
5 * x1 + 8 * x2 + 12 * x3 <= 900;
60 * y1 <= x1; x1 <= 2000 * y1;
60 * y2 <= x2; x2 <= 2000 * y2;
60 * y3 <= x3; x3 <= 2000 * y3;
@ bin(x1); @ bin(x2); @ bin(x3);
@ bin(y1); @ bin(y2); @ bin(y3);
```

运行结果为

```
Objective value:                           336.0000
         Variable          Value        Reduced Cost
               X2       112.0000          -3.000000
               Y2        1.000000          0.000000
```

由此可见，如果蛋糕能够全部售出，则应该只生产 112 个蓝莓口味的蛋糕，利润达到最大的 336 元.

2. 化为非线性规划

也可以将约束条件 $x_1, x_2, x_3 = 0$ 或 $\geqslant 60$ 转化成

$$x_1(x_1 - 60) \geqslant 0,$$
$$x_2(x_2 - 60) \geqslant 0,$$
$$x_3(x_3 - 60) \geqslant 0.$$

这样就得到如下新的非线性整数规划模型

$$\max \quad L = 2x_1 + 3x_2 + 4x_3,$$

$$\text{s. t.} \begin{cases} 40x_1 + 50x_2 + 60x_3 \leqslant 6\,000, \\ 5x_1 + 8x_2 + 12x_3 \leqslant 900, \\ x_1(x_1 - 60) \geqslant 0, \\ x_2(x_2 - 60) \geqslant 0, \\ x_3(x_3 - 60) \geqslant 0, \\ x_1, \ x_2, \ x_3 \in \mathbf{N}. \end{cases}$$

利用 Lingo 软件求解, 可以得到跟第 1 种方法一样的结果.

> **问题 16** 【钢管下料问题】某钢管零售商的原料钢管长为 19 m, 而大多数客户需求的钢管长度是 4 m、5 m、6 m. 现一客户需要 4 m 的 50 根、5 m 的 10 根、6 m 的 20 根, 另因特殊原因还需要 8 m 的 15 根, 零售商该如何下料最节省原材料? 由于采用的切割模式太多, 将增加生产和管理成本, 所以规定采用的不同切割模式不能超过 3 种.

一、模型假设与符号说明

(1) 假设切割过程中钢管无损耗.

(2) 假设余料不能再利用, 如不能焊接再利用.

(3) 因为 8 m 长钢管是特殊需求, 所以假设 8 m 长的钢管不能有剩余, 而其他长度的可以有剩余.

(4) x_i 表示第 i 种模式切割的原料钢管根数, $i = 1,2,3$; $r_{1i}, r_{2i}, r_{3i}, r_{4i}$ 表示第 i 种模式切割下, 每根原料钢管得到长为 4 m、5 m、6 m 和 8 m 的数量, $i = 1,2,3$; N 表示使用原料钢管的总根数; L 表示已经使用的原料钢管的总长度.

规划模型

二、模型的分析与建立

钢管下料的核心问题是下料最省. 如何理解下料最节省呢? 即使用的原材料总根数最少.

1. 目标函数

根据题意, 只需使用的原料钢管的总根数最少, 即

$$\min \quad N = x_1 + x_2 + x_3.$$

2. 约束条件

(1) 满足客户需求

客户需要 4 m 的 50 根、5 m 的 10 根、6 m 的 20 根、8 m 的 15 根, 在三种切割模式下, 每种长度的钢管数量要大于等于客户的需求, 以 4 m 长的钢管为例:

$$r_{11}x_1 + r_{12}x_2 + r_{13}x_3 \geqslant 50;$$

其中, x_1, x_2, x_3 表示三种模式切割的原材料钢管的根数, r_{11}, r_{12}, r_{13} 表示三种模式切割下每根原料钢管生产 4 m 长的钢管的数量.

同理, 可以建立 5 m, 6 m 和 8 m 长钢管的客户需求不等式, 但是要注意一点, 规格为

4 m,5 m,6 m 的钢管可以有剩余，但规格为 8 m 的钢管不能有剩余，即 8 m 长的钢管对应的约束条件为等号，是一个紧约束条件.

将客户需求的约束条件汇总如下

$$
\begin{cases}
r_{11}x_1 + r_{12}x_2 + r_{13}x_3 \geqslant 50, \\
r_{21}x_1 + r_{22}x_2 + r_{23}x_3 \geqslant 10, \\
r_{31}x_1 + r_{23}x_2 + r_{33}x_3 \geqslant 20, \\
r_{41}x_1 + r_{42}x_2 + r_{43}x_3 = 15.
\end{cases}
$$

（2）切割模式合理

满足客户需求的同时还应当考虑切割是否合理，由于原料钢管长为 19 m，合理的切割模式应为余料小于最小的需求长度（即小于 4 m）. 所以每种切割模式下原料钢管的利用长度应该大于等于 16 m，小于等于 19 m，才算合理.

$$
\begin{cases}
16 \leqslant 4r_{11} + 5r_{21} + 6r_{31} + 8r_{41} \leqslant 19, \\
16 \leqslant 4r_{12} + 5r_{22} + 6r_{32} + 8r_{42} \leqslant 19, \\
16 \leqslant 4r_{13} + 5r_{23} + 6r_{33} + 8r_{43} \leqslant 19.
\end{cases}
$$

（3）整数约束

按照客户需求在一根原料钢管上的切割模式组合为正整数，即

$$x_i \in \mathbf{Z}^+, i = 1,2,3;$$

$$r_{ij} \in \mathbf{Z}^+, i = 1,2,3,4, j = 1,2,3,4.$$

综上所述，得规划模型

$$\min \quad N = \sum_{i=1}^{3} x_i,$$

$$
\text{s.t.}
\begin{cases}
r_{11}x_1 + r_{12}x_2 + r_{13}x_3 \geqslant 50, \\
r_{21}x_1 + r_{22}x_2 + r_{23}x_3 \geqslant 10, \\
r_{31}x_1 + r_{32}x_2 + r_{33}x_3 \geqslant 20, \\
r_{41}x_1 + r_{42}x_2 + r_{43}x_3 = 15, \\
x_i, r_{1i}, r_{2i}, r_{3i}, r_{4i} \in \mathbf{Z}^+, i = 1,2,3, \\
16 \leqslant 4r_{11} + 5r_{21} + 6r_{31} + 8r_{41} \leqslant 19, \\
16 \leqslant 4r_{12} + 5r_{22} + 6r_{32} + 8r_{42} \leqslant 19, \\
16 \leqslant 4r_{13} + 5r_{23} + 6r_{33} + 8r_{43} \leqslant 19.
\end{cases}
$$

三、模型求解

这是非线性整数规划模型，先对其进行适当的简化.

1. 模型简化

（1）缩小可行域，减少计算量

可行域的下界：不考虑切割模式，只考虑长度. 总根数的下界为

$$\left\lceil \frac{4 \times 50 + 5 \times 10 + 6 \times 20 + 8 \times 15}{19} \right\rceil = 26.$$

其中符号「·」表示向上取整.

可行域的上界：任意给出一种可行解. 例如，切割成 4 根 4 m，需 13 根原材料，切割成 1 根 5 m 和 2 根 6 m，需 10 根原材料，切割成 2 根 8 m，需 8 根原材料，合计为 13+10+8 = 31. 任何其他方案的原材料钢管数量 N 不能超过 31 根，否则就采用上述方案即可.

这样，缩小了原材料钢管数量 N 的可行域，即

$$26 \leqslant N \leqslant 31.$$

（2）切割模式排序

三种切割模式之间是没有顺序的，但是为了方便程序搜索，加快计算速度，任意给出切割模式排序：

$$x_1 \geqslant x_2 \geqslant x_3.$$

在后面的程序求解中可以看到，有和没有切割模式排序对求解时间有较大影响. 但是要注意，这里的排序是任意给定的，也可以设为 $x_1 \leqslant x_2 \leqslant x_3$，不同排序对模型求解时间有影响，但是对求解结果无实质影响，只是结果的排序会有不同而已.

2. 简化后的模型

将两个新约束条件加入原模型，汇总如下：

$$\min \quad N = \sum_{i=1}^{3} x_i,$$

$$\text{s. t.} \begin{cases} r_{11}x_1 + r_{12}x_2 + r_{13}x_3 \geqslant 50, \\ r_{21}x_1 + r_{22}x_2 + r_{23}x_3 \geqslant 10, \\ r_{31}x_1 + r_{32}x_2 + r_{33}x_3 \geqslant 20, \\ r_{41}x_1 + r_{42}x_2 + r_{43}x_3 = 15, \\ x_i, r_{1i}, r_{2i}, r_{3i}, r_{4i} \in \mathbf{Z}^+, i = 1,2,3, \\ 16 \leqslant 4r_{11} + 5r_{21} + 6r_{31} + 8r_{41} \leqslant 19, \\ 16 \leqslant 4r_{12} + 5r_{22} + 6r_{32} + 8r_{42} \leqslant 19, \\ 16 \leqslant 4r_{13} + 5r_{23} + 6r_{33} + 8r_{43} \leqslant 19, \\ 26 \leqslant N \leqslant 31, \\ x_1 \geqslant x_2 \geqslant x_3. \end{cases}$$

3. 模型求解

（1）求解结果

使用 Lingo 软件编程 lg6-16.lg4 求解模型，结果见表 6-12.

```
min = n;

n = x1 + x2 + x3;

r11 * x1 + r12 * x2 + r13 * x3 >= 50; r21 * x1 + r22 * x2 + r23 * x3 >= 10;

r31 * x1 + r32 * x2 + r33 * x3 >= 20; r41 * x1 + r42 * x2 + r43 * x3 = 15;

4 * r11 + 5 * r21 + + 6 * r31 + 8 * r41 <= 19; 4 * r11 + 5 * r21 + + 6 * r31 + 8 * r41 >
= 16;
```

$4*r12+5*r22++6*r32+8*r42<=19;4*r12+5*r22++6*r32+8*r42>$
$=16;$

$4*r13+5*r23++6*r33+8*r43<=19;4*r13+5*r23++6*r33+8*r43>$
$=16;$

$x1+x2+x3<=31;x1+x2+x3>=26;$

$x1=>x2;x2=>x3;$

@gin(x1);@gin(x2);@gin(x3);@gin(r11);@gin(r12);@gin(r13);

@gin(r21);@gin(r22);@gin(r23);@gin(r31);@gin(r32);@gin(r33);

@gin(r41);@gin(r42);@gin(r43);

表6-12 模型的求解结果

	4 m	5 m	6 m	8 m	余料	原材料根数
模式一	1	0	1	1	1	15
模式二	4	0	0	0	3	9
模式三	0	2	1	0	3	5
求和	51	10	20	15	57	29

（2）程序运行时间对比

在同一台计算机运行，不加入切割模式排序

$$x_1 \geq x_2 \geq x_3$$

的求解时间为43 s，加入后求解时间为5 s. 可见给出切割模式的排序加快了程序的求解速度.

问题17 【资产配置问题】 市场上有 n 种资产（如股票、债券等）S_i $(i=1,2,\cdots,n)$ 供投资者选择，某公司有数额为 M 的一笔相当大的资金可用作一个时期的投资. 公司财务分析人员对这 n 种资产进行了评估，估算出在这一时期购买 S_i 的平均收益率为 r_i，并预测出购买 S_i 的风险损失率为 q_i. 考虑到投资越分散，总的风险越小，公司确定，用这笔资金购买若干种资产时，总风险可用投资 S_i 中最大的一个风险来度量.

购买 S_i 要付交易费，费率为 p_i，且当购买额超过给定值 u_i 时，交易费按购买 u_i 计算. 另外，假定同期银行存款利率是 r_0 $(r_0=5\%)$，且既无交易费又无风险.

已知 $n=4$ 时的相关数据，见表6-13：

表6-13

S_i	$r_i/\%$	$q_i/\%$	$p_i/\%$	$u_i/元$
S_1	28	2.5	1	103
S_2	21	1.5	2	198
S_3	23	5.5	4.5	52
S_4	25	2.6	6.5	40

试为该公司设计一种投资组合方案，即用给定的资金 M，有选择地购买若干种资产或存银行生息，使净收益尽可能大，而总风险尽可能小.

一、模型假设与符号说明

（1）假设投资资产的收益率、风险损失率和交易费等保持不变，且不受其他因素影响.

（2）假设存银行的金额为 x_0，购买资产 S_i 的金额为 $x_i (i = 1, 2, \cdots, n)$.

（3）假设投资的净收益和风险分别用 $V(x_0, x_1, \cdots, x_n)$ 和 $Q(x_0, x_1, \cdots, x_n)$ 来表示.

二、模型的分析与建立

1. 交易费

购买 S_i 要付交易费，费率为 p_i，且当购买额超过给定值 u_i 时，交易费按购买 u_i 计算，所以交易费为

$$c_i(x_i) = \begin{cases} p_i x_i, & 0 \leqslant x_i < u_i, \\ p_i u_i, & x_i \geqslant u_i, \end{cases} \quad i = 1, 2, \cdots, n.$$

存银行的资金 x_0 无交易费，所以 $c_0(x_0) = 0$.

2. 净收益

购买 S_i 的平均收益率为 r_i，投资 S_i 的平均收益为

$$V(x_i) = r_i x_i - c_i(x_i), i = 0, 1, 2, \cdots, n.$$

于是，投资组合的总净收益为

$$V(x_0, x_1, \cdots, x_n) = \sum_{i=0}^{n} V(x_i).$$

目标是净收益最大，即

$$\max \quad V = \sum_{i=0}^{n} V(x_i).$$

3. 风险损失率

购买 S_i 的风险损失率为 q_i，且投资组合的风险用投资 S_i 中最大的一个风险来度量，所以投资组合的总风险为

$$Q(x_0, x_1, \cdots, x_n) = \max_{0 \leqslant i \leqslant n} q_i x_i.$$

目标是使得总体风险最小，即

$$\min \quad Q = \min\{\max_{0 \leqslant i \leqslant n} q_i x_i\}.$$

4. 其他约束条件

用于投资的总金额为 M，

$$\sum_{i=0}^{n} x_i = M.$$

投资金额应该都是非负的，

$$x_i \geqslant 0, i = 0, 1, 2, \cdots, n.$$

综上所述，可建立如下的双目标非线性规划模型.

$$\max \quad V = \sum_{i=0}^{n} V_i(x_i),$$

$$\min \quad Q = \min\{\max_{0 \leqslant i \leqslant n} q_i x_i\},$$

$$\text{s. t.} \begin{cases} c_i(x_i) = \begin{cases} p_i x_i, \ 0 \leqslant x_i < u_i, \\ p_i u_i, x_i \geqslant u_i, \end{cases} \quad i = 1,2,\cdots,n, \\ c_0(x_0) = 0, \\ V_i(x_i) = r_i x_i - c_i(x_i), i = 0,1,2,\cdots,n, \\ \sum_{i=0}^{n} x_i = M, \\ x_i \geqslant 0, i = 0,1,2,\cdots,n. \end{cases}$$

三、模型求解

1. 双目标模型转换为单目标规划模型

由于投资的主要目的是获取收益，所以可以设定一个收益率目标 R，在达到收益率目标 R 的前提下，使得风险最小，即

$$\frac{V}{M} \geqslant R.$$

下面将总风险转化为总风险率：

$$\max_{0 \leqslant i \leqslant n} \frac{q_i x_i}{M}.$$

这样得到下面的单目标模型：

$$\min \quad Q = \min\left\{\max_{0 \leqslant i \leqslant n} \frac{q_i x_i}{M}\right\},$$

$$\text{s. t.} \begin{cases} V = \sum_{i=0}^{n} V_i(x_i), \\ \frac{V}{M} \geqslant R, \\ c_i(x_i) = \begin{cases} p_i x_i, 0 \leqslant x_i < u_i, \\ p_i u_i, \ x_i \geqslant u_i, \end{cases} \quad i = 1,2,\cdots,n, \\ c_0(x_0) = 0, \\ V_i(x_i) = r_i x_i - c_i(x_i), \ i = 0,1,2,\cdots,n, \\ \sum_{i=0}^{n} x_i = M, \\ x_i \geqslant 0, \ i = 0,1,2,\cdots,n. \end{cases}$$

2. 收益率目标 R 的设定

投资有收益和风险，一般而言，高风险带来高收益. 不同的人对收益、风险的接受和偏好程度是不一样的，所以在设置收益率目标的时候，可以考虑不同人群的情况. 本题根据收益率的情况，分成三种人群：保守型，平衡型，进取型.

本题最低收益率（无风险收益率）为银行存款 5%，最高为 28%（因为手续费，其实达不到 28%）. 将 5% ~ 28% 大约分成 3 个区间：保守型（5% ~ 13%），平衡型（13% ~ 21%），进取

型（21% ~ 27.8%）.

3. 求解结果

以用于投资的总金额为 10 000 元为例，对三种不同类型人群的收益率以 1% 的间隔代入模型求解，使用 Lingo 软件编程求解，结果见表6-14、表6-15、表6-16. 不同风险偏好的人群可以根据自己的情况选择合适的投资组合方案.

表 6-14　收益率以 **1%** 的间隔的投资决策及风险（保守型）

收益率/%	5	6	7	8	9	10	11	12	13
最大损失率/%	0	0.036	0.068	0.101	0.133	0.165	0.198	0.230	0.263

表 6-15　收益率以 **1%** 的间隔的投资决策及风险（平衡型）

收益率/%	14	15	16	17	18	19	20	21
最大损失率/%	0.295	0.328	0.360	0.392	0.425	0.457	0.490	0.522

表 6-16　收益率以 **1%** 的间隔的投资决策及风险（进取型）

收益率/%	22	23	24	25	26	27	27.8
最大损失率/%	0.555	0.587	0.659	0.872	1.105	1.697	2.364

4. 结果讨论和进一步分析

画出最大损失率和收益率图形，如图6-2、图6-3、图6-4所示.

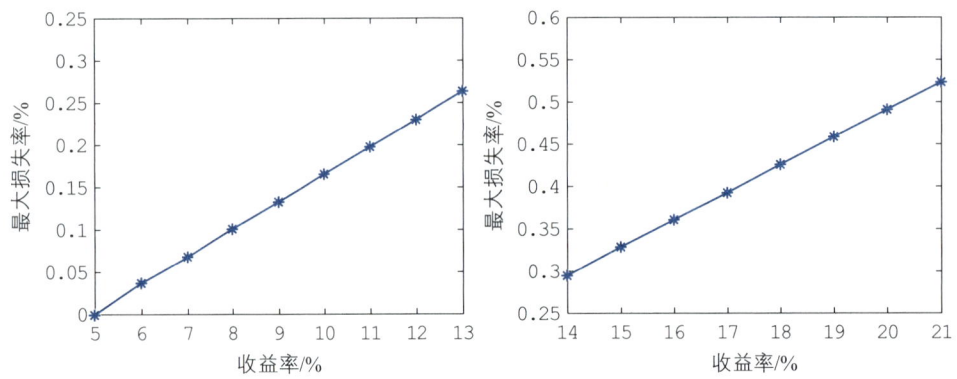

图 6-2　损失-收益图 Q-R（保守型）　　　　图 6-3　损失-收益图 Q-R（平衡型）

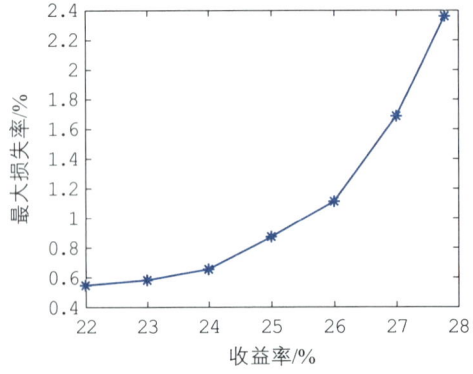

图 6-4　损失-收益图 Q-R（进取型）

（1）保守型和平衡型

可以看出，保守型和平衡型的最大损失率和收益率基本呈线性关系，即风险跟收益基本是匹配的. 所以这两种类型可以选择该区间最大收益的投资组合方案见表 6-17.

表 6-17　保守型和平衡型的最佳投资组合方案

	投资组合					结果	
	S_0/%	S_1/%	S_2/%	S_3/%	S_4/%	风险率/%	收益率/%
保守型	57.10	10.51	17.51	4.77	10.10	0.263	13
平衡型	14.72	20.89	34.81	9.49	20.08	0.522	21

注：S_0 表示投资银行存款.

（2）进取型

对于进取型，最大损失率和收益率的关系是波动变化的，为了找到最佳的投资组合，可以定义损失增加率 ΔQ：

$$\Delta Q_j = Q_{j+1} - Q_j, j = 1,2,\cdots,7.$$

表示进取型投资组合每增加 1% 的收益率对应的损失增加率，得到表 6-18.

表 6-18　以 **1%** 的收益率间隔的损失增加率 ΔQ（进取型）

收益率/%	22	23	24	25	26	27	27.8
最大损失率/%	0.555	0.587	0.659	0.872	1.105	1.697	2.364
ΔQ_j/%	0.032	0.032	0.072	0.213	0.233	0.592	0.667

将表 6-18 的数据作图，见图 6-5. 从图 6-5 中可以看出，收益率从 23% 增加到 24% 时，损失增加率 ΔQ 明显增加，即最大损失率有较大的增加，故进取型的最佳投资组合应大致位于收益率 23% ~ 24%.

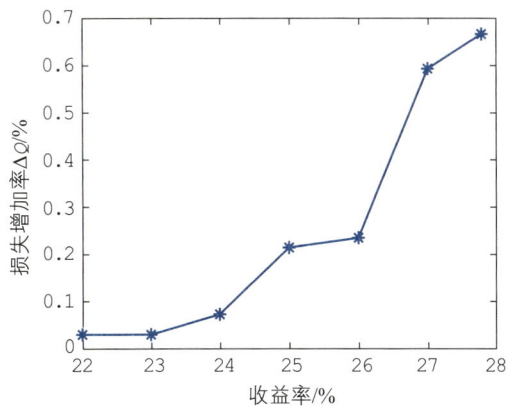

图 6-5　损失增加率-收益图 ΔQ-R（进取型）

类似地，可以在收益率 23% ~ 24% 之间选取更多更小的间隔来计算，以更仔细地观察结果的变化过程. 例如，以 0.1% 的间隔计算，可得到表 6-19 的结果.

表 6-19 　以 0.1%的收益率间隔的损失增加率 **ΔQ**（进取型）

收益率/%	23	23.1	23.2	23.3	23.4	23.5	23.6	23.7	23.8	23.9	24
最大损失率/%	0.587	0.590	0.594	0.597	0.600	0.603	0.606	0.610	0.617	0.638	0.659
ΔQ_j/‰		0.032	0.032	0.032	0.032	0.032	0.032	0.032	0.069	0.213	0.213

由表 6-19 可以看出，收益率在 23.7%达到进取型投资组合的最佳位置，此时的组合投资方案和结果见表 6-20.

表 6-20 　进取型的最佳投资组合方案

投资组合					结果	
S_0/%	S_1/%	S_2/%	S_3/%	S_4/%	风险率/%	收益率/%
0.42	24.39	40.65	11.09	23.45	0.610	23.7

注：S_0 表示投资银行存款.

实　训　6

问题 1　【**家具厂生产安排问题**】顺发家具厂每月可用 450 个工时. 每年 8 月是办公设备销售旺季. 该厂计划在 7 月采购 4 m³ 木材全部用于生产办公桌椅. 每张办公桌需要耗费 15 个工时，0.2 m³ 木材，售价为 200 元. 每张办公椅需要耗费 10 个工时，0.05 m³ 木材，售价为 45 元. 问该厂要获得最大收益应如何安排生产计划？

问题 2　【**纸箱制作问题**】迅捷快递公司有 A、B 两种长宽尺寸的纸板，要将其制作成大、中、小三种不同规格的包装箱以满足不同客户的需求. 两种型号每张纸板制作各种规格包装箱的数量见表 6-21.

表 6-21

纸板类型	规格类型		
	大	中	小
A	2	1	4
B	2	3	1

现在根据订单需求，分别需要大、中、小三种包装箱 13 个，16 个，18 个. 问至少需要多少张两种型号的纸板才能满足制作需求？

问题 3　【**五金厂生产安排问题**】金鑫五金厂生产大号和小号两种铁钉，生产流程经过四个车间. 由于生产工艺要求，每千克不同规格铁钉在各个车间的加工时间见表 6-22.根据每个车间的人员配置要求，每天生产时间分别不超过 12 h，8 h，16 h，12 h. 大号铁钉获利为 2 元/kg，小号铁钉获利为 3 元/kg. 工厂应如何安排每天的生产，才能获得最大利润？

表 6-22　不同规格铁钉在各车间的加工时间

产品型号	车间			
	一	二	三	四
大	0.2	0.1	0.4	0
小	0.2	0.2	0	0.4

问题 4 【救灾物资调拨问题】省红十字会决定从省内三个红十字站点紧急调拨一批地震救灾物资送往灾区三个重灾县,以解决灾区紧张的物资需求.红十字站点存贮的应急物资数量,各个受灾县的物资需求量以及运往各个灾区的运输费用单价见表 6-23.若运送的物资不能满足灾区的需求,则可能影响社会秩序导致经济资源浪费.经过估算,受灾县二、县三两地在此情况下的经济损失为 3 万元/万吨和 2 万元/万吨.而受灾县一情况较为紧急,务必优先满足其需求.如何调拨救灾物资才能使得总运输费用和总经济损失最低?

表 6-23

红十字站点		灾区			物资供应量/万吨
		一	二	三	
单位运价/千元	一	5	1	7	10
	二	6	4	6	80
	三	3	2	5	15
需求量/万吨		75	20	50	

问题 5 【运输安排问题】现将三个生产厂家生产的搅拌机运往四个建设工地,三个厂生产搅拌机的数量分别为 10 台,6 台,10 台.四个建设工地对搅拌机的需求量分别为 3 台,9 台,5 台,6 台.三个厂运往各个建设工地的费用(单位:百元)见表 6-24.问如何安排运输方案使得总运输费用最低?

表 6-24　单位:百元

	工地 1	工地 2	工地 3	工地 4
工厂 1	2	8	9	7
工厂 2	1	2	3	2
工厂 3	7	5	5	6

问题 6 【进货计划问题】艾佳小五金店正在制定 1—6 月份的进货计划,已知仓库容量为 500 件,去年年底的存货为 200 件,他每月初进货一次.根据以往的经验估计各月份买进、卖出该商品的单价见表 6-25:

表 6-25　单元：元

月份	1	2	3	4	5	6
买进价格	28	24	25	27	23	23
卖出价格	29	24	26	28	22	25

各月进货、售货数量各为多少才能获得最大利润?

问题 7　【投资方案问题】宏财证券投资公司计划在 2022 年用 100 亿元进行投资. 现有 5 个投资项目,各个项目的投资金额和收益见表 6-26. 该投资公司应如何投资才能获得最高利润率(单位投资获得收益)?

表 6-26

金额	投资项目				
	一	二	三	四	五
投资金额/亿元	30	70	50	20	90
收益金额/亿元	40	100	70	30	150

问题 8　【面粉生产安排问题】东升面粉厂根据以往的生产经验得到产品生产数量满足如下关系式:$Q = AL^{0.6}K^{0.4}$(单位:kg),其中 A 代表生产技术水平,L 代表劳动力投入量,K 代表生产原料投入量. 现有三种不同技术水平的生产机器可供选择,购置机器所需资金以及不同机器对应的生产水平数值见表 6-27.若劳动力单价为 5 元,生产原料的单价为 6 元,每千克面粉售价为 5 元. 工厂拟投资 10 万元,应如何安排生产才能获得最大利润?

表 6-27

对应数据	机器型号		
	I	II	III
价格/万元	2	4	6
生产水平数值 A	0.5	0.7	1.0

问题 9　【供水分配问题】7 月份跃进县持续干旱少雨,全县 5 个乡镇出现了严重旱灾,极大地影响居民生产生活,县里启动紧急救灾预案,向各受灾乡镇每日运送生活用水 2 000 t. 各乡镇每日基本生活用水需求量见表 6-28.供水量与居民需求量差别越大,居民越不满意. 试制定合理的供水分配方案,使居民满意度最大.

表 6-28

乡镇	1	2	3	4	5
需求量/t	400	600	300	500	400

问题 10 　**【两辆铁路平板车的装载问题】**(CUMCM1988-B)有七种规格的货箱要装到两辆铁路平板车上去,货箱的宽度和高度是一样的,但厚度(t,以 cm 计)及重量(w,以 kg 计)不同. 表 6-29 给出了每种货箱的厚度、重量及数量. 每辆平板车有 10.2 m 长的地方用来装运货箱(按面包片方式加以排列),载重为 40 t. 为遵守当地的货运规定,对 C_5,C_6,C_7 三类货箱的总数要附加一个特别限制:这三类货箱所占的总空间(厚度)不得超过 302.7 cm. 请把这些货箱装到两辆平板车上去,使得浪费的空间最小.

表 6-29

	C_1	C_2	C_3	C_4	C_5	C_6	C_7
t/cm	48.7	52.0	61.3	72	48.7	52.0	64.0
w/kg	2 000	3 000	1 000	500	4 000	2 000	1 000
件数	8	7	9	6	6	4	8

第 7 章

概率统计模型

预备知识

概率统计的基本知识.

学习目标

知识目标：

1. 掌握建立随机现象的数学模型的方法；

2. 了解各种概率分布及其应用；

3. 掌握数学期望和方差在建模中的应用；

4. 掌握一元线性回归、多元线性回归分析方法；

5. 掌握常用的聚类方法.

7.1 基本的概率模型

在现实生活中，存在着两种现象. 一种是确定性的，例如水加热后水温必然升高，淀粉遇碘一定变蓝等. 确定性现象又称为**必然现象**. 另一种是不确定性的，例如在相同条件下抛一枚均匀硬币，可能国徽面（正面）向上，也可能数字面（反面）向上；公交车到站的时间不确定等，不确定性现象又称为**随机现象**.

随机现象中的事件可能发生也可能不发生. 一个随机事件 A 发生的可能性的大小，用一个介于 $0 \sim 1$ 的数表示，称为事件 A 的概率，记作 $P(A)$. 概率的意义在类似的现象大量重复出现时会表现出来. 例如，抛掷 1 枚硬币 10 000 次，出现正面和反面的次数比基本上是 $1:1$.

随机现象中，变量的取值是不确定的，称为**随机变量**. 描述随机变量概率取值的函数称为**概率分布**. 对于随机变量，通常主要关心它的两个数字特征：**数学期望**和**方差**.

数学期望（或均值）用于描述随机变量取值的平均值；

方差用于描述随机变量分布与平均值的偏离程度；

方差的算术平方根称为**均方差**（或标准差）.

随机变量根据其取值特点的不同一般可分为离散型和连续型. 若随机变量取值为 0，1，2，…的离散点，则为**离散型随机变量**. 典型的离散型分布有离散均匀分布、二项分布、泊松分布等. 若随机变量的取值范围为某一区间，则为**连续型随机变量**. 典型的连续型分布有均匀分布、正态分布、指数分布、t 分布和 F 分布等.

一、 离散型随机变量的分布

1. 离散均匀分布

如果一个随机变量 ξ 的概率分布为

$$P(\xi = k) = \frac{1}{n}, k = 1, \cdots, n,$$

则称随机变量 ξ 服从**离散均匀分布**. 例如，掷骰子出现的点数、掷一次硬币出现正反面的次数等都服从离散均匀分布.

2. 二项分布 $B(n,p)$

若试验的结果有两种可能性：发生（记为 A）和不发生（记为 $\bar{A}$），则称此随机试验为**伯努利试验**. 例如在产品质量抽查中，抽取一件产品只有两种可能，要么是正品，要么是次品. 设随机变量

$$\xi = \begin{cases} 1, & \text{事件 } A \text{ 发生}, \\ 0, & \text{事件 } A \text{ 不发生}, \end{cases}$$

那么，ξ 服从一个简单的离散型分布 $P(\xi=1)=p$，$P(\xi=0)=1-p$，称为**伯努利分布**或 **0-1 分布**. 将伯努利试验独立重复进行 n 次，称为 n **重伯努利试验**，n 重伯努利试验中，以 ξ 表示事件 A 在 n 次试验中发生的次数，其分布为

$$P(\xi = k) = C_n^k p^k (1-p)^{n-k}, \ k = 0, 1, 2, \cdots, n.$$

此时，称 ξ 服从参数为 n、p 的二项分布，记作 $\xi \sim B(n,p)$. 二项分布的数学期望 $E(\xi) = np$，方差 $D(\xi) = np(1-p)$. 图 7-1 和图 7-2 分别为 p 值不同和 n 值不同的二项分布的图形.

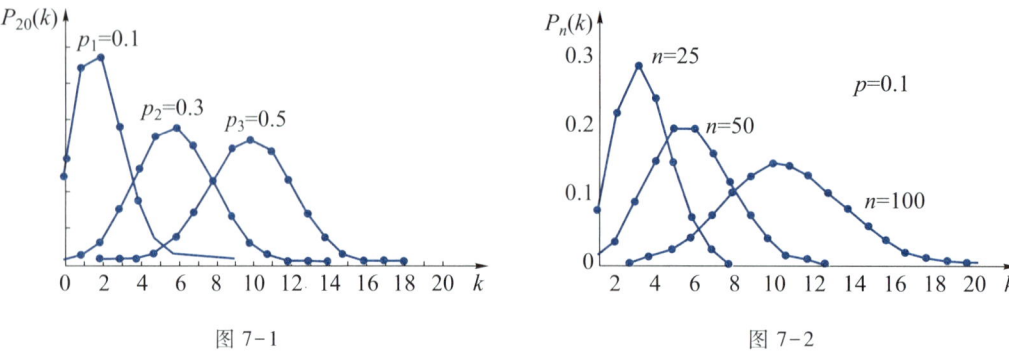

图 7-1   图 7-2

3. 泊松分布

若随机变量 ξ 只取 0 和正整数值 $1,2,\cdots$，且其概率分布为

$$P(\xi = k) = \frac{\lambda^k}{k!}\mathrm{e}^{-\lambda}, \qquad k = 0,1,\cdots, \tag{7.1}$$

其中 $\lambda > 0$，则称 ξ 服从**参数为 λ 的泊松分布**，记作 $\xi \sim P(\lambda)$.

泊松分布作为一种离散型随机变量的概率分布有一个重要的特征，就是它的均值和方差相等，都等于常数 λ，即 $E(\xi) = D(\xi) = \lambda$. 利用这一特征，可以初步判断一个离散型随机变量是否服从泊松分布. 图 7-3 为 λ 取不同值时的泊松分布的图形.

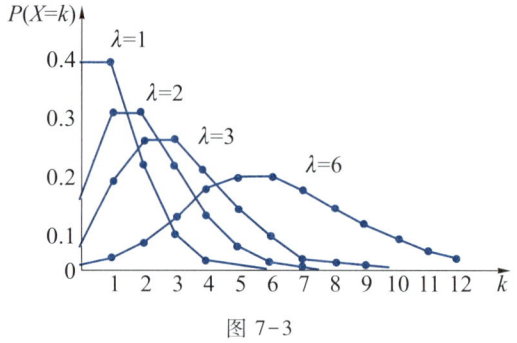

图 7-3

在实际工作和生活中，服从泊松分布的随机变量很多，如电话程控交换机在单位时间内接收到的电话呼唤次数，单位面积草坪中含有的杂草数，工厂生产的一批布匹上的瑕疵点数等.

二、 连续型随机变量的分布

连续型随机变量概率分布的表达方式与离散型有很大不同，因为连续型随机变量的取值是无法列举的，况且它在单个点取值的概率总是 0. 若连续型概率分布的概率密度函数用 $f(x)$ 表示，则相应随机变量 ξ 取值不大于 x 的概率可通过对概率密度函数积分得到，即

$$F(x) = P(\xi \le x) = \int_{-\infty}^{x} f(t)\,\mathrm{d}t,$$

且对于任意两个实数 x_1，$x_2 (x_1 < x_2)$，有

$$P(x_1 < \xi \le x_2) = \int_{x_1}^{x_2} f(x)\,\mathrm{d}x.$$

1. 均匀分布

均匀分布的概率密度函数为

$$f(x) = \begin{cases} \dfrac{1}{b-a}, & x \in (a, b), \\ 0, & \text{其他}. \end{cases}$$

均匀分布是一个简单而重要的连续型概率分布. 其实际意义是：随机变量 ξ 取值总在区间 (a, b) 内，并且在每一点取值的可能性相同. 均匀分布的数学期望 $E(\xi) = \dfrac{a+b}{2}$，方差 $D(\xi) = \dfrac{(b-a)^2}{12}$. 特别地，区间 $(0, 1)$ 上的均匀分布称为**标准均匀分布**.

2. 正态分布 $N(\mu, \sigma^2)$

正态分布的概率密度函数为

$$f(x) = \frac{1}{\sqrt{2\pi}\,\sigma} e^{-\frac{(x-\mu)^2}{2\sigma^2}},$$

记作 $N(\mu, \sigma^2)$，其中 μ 是随机变量取值的平均值，而 σ 表征了随机变量取值的差异. 设随机变量 ξ 服从正态分布 $N(\mu, \sigma^2)$，则数学期望 $E(\xi) = \mu$，方差 $D(\xi) = \sigma^2$.

特别地，$N(0, 1)$ 称为**标准正态分布**. 图 7-4 为 σ 相同而 μ 不同的 $f(x)$ 的图形；图 7-5 为 μ 相同而 σ 不同的 $f(x)$ 的图形.

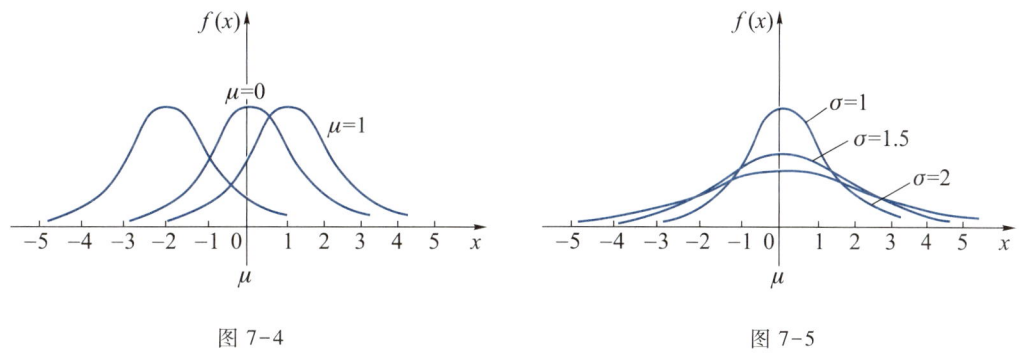

图 7-4   图 7-5

正态分布是所有概率分布中最重要的分布之一. 无论在实践还是在理论方面都有重要的意义. 在实践方面，产品的长度、宽度、高度、质量等指标，人体的身高、体重，测量的误差，学生的成绩等都近似地服从正态分布. 事实上，如果影响某一随机变量的因素很多，但又不起决定性的作用，且这些影响是可以叠加的，那么这一随机变量就被认为服从正态分布. 在理论方面，一方面正态分布可以导出一些其他分布；另一方面，某些分布在一定的条件下可以用正态分布来近似.

3. χ^2 分布

若 n 个相互独立的随机变量 $\xi_1, \xi_2, \cdots, \xi_n$ 都服从 $N(0,1)$，则称 $\xi = \sum_{i=1}^{n} \xi_i^2$ 服从自由度为 n 的 χ^2 分布，记作 $\xi \sim \chi^2(n)$，其概率密度函数为

$$f_\xi(x) = \begin{cases} \dfrac{1}{2^{\frac{n}{2}} \Gamma\left(\dfrac{n}{2}\right)} x^{\frac{n}{2}-1} e^{-\frac{x}{2}}, & x \geq 0, \\[3mm] 0, & x < 0, \end{cases}$$

且 $E(\xi) = n, D(\xi) = 2n$.

4. t 分布

设随机变量 $\xi \sim N(0,1)$, $\eta \sim \mathcal{X}^2(n)$, 则称

$$T = \frac{\xi}{\sqrt{\eta/n}}$$

服从自由度为 n 的 t 分布, 记作 $T \sim t(n)$, 其概率密度函数为

$$f_T(x) = \frac{\Gamma\left(\dfrac{n+1}{2}\right)}{\sqrt{n\pi}\ \Gamma\left(\dfrac{n}{2}\right)} \cdot \left(1 + \frac{x^2}{n}\right)^{-\frac{n+1}{2}},$$

且 $E(T) = 0, D(T) = \dfrac{n}{n-2}$. 图 7-6 为自由度不同的 t 分布的概率密度曲线.

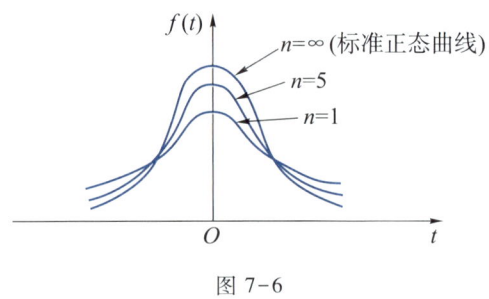

图 7-6

问题 1　【生日模型】小明所在班有 30 名同学, 请帮他算算班上至少有两人同一天过生日的概率. 如果班上有 50 名同学呢?

一、 模型假设与变量说明

(1) 假设一年有 365 天.

(2) 设事件 A = "至少有两人的生日在同一天".

二、 模型的分析、建立与求解

由于每名同学过生日的可能性为一年 365 天中的任一天. n 个人可能的生日情况有 365^n 种, 且每种情况的出现具有等可能性, 故属于古典概型问题.

由于事件 A 所包含的样本点数不便于直接计算, 下面考察其对立事件 $\overline{A}$. 事件 $\overline{A}$ = "n 个人的生日全不同", $\overline{A}$ 所包含的样本数为

$$365 \times 364 \times \cdots \times (365-n+1) = \frac{365!}{(365-n)!},$$

因此

$$P(\overline{A}) = \frac{\dfrac{365!}{(365-n)!}}{365^n} = \frac{365!}{365^n(365-n)!}.$$

当 $n = 30$ 时，

$$P(A) = 1 - P(\overline{A}) \approx 0.71,$$

当 $n = 50$ 时，

$$P(A) = 1 - P(\overline{A}) \approx 0.97.$$

拓展思考：

试分析"班上人数"与"至少有两人生日在同一天的概率"之间的关系.

问题 2 【打击敌方火炮模型】在我方某前沿防守地域，敌人以一个炮排（含两门火炮）为单位对我方进行干扰和破坏. 为躲避我方打击，敌方对其阵地进行了伪装并经常变换射击地点. 经过长期观察发现，我方指挥所对敌方目标的指示有 50% 是准确的，而我方火力单位，在指示正确时，有 $\dfrac{1}{3}$ 的射击能毁伤敌人一门火炮，有 $\dfrac{1}{6}$ 的射击能全部消灭敌人的火炮. 确定有效射击的概率及毁伤敌方火炮的平均值.

一、 模型假设

这是一个概率问题. 设 A_0：射中敌方火炮的事件；A_1：射中敌方一门火炮的事件；A_2：射中敌方两门火炮的事件. E 为毁伤敌方火炮的平均值.

$$j = \begin{cases} 0, & \text{观察对方目标指示不正确,} \\ 1, & \text{观察对方目标指示正确.} \end{cases}$$

二、 模型的分析、建立与求解

这是一个全概率问题. 由全概率公式得

$$P(A_0) = P(j=0)P(A_0 \mid j=0) + P(j=1)P(A_0 \mid j=1)$$

$$= \frac{1}{2} \times 0 + \frac{1}{2} \times \frac{1}{2} = 0.25,$$

$$P(A_1) = P(j=0)P(A_1 \mid j=0) + P(j=1)P(A_1 \mid j=1)$$

$$= \frac{1}{2} \times 0 + \frac{1}{2} \times \frac{1}{3} = \frac{1}{6},$$

$$P(A_2) = P(j=0)P(A_2 \mid j=0) + P(j=1)P(A_2 \mid j=1)$$

$$= \frac{1}{2} \times 0 + \frac{1}{2} \times \frac{1}{6} = \frac{1}{12},$$

$$E = 1 \times \frac{1}{6} + 2 \times \frac{1}{12} \approx 0.33.$$

7.2 基本的统计模型

有些问题无法用理论分析方法导出模型，却可以通过试验或直接根据工业过程测定的数据，利用数理统计的方法求得各变量之间的函数关系，建立统计模型.

1. 总体和样本

（1）总体与个体

研究对象的全体称为**总体**，而组成总体的每个元素（或每一研究对象）称为**个体**. 总体中所含个体的数量称为**总体容量**.

多数情况下，总体的分布类型已知，但某些参数未知. 例如，已知总体服从正态分布 $N(\mu, \sigma^2)$，但其中的参数 μ、σ 未知.

（2）样本

从总体 X 中随机地抽取 n 个个体 $X_1, X_2, \cdots, X_n$（如 10 000 根钢筋中抽取 100 根），这样取得的 $(X_1, X_2, \cdots, X_n)$ 称为总体的样本. 样本 $(X_1, X_2, \cdots, X_n)$ 的观测值 $(x_1, x_2, \cdots, x_n)$ 称为样本值（样本观测值）.

如某钢铁厂某天生产 10 000 根某型号的钢筋，质检人员随机抽出 100 根，对这 100 根的强度进行测量，推断出这批钢筋的次品率. 在这里，10 000 根钢筋的强度是总体，总体容量是 10 000，每一根钢筋的强度是一个个体，抽查的 100 根钢筋的强度是一个样本，样本容量为 100. 问题就是要根据样本对总体进行推断.

2. 常见的统计量

（1）样本均值

$$\bar{x} = \frac{1}{n} \sum_{i=1}^{n} x_i.$$

样本均值反映了样本取值的平均值.

（2）样本方差

$$s^2 = \frac{1}{n-1} \sum_{i=1}^{n} (x_i - \bar{x})^2,$$

样本标准差

$$s = \sqrt{\frac{1}{n-1} \sum_{i=1}^{n} (x_i - \bar{x})^2}.$$

样本方差、标准差反映了样本值对于均值的偏离程度. 另外，样本极差 $x_{max} - x_{min}$ 也是离散程度的反映.

3. 参数估计

在统计推断中，总体参数 θ 往往未知，需要根据样本 $x_1, x_2, \cdots, x_n$ 估计 θ 的值. 参数估计分两类：点估计和区间估计. 点估计是直接给出 θ 的估计值，如"θ 大约等于 1.3". 点估计缺乏对估计精度的说明. 而区间估计则给出 θ 的估计值区间，并附加一个概率，如"θ 的 95% 置信区间是 $[1.24, 1.45]$"，含义是"θ 在 $[1.24, 1.45]$ 内的概率为 95%".

4. 假设检验

假设检验是对总体 X 的分布或分布参数做某种假设，然后根据抽取的样本观察值，运用数理统计的分析方法，检验这种假设是否正确，从而决定接受假设或拒绝假设. 假设检验分为以下两大类：

（1）参数检验：观测的分布函数类型已知，对总体的参数及有关性质做出明确的判断.

（2）非参数检验：要求判断总体分布类型的检验.

假设检验的一般步骤：

（1）根据实际问题提出原假设 H_0（通过样本信息推断正确与否的命题，也称为零假设）与备择假设 H_1（与原假设对立的命题，是原假设的替换假设），即说明需要检验的假设的具体内容.

（2）选定适当的统计量，并在原假设 H_0 成立的条件下确定该统计量的分布.

（3）选取适当的显著性水平 α（一般取值为 0.1，0.05，0.01）.

（4）根据样本观测值计算统计量的观测值，并与临界值做比较，从而在检验 α 水平条件下，对拒绝或接受原假设 H_0 做出判断.

> **问题 3　【机器运转是否正常模型】** 某车间用一台包装机包装糖. 当机器正常运转时，每袋糖的重量的均值为 0.5 kg，标准差为 0.015. 某日开工后检验包装机是否正常，随机地抽取 9 袋，称得净重（kg）为
>
> 0.497　0.506　0.518　0.524　0.498　0.511　0.52　0.515　0.512
>
> 问机器运转是否正常？

一、模型假设

假设袋装糖的重量是一个随机变量，它服从正态分布.

二、模型的分析、建立与求解

这里，已知总体均值 $\mu = 0.5$，标准差 $\sigma = 0.015$，该问题是当 σ^2 为已知时，在显著性水平 $\alpha = 0.05$ 下，根据样本值判断均值 $\mu = 0.5$ 还是 $\mu \neq 0.5$. 由于标准差已知，验证总体的均值，采用 z 检验.

原假设：　　$H_0 : \mu = \mu_0 = 0.5$；

备择假设：$H_1 : \mu \neq 0.5$.

用 MATLAB 求解如下：

```
>> X = [0.497, 0.506, 0.518, 0.524, 0.498, 0.511, 0.52, 0.515, 0.512];
>> [h, sig, ci, zval] = ztest(X, 0.5, 0.015, 0.05)
h =
    1
sig =
    0.0248        % 样本观察值的概率
ci =
    0.5014    0.5210        % 置信区间，均值 0.5 在此区间之外
zval =
    2.2444        % 统计量的值
```

结果表明：$h=1$，说明在显著性水平 $\alpha=0.05$ 下，可拒绝原假设，即认为包装机工作不正常．

注：在已知总体服从正态分布的情况下，若总体方差 σ^2 已知，则总体均值的检验使用 z 检验．z 检验的命令为

```
[h,sig,ci]=ztest(x,m,sigma,alpha,tail)
```

其中，m 为均值，sigma 为已知方差，alpha 为显著性水平，alpha 的缺省项为 0.05，tail 的取值决定检验什么．

tail$=0$，检验假设"X 的均值$=$m"，

tail$=1$，检验假设"X 的均值$>$m"，

tail$=-1$，检验假设"X 的均值$<$m"．

tail 的缺省值为 0．

$h=1$ 表示拒绝原假设，$h=0$ 表示不拒绝原假设，sig 为假设成立的概率，ci 为均值的 $1-$alpha 置信区间．

问题 4　【元件的平均寿命模型】某公司为测量某电子元件的寿命，进行抽样检查，现测得 16 只元件的寿命（单位：h）如下

159	280	101	212	224	379	179	264
222	362	168	250	149	260	485	170

是否有理由认为元件的平均寿命大于 $\mu_0(\mu_0=225$ h)?

一、模型假设

（1）假设电子元件的寿命 X（单位：h）服从正态分布．

（2）假设所得数据为抽样数据．

二、模型的分析、建立与求解

这里总体方差 σ^2 未知，故可采用 t 检验．在显著性水平 $\alpha=0.05$ 下检验假设．

原假设：H_0：$\mu<\mu_0=225$；

备择假设：H_1：$\mu>225$．

用 MATLAB 求解如下：

```
>> X=[159 280 101 212 224 379 179 264 222 362 168 250 149 260 485 170];
>>[h,sig,ci]=ttest(X,225,0.05,1)    % 均值为 225，显著性水平 alpha
=0.05

    h =

        0
    sig =

        0.2570
    ci =

        198.2321    Inf    % 均值 225 在该置信区间内
```

结果表明：$h=0$ 表示在显著性水平 $\alpha=0.05$ 下应该接受原假设 H_0，即认为元件的平均寿

命不大于 225 小时.

注：在已知总体服从正态分布的情况下，若总体方差 σ^2 未知，则总体均值的检验可使用 t 检验. t 检验的命令为

```
[h,sig,ci]=ttest(x,m,alpha,tail)
```

其中 m,alpha,tail 的意义同 z 检验命令中相应参数的意义. $h=1$ 表示拒绝原假设，$h=0$ 表示不拒绝原假设，sig 为假设成立的概率，ci 为均值的 1-alpha 置信区间.

> **问题 5** 【炼钢炉效率模型】在平炉上进行一项试验以确定新操作方法是否会增加钢的产率. 试验在同一只平炉上进行. 每炼一炉钢除操作方法外，其他条件都尽可能做到相同. 先用标准方法炼一炉，然后用新方法炼一炉，以后交替进行，各炼 10 炉，其产率分别为
>
> （1）标准方法：78.1 72.4 76.2 74.3 77.4 78.4 76.0 75.5 76.7 77.3
>
> （2）新方法：79.1 81.0 77.3 79.1 80.0 79.1 79.1 77.3 80.2 82.1
>
> 问新操作方法能否提高产率？ （取 $\alpha=0.05$）

一、 模型假设

（1）假设这两个样本分别来自正态总体 $N(\mu_1,\sigma^2)$ 和 $N(\mu_2,\sigma^2)$，μ_1,μ_2,σ^2 均未知.

（2）假设两个样本相互独立.

二、 模型的分析、建立与求解

两个总体方差不变时，因为涉及新旧两种方法的比较，又由于两种方法按相近的原则可配成对，以消除混杂因素的影响. 下面采用配对的 t 检验，在显著性水平 $\alpha=0.05$ 下检验假设.

原假设：H_0：$\mu_1=\mu_2$；

备择假设：H_1：$\mu_1<\mu_2$.

用 MATLAB 求解如下：

```
>> X=[78.1 72.4 76.2 74.3 77.4 78.4 76.0 75.5 76.7 77.3];
>> Y=[79.1 81.0 77.3 79.1 80.0 79.1 79.1 77.3 80.2 82.1];
>>[h,sig,ci]=ttest2(X,Y,0.05,-1)
h =
    1
sig =
    2.1759e-004    % 说明两个总体均值相等的概率很小
ci =
    -Inf  -1.9083
```

结果表明：$h=1$ 表示在显著性水平 $\alpha=0.05$ 下，应该拒绝原假设，即认为新操作方法提高了产率，因此，新方法比原方法好.

注：两总体均值的假设检验使用 t 检验的命令为 $[h, sig, ci] = \text{ttest2}(x, y, alpha, tail)$，用于检验数据 x，y 关于均值的某一假设是否成立. 其中，alpha 为显著性水平，tail 的意义同前.

> **问题 6 【饮用水的细菌分布模型】** 为监测饮用水的污染情况，环境监测中心检验某社区每毫升饮用水中的细菌数，共测得 400 个记录，汇总后见表 7-1.
>
> 表 7-1
>
> | 1 mL 水中细菌数 | 0 | 1 | 2 | ≥3 | 合计 |
> |---|---|---|---|---|---|
> | 次数 f | 243 | 120 | 31 | 6 | 400 |
>
> 请分析饮用水中细菌数的分布是否服从泊松分布. 若服从，按泊松分布计算每毫升水中细菌数的概率及理论次数，并将次数分布与泊松分布做直观比较.

一、模型假设

假设所得数据均为抽样数据.

二、模型的分析、建立与求解

根据泊松分布的平均数与方差相等这一特征，若每毫升水中的细菌数服从泊松分布，则由观察数据计算的平均数和方差就应近乎相等.

先根据泊松分布的性质，验证样本均数 $\bar{x}$ 和方差 s^2 是否相等.

$$\bar{x} = \frac{\sum_{i=1}^{4} f_i k_i}{n} = (243 \times 0 + 120 \times 1 + 31 \times 2 + 6 \times 3)/400 = 0.500;$$

$$s^2 = \frac{\left[\sum_{i=1}^{4} f_i k_i^2 - \left(\sum_{i=1}^{4} f_i k_i\right)^2\right]/n}{n-1}$$

$$= \frac{(243 \times 0^2 + 120 \times 1^2 + 31 \times 2^2 + 6 \times 3^2 - 200^2)/400}{400 - 1} = 0.496.$$

通过计算发现两者很接近，故可以初步认为每毫升水中细菌数服从泊松分布. 下面假设每毫升水中的细菌数 ξ 服从参数为 $\lambda = 0.5$ 的泊松分布，则有

$$P(\xi = k) = \frac{0.5^k}{k!} e^{-0.5} \quad (k = 0, 1, 2, \cdots).$$

将观察数据同用泊松分布的理论值做比较，确定原假设是否应予否定. 计算结果见表 7-2.

表 7-2 细菌数的泊松分布

1 mL 水中细菌数	0	1	2	≥3	合计
实际次数	243	120	31	6	400
频率	0.607 5	0.300 0	0.077 5	0.015 0	1.00
概率	0.606 5	0.303 3	0.075 8	0.014 4	1.00
理论次数	242.60	121.32	30.32	5.76	400

由此可见，细菌数的频率与服从参数 $\lambda = 0.5$ 的泊松分布的概率相当吻合，说明用泊松分布描述单位容积中细菌数的分布是适宜的.

问题7 【车床故障检测模型】在自动化车床连续加工某种零件的一道工序中，刀具损坏等原因会导致机器出现故障，而故障的出现完全是随机的. 现有 100 次故障记录，故障出现时该刀具完成的零件数（单位：件）如下：

459	362	624	542	509	584	433	748	815	505
612	452	434	982	640	742	565	706	593	680
926	653	164	487	734	608	428	1 153	593	844
527	552	513	781	474	388	824	538	862	659
775	859	755	49	697	515	628	954	771	609
402	960	885	610	292	837	473	677	358	638
699	634	555	570	84	416	606	1 062	484	120
447	654	564	339	280	246	687	539	790	581
621	724	531	512	577	496	468	499	544	645
764	558	378	765	666	763	217	715	310	851

试分析该刀具出现故障时完成的零件数服从哪种分布.

一、模型假设

（1）假设工作人员常通过检查零件来确定工序是否出现故障.

（2）假设刀具寿命服从正态分布.

二、模型的分析、建立与求解

为分析该刀具出现故障时完成的零件数服从哪种分布，先作频率分布直方图，若观察出样本服从正态分布，则用 MATLAB 中的函数 normplot( ) 画出样本. 如果样本都分布在一条直线上，则表明样本服从正态分布，否则不服从正态分布. 接着用函数 normfit( ) 进行分布的正态性检验，最后用函数 ttest( ) 进行参数检验. 这样就可以确定一组数据是否服从正态分布了.

作频率分布直方图：

```
>> x = [459 362 624 542 509 584 433 748 815 505
        612 452 434 982 640 742 565 706 593 680
        926 653 164 487 734 608 428 1153 593 844
        527 552 513 781 474 388 824 538 862 659
        775 859 755 49 697 515 628 954 771 609
        402 960 885 610 292 837 473 677 358 638
        699 634 555 570 84 416 606 1062 484 120
        447 654 564 339 280 246 687 539 790 581
        621 724 531 512 577 496 468 499 544 645
        764 558 378 765 666 763 217 715 310 851];
>> hist(x(:), 10)      % 作频率直方图
```

得到如图 7-7 所示的频率分布直方图.

观察频率直方图 7-7，可以初步认定该刀具出现故障时完成的零件数服从正态分布，但必须进行参数估计和假设检验.

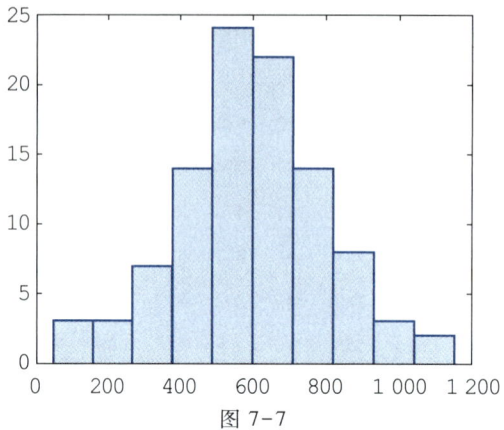

图 7-7

正态分布的概率密度函数为

$$f(x) = \frac{1}{\sqrt{2\pi}\,\sigma} e^{-\frac{(x-\mu)^2}{2\sigma^2}},$$

其中 μ 是平均值，σ 是标准差.

1. 分布的正态性检验

用 MATLAB 求解如下：

　　>> normplot(x(:))　　% 显示 x 中数据的一个正态分布概率图，若 x 中数据基本分布在一条直线上，则 x 服从正态分布

由图 7-8 可知，刀具出现故障时完成的零件数近似服从正态分布.

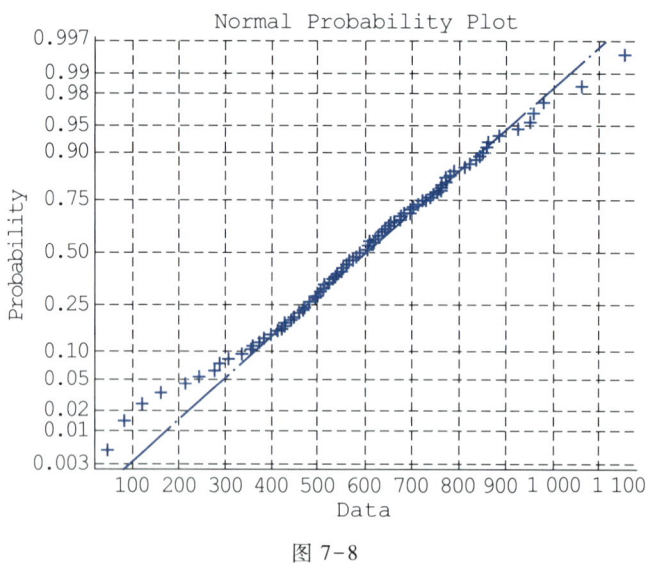

图 7-8

2. 参数估计

　　>> [muhat,sigmahat,muci,sigmaci] = normfit(x(:))　　% 正态分布的参数估计函数

```
muhat =

        594
sigmahat =

        204.1301
muci =

        553.4962

        634.5038
sigmaci =

        179.2276

        237.1329
```

运行结果估计出该刀具的均值为 $\mu = 594$，标准差 $\sigma = 204$，均值的 0.95 的置信区间为 $[553.496\ 2, 634.503\ 8]$，标准差的 0.95 的置信区间为 $[179.227\ 6, 237.132\ 9]$.

3. 假设检验

已知刀具的寿命服从正态分布，在方差未知的情况下，检验其均值 m 是否等于 594，使用 t 检验.

```
≫[h,sig,ci] =ttest( x(:),594, 0.05)
h =

    0
sig =

    1
ci =

    [553.4962,634.5038].
```

检验结果 $h = 0$，表示不拒绝原假设，说明提出的假设寿命均值为 594 是合理的.

综上所述，可以认为刀具出现故障时完成的零件数服从正态分布，刀具的平均寿命为 594.

注：设总体服从正态分布，则其点估计和区间估计可同时用以下命令

```
[muhat,sigmahat,muci,sigmaci]=normfit(X,alpha)
```

表示在显著性水平 alpha 下估计数据 X 的参数，返回值 muhat 是 X 的均值的点估计值，sigmahat 是标准差的点估计值，muci 是均值的区间估计，sigmaci 是标准差的区间估计. alpha 缺省时设定为 0.05.

7.3 回归模型

回归分析是处理变量之间相关关系的一种数学方法，是最常用的统计建模方法之一.

7.3.1 一元线性回归

一、模型的分析与建立

先画出散点图，见图 7-9.

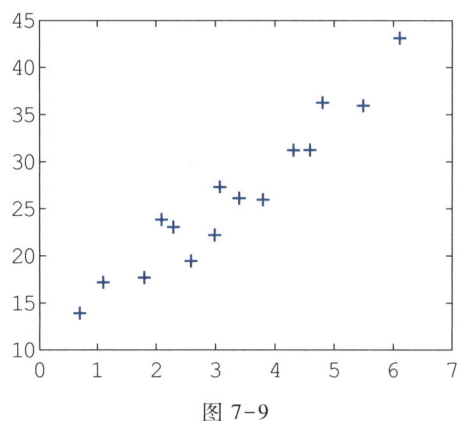

图 7-9

观察图 7-9 不难发现：散点基本在一条直线上，因此可以假设住户火灾损失与住户到消防站的距离满足一次函数关系，即一元线性回归. 设回归方程为

$$y = \beta_0 + \beta_1 x,$$

其中，y 表示火灾损失，x 表示住户到最近消防站的距离，β_0, β_1 为待定系数.

二、模型求解与检验

待定系数的求解可以利用最小二乘估计或极大似然估计等方法，具体的理论这里略. 下面利用 MATLAB 的函数 regress( ) 来实现.

regress( ) 的使用方法如下：

[b, bint, r, rint, stats] = regress(Y, X, alpha)

其中：

alpha——显著性水平(缺省默认为 0.05)

b——回归系数的点估计值；

bint——回归系数的区间估计；

r——残差；

rint——残差的区间估计；

stats——行向量，检验回归模型的 4 个统计量：第一个是样本判定系数 R^2，它是反映拟合优度的相对指标，范围 $0 \sim 1$，R^2 越接近于 1，拟合优度就越好；第二个是 F 值，F 越大，说明回归方程越显著；第三个是与 F 相对应的概率 P，$P<\alpha$ 时拒绝 H_0，回归模型成立；第四个是模型方差的估计值.

本问题的 MATLAB 代码为

```
clear,clc
dis =[3.0 2.6 4.3 2.1 1.1 6.1 4.8 3.8 3.4 1.8 4.6 2.3 3.1 5.5 0.7]';% 距离
loss =[22.3 19.6 31.3 24.0 17.3 43.2 36.4 26.1 26.2…
        17.8 31.3 23.1 27.5 36.0 14.1]';  % 损失
plot(dis,loss,'+')   % 散点图
dis =[ones(size(dis),1) dis];
[b,bint,r,rint,stats]=regress(loss,dis);   % 一元线性回归模型
b,bint,stats
loss1 =b(2)*dis+b(1);  % 预测
hold on
plot(dis,loss1)  % 预测作图
figure
rcoplot(r,rint)   % 残差作图
```

得到的结果如下：

```
b =
   10.2779
    4.9193
bint =
    7.2096    13.3463
    4.0709     5.7678
stats =
0.9235   156.8862    0.0000     5.3655
```

即 $\hat{\beta}_0 = 10.277\,9$，$\hat{\beta}_1 = 4.919\,3$，$\hat{\beta}_0$ 的置信区间为 $[7.209\,6, 13.346\,3]$，$\hat{\beta}_1$ 的置信区间为 $[4.070\,9, 5.767\,8]$，判定系数 $R^2 = 0.923\,5$ 接近于 1，检验统计量 $F = 156.886\,2$，相对应的概率 $P = 0.000\,0$，$P<\alpha = 0.05$（缺省），可知回归模型成立，有

$$y = 10.277\,9 + 4.919\,3x.$$

其拟合效果如图 7-10 所示，从图 7-10 可以直观看出，拟合效果不错.

程序中的最后两行是画出残差图，如图 7-11 所示. 从残差图可以看出，几乎所有数据的残差与零点均接近，且残差的置信区间都包含了零点，说明回归模型较好地与原始数据吻合. 注意若残差的置信区间不包含零点，则认为其为异常值（离群值）.

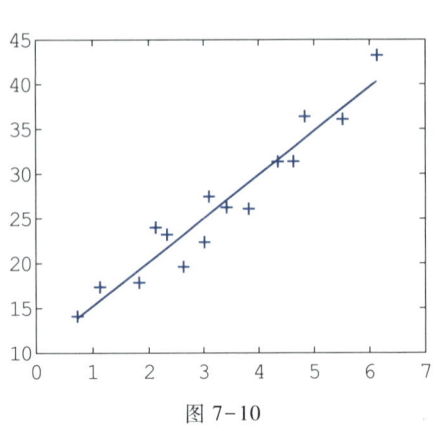
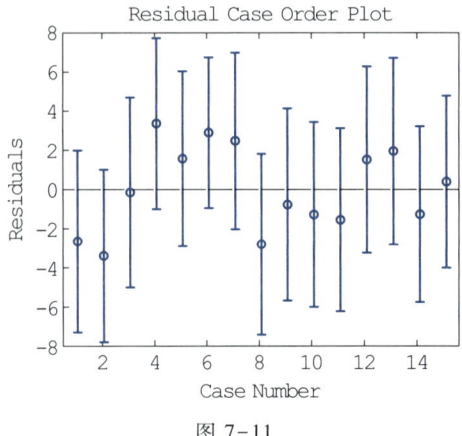

图 7-10

图 7-11

7.3.2 多元线性回归

问题 9　水泥凝固 180 天后释放的热量 y（卡/克）与四种成分（铝酸三钙 x_1、硅酸三钙 x_2、铁铝酸四钙 x_3、β-硅酸二钙 x_4）有关，数据见表 7-4，请建立多元线性回归模型.

表 7-4　　　　　单位：卡/克

序号	1	2	3	4	5	6	7	8	9	10	11	12	13
x_1	7	1	11	11	7	11	3	1	2	21	1	11	10
x_2	26	29	56	31	52	55	71	31	54	47	40	66	68
x_3	6	15	8	8	6	9	17	22	18	4	23	9	8
x_4	60	52	20	47	33	22	6	44	22	26	34	12	12
y	78.5	74.3	104.3	87.6	95.9	109.2	102.7	72.5	93.1	115.9	83.8	113.3	109.4

一、模型的建立

建立多元线性回归模型

$$y = \beta_0 + \beta_1 x_1 + \beta_2 x_2 + \beta_3 x_3 + \beta_4 x_4,$$

其中 $\beta_0, \beta_1, \beta_2, \beta_3, \beta_4$ 为待定系数.

二、模型的求解

多元线性回归仍然利用函数 regress( )，编写如下的 MATLAB 程序为

```
clear,clc
x1=[7   1   11  11  7   11  3   1   2   21  1   11  10];
x2=[26  29  56  31  52  55  71  31  54  47  40  66  68];
x3=[6   15  8   8   6   9   17  22  18  4   23  9   8];
x4=[60  52  20  47  33  22  6   44  22  26  34  12  12];
y=[78.5  74.3  104.3  87.6  95.9  109.2  102.7  72.5  93.1  115.9  83.8
    113.3  109.4];
```

```
X =[ones(1,length(x1)); x1; x2; x3; x4;]';
[b,bint,r,rint, stats]=regress(y',X)
b,stats
rcoplot(r,rint)% 残差作图
```
输出结果:
```
b =
    62.4054
     1.5511
     0.5102
     0.1019
    -0.1441
stats =
     0.9824   111.4792    0.0000    5.9830
```
即 $\hat{\beta}_0 = 62.405\,4$, $\hat{\beta}_1 = 1.551\,1$, $\hat{\beta}_2 = 0.510\,2$, $\hat{\beta}_3 = 0.101\,9$, $\hat{\beta}_4 = -0.144\,1$, 判定系数 $R^2 = 0.982\,4$ 接近于 1, 检验统计量 $F = 111.479\,2$, 概率 $P = 0$, $P < \alpha = 0.05$(缺省), 可知回归模型成立, 有

$$y = 62.41 + 1.55x_1 + 0.51x_2 + 0.10x_3 - 0.14x_4.$$

画出残差图, 如图 7-12 所示. 从残差图可以看出, 所有数据的残差与零点均接近, 且残差的置信区间都包含了零点, 说明回归模型较好地与原始数据吻合.

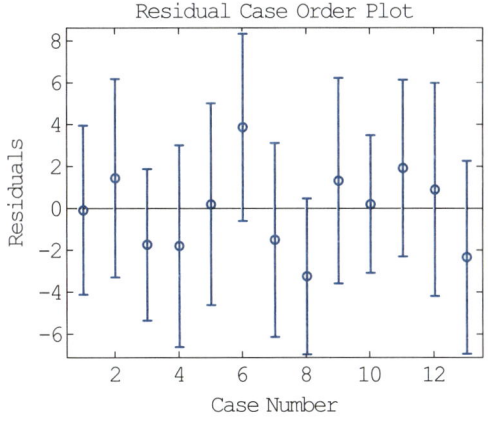

Residual Case Order Plot

图 7-12

问题 10 现有小汽车的一批测试数据, 见表 7-5, 用 y 表示油耗(英里[①]/加仑[②]), x_1 表示功率(匹[③]), x_2 表示质量(千克), 请建立油耗与功率、质量之间的数学模型.

---

① 1 英里 ≈ 1.609 3 km.

② 1 加仑 ≈ 3.785 4×10⁻³ m³.

③ 1 匹 ≈ 0.735 kW.

表 7-5

序号	1	2	3	4	5	6	7	8	9	10	11	12	13
功率/匹	130	165	150	150	140	198	220	215	225	190	115	165	153
质量/千克	3 504	3 693	3 436	3 433	3 449	4 341	4 354	4 312	4 425	3 850	3 090	4 142	4 034
油耗/（英里/加仑）	18	15	18	16	17	15	14	14	14	15	NaN	NaN	NaN
序号	14	15	16	17	18	19	20	21	22	23	24	25	26
功率/匹	175	175	170	160	140	150	225	95	95	97	85	88	46
质量/千克	4 166	3 850	3 563	3 609	3 353	3 761	3 086	2 372	2 833	2 774	2 587	2 130	1 835
油耗/（英里/加仑）	NaN	NaN	15	14	NaN	15	14	24	22	18	21	27	26
序号	27	28	29	30	31	32	33	34	35	36	37	38	39
功率/匹	87	90	95	113	90	215	200	210	193	86	81	92	79
质量/千克	2 672	2 430	2 375	2 234	2 648	4 615	4 376	4 382	4 732	2 464	2 220	2 572	2 255
油耗/（英里/加仑）	25	24	25	26	21	10	10	11	9	28	25	25	26
序号	40	41	42	43	44	45	46	47	48	49	50	51	52
功率/匹	83	140	150	120	152	100	105	81	90	52	60	70	53
质量/千克	2 202	4 215	4 190	3 962	4 215	3 233	3 353	3 012	3 085	2 035	2 164	1 937	1 795
油耗/（英里/加仑）	27	17.5	16	15.5	14.5	22	22	24	22.5	29	24.5	29	33
序号	53	54	55	56	57	58	59	60	61	62	63	64	65
功率/匹	100	78	110	95	71	70	75	72	102	150	88	108	120
质量/千克	3 651	3 574	3 645	3 193	1 825	1 990	2 155	2 565	3 150	3 940	3 270	2 930	3 820
油耗/（英里/加仑）	20	18	18.5	17.5	29.5	32	28	26.5	20	13	19	19	16.5

序号	66	67	68	69	70	71	72	73	74	75	76	77	78
功率/匹	180	145	130	150	88	88	88	85	84	90	92	NaN	74
质量/千克	4 380	4 055	3 870	3 755	2 605	2 640	2 395	2 575	2 525	2 735	2 865	3 035	1 980
油耗/(英里/加仑)	16.5	13	13	13	28	27	34	31	29	27	24	23	36
序号	79	80	81	82	83	84	85	86	87	88	89	90	91
功率/匹	68	68	63	70	88	75	70	67	67	67	110	85	92
质量/千克	2 025	1 970	2 125	2 125	2 160	2 205	2 245	1 965	1 965	1 995	2 945	3 015	2 585
油耗/(英里/加仑)	37	31	38	36	36	36	34	38	32	38	25	38	26
序号	92	93	94	95	96	97	98	99	100				
功率/匹	112	96	84	90	86	52	84	79	82				
质量/千克	2 835	2 665	2 370	2 950	2 790	2 130	2 295	2 625	2 720				
油耗/(英里/加仑)	22	32	36	27	27	44	32	28	31				

一、模型的建立

建立二元线性回归模型

$$y = \beta_0 + \beta_1 x_1 + \beta_2 x_2,$$

其中 $\beta_0, \beta_1, \beta_2$ 为待定系数.

二、模型的求解

可以发现,数据中有一些值是 NaN,即无效值,先处理缺失值(可以参看本书 9.1 数据预处理).这里仍然使用 MATLAB 的 regress() 来实现多元回归,因为 regress 函数可以处理 NaN,处理方式是忽略.

1. 输入数据

x1 = [130 165 150 150 140 198 220 215 225 190 115 165 153 175 175 170 160
140 150 225 95 95 97 85 88 46 87 90 95 113 90 215 200 210 193 86 81 92
79 83 140 150 120 152 100 105 81 90 52 60 70 53 100 78 110 95 71 70 75
72 102 150 88 108 120 180 145 130 150 88 88 88 85 84 90 92 NaN 74 68
68 63 70 88 75 70 67 67 67 110 85 92 112 96 84 90 86 52 84 79 82];
x2 = [3504 3693 3436 3433 3449 4341 4354 4312 4425 3850 3090 4142 4034

4166 3850 3563 3609 3353 3761 3086 2372 2833 2774 2587 2130 1835
2672 2430 2375 2234 2648 4615 4376 4382 4732 2464 2220 2572 2255
2202 4215 4190 3962 4215 3233 3353 3012 3085 2035 2164 1937 1795
3651 3574 3645 3193 1825 1990 2155 2565 3150 3940 3270 2930 3820
4380 4055 3870 3755 2605 2640 2395 2575 2525 2735 2865 3035 1980
2025 1970 2125 2125 2160 2205 2245 1965 1965 1995 2945 3015 2585
2835 2665 2370 2950 2790 2130 2295 2625 2720]';

y = [18 15 18 16 17 15 14 14 14 15 NaN NaN NaN NaN NaN 15 14 NaN 15 14 24 22
18 21 27 26 25 24 25 26 21 10 10 11 9 28 25 25 26 27 17.5 16 15.5 14.5 22
22 24 22.5 29 24.5 29 33 20 18 18.5 17.5 29.5 32 28 26.5 20 13 19 19 16.5
16.5 13 13 13 28 27 34 31 29 27 24 23 36 37 31 38 36 36 36 34 38 32 38 25
38 26 22 32 36 27 27 44 32 28 31]';

2. 作二元线性回归

```
X = [ones(size(x1)) x1 x2];
[b,bint,r,rint, stats ] = regress(y,X);
b,stats
```

得到结果:

```
b =
    47.7694
    -0.0420
    -0.0066
stats =
0.7521  136.4904    0.0000    16.5429
```

检验统计量 $F = 136.490\ 4$,概率 $P = 0$,$P < \alpha = 0.05$(缺省),可知回归模型成立.

$$y = 47.769\ 4 - 0.042\ 0x_1 - 0.006\ 6x_2,$$

但判定系数 $R^2 = 0.752\ 1$ 比较勉强,误差方差为 16.542 9.

3. 画出残差图,见图 7-13

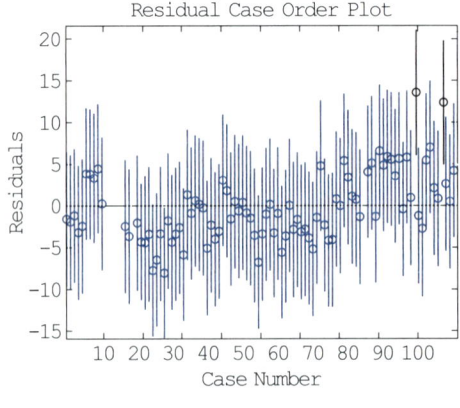

图 7-13

```
rcoplot(r,rint)
```

从图 7-13 可以看到，有 2 个点的残差置信区间不包含零点，可以认为是异常值（离群值），需要先处理后再来建模.

4. 删除异常值（离群值）

```
out = (rint(:,1)<0 & rint(:,2)>0);
idx = find(out==false)'
figure
scatter(y,r)
hold on
scatter(y(idx),r(idx),'b','filled')
y(idx)=[ ];
x1(idx)=[ ];
x2(idx)=[ ];
```

得到结果:

```
idx =
11    12    13    14    15    18    77    90    97
```

idx 表示异常值的序号，其中序号 $11,12,13,14,15,18,77$ 实际是 NaN，regress 函数在回归时已经将其忽略，而序号 $90,97$ 是两个异常值. 异常值如图 7-14 所示.

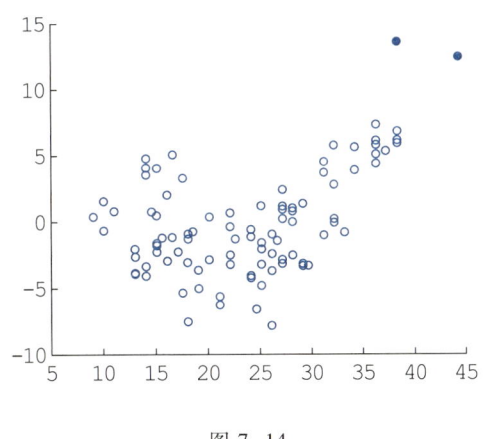

图 7-14

5. 作回归

```
X = [ones(size(x1)) x1 x2];
[b1,bint1,r1,rint1,stats1] = regress(y,X);
b1,stats1
```

得到结果:

```
b1 =
    47.4181
    -0.0293
    -0.0070
 stats1 =
```

0.7891　164.6721　　0.0000　12.8835

检验统计量 $F = 164.672\,1$，概率 $P = 0$，$P < \alpha = 0.05$（缺省），可知回归模型成立.

$$y = 47.418\,1 - 0.029\,3x_1 - 0.007\,0x_2,$$

判定系数 $R^2 = 0.789\,1$ 优于前面的 $0.752\,1$，误差方差为 $12.883\,5$，也比前面的误差方差 $16.542\,9$ 小一些，故新的模型可靠性更好.

问题 11　（续问题 10）假设通过机理分析，得到油耗还跟功率和质量的平方根的交互效应有关联，即与 $x_1\sqrt{x_2}$ 也有关联，请建立相应的数学模型.

一、模型假设

假设油耗跟功率、质量以及功率和质量的交互效应有关联.

二、模型的建立与求解

建立多元回归模型

$$y = \beta_0 + \beta_1 x_1 + \beta_2 x_2 + \beta_3 x_1\sqrt{x_2}.$$

1. 输入数据

同问题 9.

2. 作多元回归

```
X = [ones(size(x1))  x1  x2  x1.*x2.^0.5];
[ b,bint,r,rint,stats ] = regress(y, X);
b,stats
```

得到结果：

```
b =
   63.0186
   -0.3515
   -0.0109
    0.0051
stats =
    0.7738  101.4881    0.0000   15.2613
```

检验统计量 $F = 101.488\,1$，概率 $P = 0$，$P < \alpha = 0.05$（缺省），可知回归模型成立.

$$y = 63.018\,6 - 0.351\,5x_1 - 0.010\,9x_2 + 0.005\,1x_1\sqrt{x_2},$$

但判定系数 $R^2 = 0.773\,8$ 比较勉强，误差方差为 $15.261\,3$.

3. 画出残差图，如图 7-15 所示

```
rcoplot(r,rint)
```

从图中可以看出，有 4 个点的残差置信区间不包含零点，可以认为是异常值（离群值），需要先处理后再建模.

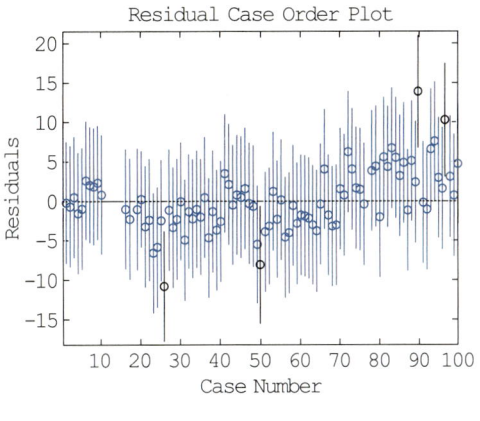

图 7-15

4. 删除异常值(离群值)

```
out = (rint(:,1)<0 & rint(:,2)>0);
idx = find(out==false)'
figure
scatter(y,r)
hold on
scatter(y(idx),r(idx), 'b','filled')
y(idx)=[ ];
x1(idx)=[ ];
x2(idx)=[ ];
```

得到结果:

```
idx =
  11    12    13    14    15    18    26    50    77    90    97
```

idx 表示异常值的序号, 其中序号 11,12,13,14,15,18,77 实际是 NaN, regress 函数在回归时已经将其忽略, 而序号 26,50,90,97 是 4 个异常值. 异常值如图 7-16 所示.

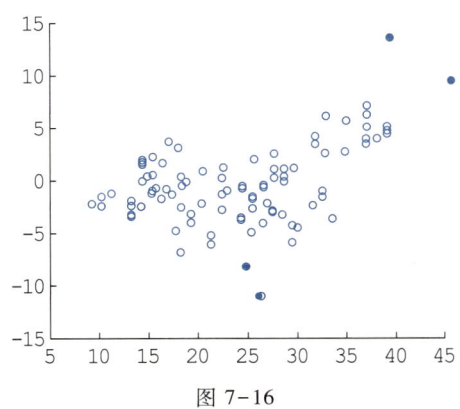

图 7-16

5. 作回归

```
X = [ones(size(x1))  x1  x2  x1.*x2.^0.5];
[b1,bint1,r1,rint1, stats1] = regress(y,X);
b1,stats1
```

得到结果：

```
b1 =
    67.8488
    -0.4244
    -0.0126
     0.0064
stats1 =
     0.8395  148.1691    0.0000   10.1383
```

检验统计量 $F = 148.169\ 1$，概率 $P = 0$，$P < \alpha = 0.05$（缺省），可知回归模型成立.

$$y = 67.848\ 8 - 0.424\ 4x_1 - 0.012\ 6x_2 + 0.006\ 4x_1\sqrt{x_2},$$

判定系数 $R^2 = 0.839\ 5$ 优于前面的 $0.773\ 8$，误差方差为 $10.138\ 3$，也比前面的误差方差 $15.261\ 3$ 小一些，故新的模型可靠性更好.

其实，问题 11 不是线性回归，这里是将 $x_1\sqrt{x_2}$ 看成一个整体，"勉强"地认为是线性回归. 同学们也可以采用本书 9.2 节数据的拟合方法——非线性拟合进行建模.

7.4 聚类分析

聚类分析是将数据分到不同类或者簇的过程，同一簇中的对象有很大的相似性，而不同簇间的对象有很大的相异性.

从统计学的观点看，聚类分析是通过数据建模简化数据的一种方法. 传统的统计聚类分析方法包括系统聚类法、分解法、加入法、动态聚类法、有序样品聚类、有重叠聚类和模糊聚类等.

聚类分析是一种探索性分析. 在分类的过程中，人们不必事先给出一个分类的标准，聚类分析能够从样本数据出发，自动进行分类. 聚类分析根据所使用方法的不同，常常会得到不同的结论. 不同研究者对于同一组数据进行聚类分析，所得到的聚类数未必一致.

下面介绍一种简单实用的 K 均值（K-means）聚类方法.

K 均值聚类算法是一种迭代求解的聚类分析算法. 其思想方法是：预先将数据分为 K 组，随机选取 K 个对象作为初始的聚类中心，然后计算每个对象与各个种子聚类中心之间的距离，把每个对象分配给距离它最近的聚类中心. 聚类中心以及分配给它们的对象就代表一个聚类. 每分配一个样本，聚类中心会根据聚类中现有的对象被重新计算. 这个过程将不断重复直到满足某个终止条件. 终止条件可以是没有（或最小数目）对象被重新分配给不同的聚类，或者没有（或最小数目）聚类中心再发生变化，或者误差平方和局部最小. 注意，因为初始聚类中心是随机选取的，所以每次聚类结果不一定一样.

MATLAB 提供了函数 k-means 来实现 K 均值聚类.

[idx,C] = kmeans(X,k),实现将数据矩阵 X 的观测值划分为 k 个聚簇(类).

输入参数:X,数据矩阵 n×p;

　　　　　k,正整数,聚簇(类)数量.

输出参数:idx,每个观测值的簇(类)索引,n×1 个正整数向量,即属于第几簇(类);

　　　　　C,数据矩阵 k×p,k 个簇(类)质心的位置.

问题 12　(续问题 10)利用题目中的数据将小汽车分类.

一、模型的分析

根据对小汽车的一般了解,可以将小汽车分成耗油型和节油型,故采用质量、功率、油耗 3 个属性数据并使用 K 均值聚类方法将其分成两类.

二、模型的建立与求解

1. K 均值聚类

输入数据:(同问题 10)

建立数据矩阵:

```
X =[x1 x2 Y];            % 每一列代表一个属性(指标)
```

删除缺失值:

```
[X, TF] = rmmissing(X);  % 具体方法请参见本书 9.1 数据预处理
```

K 均值聚类:

```
n = 2;
rng(1);                  % K 均值聚类依赖于初始随机值,保持不变,以便重复
```

结果

```
[idx,C] = kmeans(X,n);   % K 均值聚类分成两类
```

作图,如图 7-17 所示.

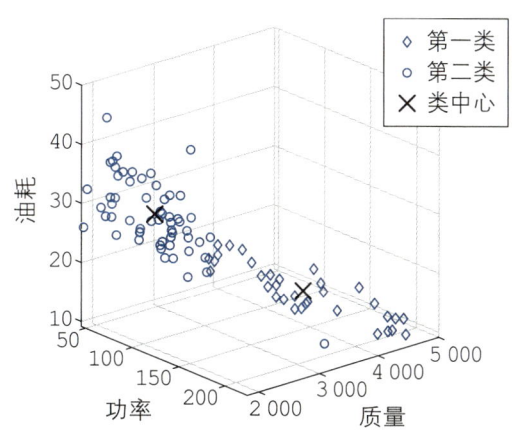

图 7-17

2. 结果的分析与改进

从图 7-17 可以看出，聚类的效果不是特别好，第一类占的"体积"和"宽度"较大，似乎可以再继续分类. 通过分析小汽车可能分成三类比较好，除了高耗油型和节油型之外，应该还有一类介于两者之间.

```
n = 3;
rng(1);                          % K 均值聚类依赖于初始随机值，保持不变，以便重复结果
[idx,C] = kmeans(X,n);  % K 均值聚类分成三类
```

作图，如图 7-18 所示.

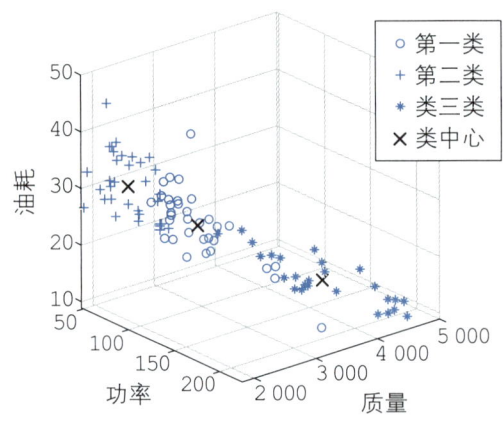

图 7-18

这三类聚类中心坐标见表 7-6.

表 7-6

	功率/匹	质量/千克	油耗/（英里/加仑）
第一类	100.82	290 3.97	23.71
第二类	75.03	214 8.27	31.21
第三类	161.70	402 9.22	14.59

K 均值聚类算法简单易用，可扩展性强，但也有明显的缺点：一是依赖初始值，二是聚类数量 K 需预先确定. 目前有很多改进方法，请有兴趣的同学查阅相关资料.

实 训 7

问题 1 【**考试成绩的分析**】某班 14 名学生的数学考试成绩见表 7-7，试分析该班男生的数学成绩与该班女生的数学成绩是否具有明显差异.

问题 2 【**减肥茶效果分析**】一种新上市的减肥茶需要做市场调查，随机抽取 35 名消费者进行测试，分别统计这 35 名受试者服用减肥茶前后的体重数据，形成 35 个配对，结果见表 7-8. 现在按照 95% 的置信区间，说明该减肥茶是否有效果（$\alpha = 0.01$）.

表 7-7

男	82	80	85	85	78	87	82
女	76	80	77	80	77	75	76

表 7-8

减肥前	75	95	82	91	100	87	91	90	86	87
减肥后	71.5	90	80.3	87	93.6	75.4	67	73	87.3	82
减肥前	98	88	82	87	92	93	95	84	83	89
减肥后	94	85.9	85	79	88.5	90	87.7	80	79	71
减肥前	87	90	82	95	81	83	86	93	95	96
减肥后	85	89	67	67	79	75	74	84.9	90.4	93
减肥前	97	81	88	85	95					
减肥后	87	78	78	74.9	86					

问题 3 【**母猪产仔数问题**】抽测 5 个不同品种的若干头母猪的窝产仔数, 结果见表 7-9. 不同品种母猪平均窝产仔数的差异是否显著?

表 7-9　五个不同品种母猪的窝产仔数

品种号	窝产仔观察值 x_{ij}/头					x_i	$\bar{x}_i$
1	8	13	12	9	9	51	10.2
2	7	8	10	9	7	41	8.2
3	13	14	10	11	12	60	12
4	13	9	8	8	10	48	9.6
5	12	11	15	14	13	65	13
合计						265	

问题 4 【**分布检验问题**】某地 100 名正常成年男子血清总胆固醇(mmol/L)测量结果如下:

$$
\begin{array}{cccccccccc}
4.4 & 5.2 & 5.3 & 6.4 & 4.9 & 4.3 & 4.6 & 4.2 & 3.4 & 4.5 \\
6.3 & 4.7 & 3.2 & 5.2 & 3.0 & 4.6 & 4.9 & 4.9 & 2.7 & 3.6 \\
5.2 & 3.5 & 4.0 & 5.9 & 5.8 & 6.6 & 3.4 & 5.3 & 4.6 & 5.2 \\
5.5 & 5.2 & 4.1 & 4.8 & 4.9 & 4.1 & 3.9 & 4.5 & 6.0 & 3.2 \\
5.2 & 4.8 & 5.0 & 4.2 & 4.4 & 4.7 & 3.6 & 3.6 & 4.4 & 5.4
\end{array}
$$

4.6	4.7	4.8	5.6	4.6	4.2	4.3	4.4	4.5	4.6
5.4	5.1	5.1	4.6	5.7	6.4	5.7	4.4	3.9	6.1
3.9	5.8	4.8	4.0	4.8	3.3	4.8	6.2	5.5	4.3
7.2	3.3	5.3	4.2	4.2	3.1	6.1	4.4	4.1	5.1
5.8	4.1	4.3	5.2	4.5	6.5	4.7	4.6	3.9	4.0

试分析这 100 名正常成年男子血清总胆固醇属于哪种分布.

竞赛篇

第8章 数学建模竞赛及论文写作

8.1　全国大学生数学建模竞赛简介

全国大学生数学建模竞赛是由中国工业与应用数学学会主办的一项重大赛事，从 1992 年至今，竞赛面向全国大学生，在每年 9 月中旬举行. 从 1999 年起，全国大学生数学建模竞赛设立了专科组(乙组)，专科组每年有 D、E(自 2019 年起)共 2 道题目，参赛学生可从中选做一题. 该竞赛开辟了应用数学的广阔天地，受到了广大同学的热烈响应，其影响力与日俱增，目前已成为我国高校规模最大的课外科技活动.

8.1.1　竞赛形式

数学建模竞赛以半封闭形式进行，由三名大学生组成一队. 他们可以自由地收集资料，调查研究，使用计算机和任何软件，甚至上网查询，但不得与队外任何人讨论. 在三天时间内，完成一篇包括模型的假设、建立和求解，计算方法的设计和计算机实现，结果的分析和检验，模型的改进等方面的论文.

8.1.2　竞赛特点

全国大学生数学建模竞赛有以下三个主要形式与特点：一是题目的开放性和灵活性；二是竞赛形式的开放性；三是结果的多样性.

竞赛评奖以假设的合理性、建模的创造性、结果的正确性和文字表述的清晰程度为主要标准.

8.2　论文格式及要求

建模竞赛论文的基本内容和格式大致分为以下三大部分.

一、 标题、摘要部分

1. 题目

题目又称题名或标题，是一篇论文给出的涉及论文范围与水平的第一个重要信息. 论文题目要求简短精练、高度概括、具体准确、恰如其分. 一般不应超过 20 字.

2. 摘要

一般来说，摘要应包含以下五个方面的内容：

(1) 解决的主要问题；

(2) 建立的模型类型及建模的基本思想；

(3) 用到的求解方法、求解的基本思路；

(4) 主要结果，包括数值结果及相应的结论等；

(5) 自我评价，包括模型优点、算法特点、结果检验、灵敏度分析、模型检验等.

3. 关键词

关键词是用来描述文献资料主题和给出检索文献资料的一种新型的情报检索语言词汇，

它使得当今的情报检索计算机化成为可能. 一般论文可选取 3~8 个词作为关键词.

二、 正文部分

论文写作

它是一篇论文的主要部分. 作者的创造性或主要研究成果都将在这一部分得到体现. 因此这一部分应内容充实，论据充分、可靠，论证有力，主题明确，层次分明，脉络清晰. 建模论文可以按以下阶段性段落展开.

1. 问题提出与重述，问题分析(切忌照抄原题)

在对问题进行分析、梳理的基础上，把握问题的实质，将已知和问题明确化.

2. 问题假设(假设的合理性)

根据对问题内在规律的认识，或对数据、现象的分析，辨别问题的主次，抓住主要因素，舍弃次要因素，尽量使问题简化. 这里可能运用与问题相关的物理、化学、生物、经济等方面的知识.

3. 变量假设

对模型中所用到的变量加以说明.

注意：变量符号要与数学中的习惯用法相符，不要使用程序中变量的写法. 比如：π 一般表示圆周率；t 一般表示时间；S 一般表示面积或路程；a,b,c 一般表示常量、已知量；x,y,z 一般表示变量、未知量. 再比如：变量 a_1, a_2 等，不要写成： $a[1], a[2]$ 或 $a(1), a(2)$.

4. 模型建立(完整、正确、简明)

这部分是文章的重点，应包括对问题的详尽分析，必需的公式推导、图表，建立的模型等. 模型要求完整、正确、简明，要实用、有效. 能用初等方法解决的，就不用高级方法；能用简单方法解决的，就不用复杂方法；能用被更多人看懂、理解的方法，就不用只能少数人看懂、理解的方法.

5. 模型求解

在这一部分，需要说明所用的计算方法或算法的原理、思想、依据、步骤. 若采用现有软件，则需说明采用该软件的理由、软件名称.

6. 结果分析与检验

在计算出相应的结果之后，必须对结果做出相应的解释. 因为所得结果往往是数学的结果，一般人无法理解. 这里主要应包括：这个结果说明了什么问题？ 是否达到了建模目的？ 模型的适用范围怎样？ 模型的稳定性与可靠性如何？

7. 模型的评价与推广

这部分要对自己的模型做出评价，讨论模型的优缺点，改进方向，推广新思想. 优点突出，缺点不回避. 这一部分应包括：完成了什么工作？ 达到了什么目的？ 得出了什么规律？ 建模方法是否有创造性？ 为今后的工作提供了什么思路？ 结果有什么理论或实际用途？ 模型中有何不足之处？ 有何改进建议？ 模型中有何遗留未解决的问题？ 解决这些问题有哪些可能的关键点和方向？

8. 参考文献

正文中提及或直接引用的材料、原始数据等的出处(包括书籍、网址等)都应在这里罗列. 参考文献中书籍的表述方式为

［编号］作者. 书名. 出版地：出版社，出版年.

参考文献中期刊杂志论文的表述方式为

［编号］作者. 论文名. 杂志名. 卷期号：起止页码，出版年.

参考文献中网上资源的表述方式为

［编号］作者. 资源标题. 网址，访问时间(年月日).

或参见全国大学生数学建模竞赛组织委员会(以下简称全国组委会)的格式要求.

三、附录部分

不便进入正文的内容可以在附录中罗列，如

（1）计算程序，框图.

（2）各种求解演算过程，计算中间结果,如果演算过程太繁杂、计算结果太多，则可以将其编入附录部分.

（3）各种图形、表格.

论文撰写的其他格式要求请参见全国组委会的格式要求.

第 9 章　数据建模方法

数据为我们提供了丰富的信息，然而要从大量看似杂乱无章的数据中揭示事物隐含的内在规律、发掘有用的信息以指导人们进行科学的推断与决策，则需要我们对这些纷繁复杂的数据进行有效的数据探索、数据预处理与数据清洗，以及数据挖掘等工作.

数据建模方法

在实际中，常常要处理一些由试验或测量得到的离散数据，即面临用一个解析函数来描述数据(通常是测量值)的任务. 而用解析函数来描述已知数据点有两种典型方法——拟合和插值.

9.1　数据预处理方法

有时，我们获得的数据是不完整、不一致和有噪声的，需要通过数据预处理技术提高数据的质量，以提升其后数据建模的准确率. 数据预处理技术包括数据清理、数据集成、数据规约和数据变换等. 下面介绍数据建模中常见的数据预处理技术.

一、重复数据和不一致数据的处理

数据预处理的第一步是去除重复数据. 接着核对数据是否一致，若在量纲上不一致，则需要统一量纲；若日期格式不一致，则要对日期进行修正；若有全角字符、数据前后有不可见字符等，则要先找出问题等.

二、不完整的数据(缺失值)的处理

实际获得的数据往往有缺失值，即数据不完整. 下面介绍几种处理缺失数据的方法.

1. 忽略或者删除

如果缺失数据的比例较小，且不影响后续的建模或者影响较小，则可以忽略或者删除. 如果缺失数据的比例较大或者会影响建模，那就需要将数据补充完整.

2. 用全局中位数或者均值填充

如果数据没有明显的分类，可以采用此方法填充数据. 这里，中位数(Median)是按顺序排列的一组数据中居于中间位置的数，跟均值相比，中位数不容易受极端值的影响.

3. 用同一类型的所有样本的中位数或者均值填充

例如，处理关于体重的数据，其中有一个成年男性的数据缺失，可用其他所有成年男性的体重的中位值或者均值来填充，它肯定优于用包含了女性的全局中位值或者均值填充.

4. 使用一些数据建模方法来填充数据

可以使用线性回归、K 邻近算法(KNN)等数据模型来填充数据.

注：上述方法填充的数据适用不同的问题场景，必须结合实际问题及建模方法灵活确定.

三、异常值

异常值又称为离群点、离群值. 是否需要处理异常值跟问题有关，比如信用卡欺诈识别、医保欺诈识别、垃圾邮件识别等问题本身就是识别异常值，不需要预处理. 常用的异常值检测方法有以下几种.

1. 箱线图法

箱线图是一种用作显示一组数据分散情况的统计图，因形状如箱子而得名．它主要包含五个数据节点，将一组数据从大到小排列，分别计算出它的上边缘（最大值），上四分位数 Q3，中位数，下四分位数 Q1，下边缘（最小值）．定义四分位距 IQR＝Q3－Q1，异常值被定义为小于（Q1－1.5×IQR）或大于（Q3＋1.5×IQR）的值．箱线图的示意图见图 9-1．

注：四分位数（quartile）是指把所有数值由小到大排列并分成四等份，处于三个分割点位置的数值得分就是四分位数：第一四分位数（Q1），第二四分位数（Q2），第三四分位数（Q3）．其中

$$Q1 \text{ 的位置} = (n+1) \times 0.25,$$
$$Q2 \text{ 的位置} = (n+1) \times 0.5,$$
$$Q3 \text{ 的位置} = (n+1) \times 0.75,$$

中间的四分位数就是中位数（Q2）．

例如，数据总量：6，47，49，15，42，41，7，39，43，40，36．由小到大排列的结果：6，7，15，36，39，40，41，42，43，47，49．

$$Q1 \text{ 的位置} = (11+1) \times 0.25 = 3,$$
$$Q2 \text{ 的位置} = (11+1) \times 0.5 = 6,$$
$$Q3 \text{ 的位置} = (11+1) \times 0.75 = 9,$$
$$Q1 = 15, Q2 = 40, Q3 = 43.$$

通常所说的四分位数是指处在 25% 位置上的数值（称为下四分位数 Q1）和处在 75% 位置上的数值（称为上四分位数 Q3）．

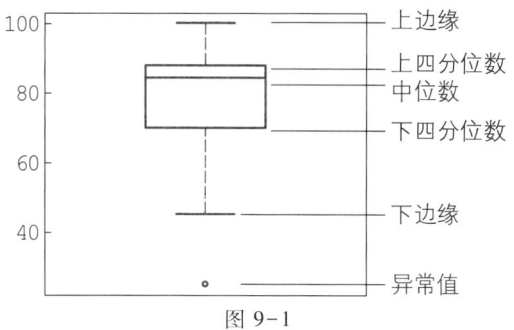

图 9-1

2. 3σ 准则

假设一组检测数据只含有随机误差，对其进行计算处理得到标准偏差，按一定概率确定一个区间，认为凡超过这个区间的误差，就不属于随机误差而是巨大误差，含有该误差的数据应予以剔除．

最常见的分布是正态分布，如等公交车的时间，人群的身高、体重分布，做试验的误差等都符合（近似）正态分布．在正态分布中，σ 表示标准差，μ 表示均值，$x = \mu$ 即为图像的对称轴．正态分布的密度函数为

$$f(x) = \frac{1}{\sqrt{2\pi}\,\sigma} e^{-\frac{(x-\mu)^2}{2\sigma^2}}.$$

经过计算，正态分布中数值分布在 $(\mu-3\sigma, \mu+3\sigma)$ 的概率为 99.74%. 因此可以认为，取值几乎全部集中在区间 $(\mu-3\sigma, \mu+3\sigma)$ 内，由于超出这个范围的可能性不到 0.3%，故将其视为异常值. 其示意图见图 9-2.

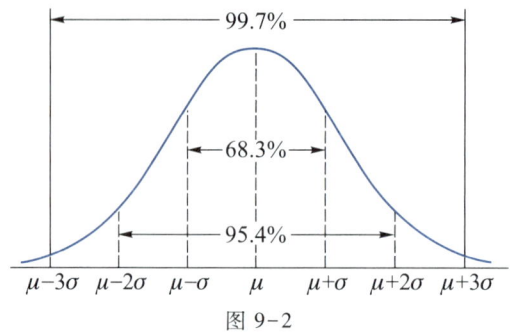

图 9-2

四、标准化处理

我们获得的数据，通常具有不同的量纲和数量级. 当各数据间的水平相差很大时，就会突出数量级较高的指标在分析中的作用，相对削弱数量级水平较低指标的作用. 因此，为了保证结果的可靠性，需要对原始指标数据进行标准化处理.

数据标准化处理主要包括数据同趋化处理和无量纲化处理两个方面.

数据同趋化处理主要解决不同性质数据问题，对不同性质数据直接加总不能正确反映综合结果，须先考虑改变逆向指标数据性质，使所有数据对测评方案的作用力同趋化，再加总才能得出正确结果.

数据无量纲化处理主要解决数据的可比性. 常用的有"Z-score 标准化""最小-最大标准化"等.

1. 同趋化处理

同趋化处理或称正向化处理，是指对适度指标和逆向指标进行转换处理后，使其所表达含义的方向与正向指标相一致. 例如根据游泳运动员的数据评价其能力时，耐力这项数据应该是越大越好(极大型，效益型)，而出发反应时间应该是越小越好(极小型，成本型). 这两种不同趋势数据之间的转换，常用的方法有取倒数、取相反数等.

2. Z-score 标准化

用 x 表示原始数据，σ 表示标准差，μ 表示均值，x' 表示处理后的数据，则

$$x' = \frac{x-\mu}{\sigma}.$$

3. 最小-最大标准化

用 x 表示原始数据，x_{max} 表示最大值，x_{min} 表示最小值，x' 表示处理后的数据，则

$$x' = \frac{x-x_{min}}{x_{max}-x_{min}}.$$

经过最小-最大标准化处理的数据，将变换到区间 $[0, 1]$ 上.

五、数据预处理的软件实现

MATLAB 提供了大量函数处理缺失值、异常值和进行标准化.

1. TF = ismissing(A)

指示 A(数组或表)中的哪些元素包含缺失值,返回值 TF 为逻辑数组.

缺失值的认定标准取决于 A 的数据类型:数值型数据为 NaN,日期型数据为 NaT,字符串为 missing,分类数据为 undefined,单个字符为 ' '.

2. TF = isnan(A)

确定数组 A 中哪些元素为 NaN,返回值 TF 为一个逻辑数组.

它与 ismissing( )函数的区别在于,ismissing( )可以识别不同类型的缺失值,而 isnan( )只能识别数值型数据的 NaN.

3. F = fillmissing(A,method)

使用 method 指定的方法填充缺失的数据. method 的选项有以下几个:

'previous'　　　　上一个非缺失值

'next'　　　　　　下一个非缺失值

'nearest'　　　　距离最近的非缺失值

'linear'　　　　　相邻非缺失值的线性插值

'spline'　　　　　分段三次样条插值

4. F = fillmissing(A,movmethod,n)

使用长度为 n 的移动窗口均值或中位数填充缺失条目. movmethod 有两种选择:

'movmean'　　　采用均值填充

'movmedian'　　采用中位数填充

5. R = rmmissing(A)

删除缺失的条目.

下面通过例子来介绍上述几个函数的使用方法.

(1)输入数据

A = [-4　-3　-100　-1　0/0　1　2　3　4]

结果:

A =

　　-4　-3　-100　-1　NaN　1　2　3　4

(2)使用函数 isnan( )判断是否有异常值 NaN

TF = isnan(A)

结果:

TF =

　1×9 logical 数组

　0　0　0　0　1　0　0　0　0

(3)使用函数 ismissing( )判断是否有异常值 NaN

TF1 = ismissing(A)

结果:

TF1 =

```
1 × 9 logical 数组

    0   0   0   0   1   0   0   0   0
```

由结果可以看出, 对于数值型数据, ismissing( )与 isnan( )没有区别.

(4) 使用函数 rmmissing( )删除异常值 NaN

```
A1 = rmmissing(A)
```

结果:

```
A1 =

    -4   -3   -100   -1   1   2   3   4
```

(5) 使用函数 fillmissing( )填充缺失值

```
A2 = fillmissing(A,'previous')    % 用上一个非缺失值填充
A3 = fillmissing(A,'next')        % 用下一个非缺失值填充
A4 = fillmissing(A,'movmedian',5) % 用包含缺失值在内的 5 个邻近值的中位数
```
填充

```
A5 = fillmissing(A,'movmean',5)   % 用包含缺失值在内的 5 个邻近值的均值
```
填充

结果:

```
A2 =

    -4   -3   -100   -1    -1     1   2   3   4
A3 =

    -4   -3   -100   -1     1     1   2   3   4
A4 =

    -4   -3   -10    -1     0     1   2   3   4
A5 =

    -4   -3   -10    -1   -24.5   1   2   3   4
```

6. TF = isoutlier(A,method)

查找数据中的离群值. method 有以下几种选择:

'median'   偏离中位数超过三倍换算 MAD.

'mean'   偏离均值超过三倍标准差. 此方法就是前面提到的 3σ 准则, 此方法比 'median' 快, 但没有它可靠.

'quartiles' 高于上四分位数或低于下四分位数且超过 1.5 倍四分位的范围. 此方法是前面提到的箱线图法. 当 A 中的数据不是正态分布时, 此方法很有用.

7. B = filloutliers(A,fillmethod,findmethod)

检测并替换数据中的离群值. fillmethod 表示填充方法, 其具体选项与 fillmissing(A, method)中的 method 相同; findmethod 表示查找离群值的方法, 其具体选项与 isoutlier(A, method)中的 method 相同.

8. boxplot(A)

绘制常用统计量的箱线图. 其判断离群值(异常值)的方法与 isoutlier(A, method)中

的'quartiles'相同.

接着上面的例子介绍函数的用法.

（6）输入数据

```
A2                    % 接前面(5)处理后的数据
```

（7）用 isoutlier( )查找是否有离群值（异常值）

```
B = isoutlier(A2,'mean')
B1 = isoutlier(A2,'median')
B2 = isoutlier(A2,'quartiles')
```

结果：

```
B =
  1×9 logical 数组
  0 0 0 0 0 0 0 0 0
B1 =
  1×9 logical 数组
  0 0 1 0 0 0 0 0 0
B2 =
  1×9 logical 数组
  0 0 1 0 0 0 0 0 0
```

由此可见，不同的查找离群值（异常值）的方法得到的结果是不一样的. 一般而言，后两种方法比第一种方法更加可靠.

（8）用 filloutliers( )检测并替换数据中的离群值

```
C = filloutliers(A2,'next','mean')
C1 = filloutliers(A2,'linear','median')
C2 = filloutliers(A2,'spline','quartiles')
```

结果：

```
C =
   -4  -3  -100     -1  -1   1   2   3   4
C1 =
   -4  -3  -2       -1  -1   1   2   3   4
C2 =
   -4  -3  -1.6383  -1  -1   1   2   3   4
```

从结果可以看出，与缺失值的替换类似，不同的替换离群值（异常值）的方法得到的结果也是不一样的. 要根据问题的实际情况，选择恰当的方法.

（9）用 boxplot( )画出箱线，如图 9-3 所示

```
boxplot(A2)  % boxplot()只能画出离群值的直观示意图，而不能给出其他信息
```

图 9-3 中的小十字就是异常值.

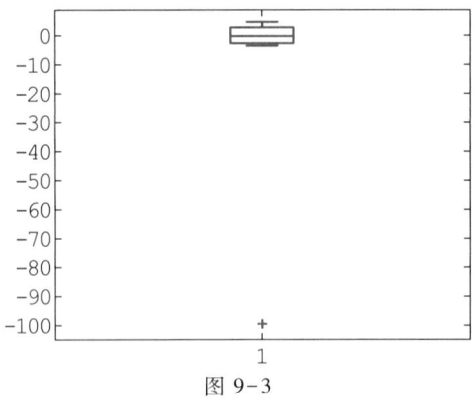

图 9-3

9. Z = zscore(X)

"Z-score 标准化"函数.

10. Y = mapminmax(X, YMIN, YMAX)

"最小-最大标准化"函数, 其计算公式为

$$y = \frac{y_{\max} - y_{\min}}{x_{\max} - x_{\min}}(x - x_{\min}) + y_{\min},$$

其中 YMIN, YMAX 的默认值为-1 和 1, 即默认将数据变换到区间[-1,1]上.

继续前面的例子.

（10）输入数据

C1   % 使用前面经过缺失值和异常值处理后的数据

结果:

C1 =

    -4   -3   -2   -1   -1   1   2   3   4

（11）"Z-score 标准化"

D = zscore(C1)

结果:

D =

    -1.4096 -1.0471 -0.6847 -0.3222 -0.3222 0.4027 0.7652 1.1277

1.4902

（12）"最小-最大标准化"

D1 = mapminmax(C1)   % 将最小值和最大值映射到[-1,1]

D2 = mapminmax(C1,0,1)   % 将最小值和最大值映射到[0,1]

结果:

D1 =

    -1.0000 -0.7500 -0.5000 -0.2500 -0.2500 0.2500 0.5000 0.7500

1.0000

D2 =

    0 0.1250 0.2500 0.3750 0.3750 0.6250 0.7500 0.8750 1.0000

从结果可以看出，"Z-score 标准化"处理后的数据一定有负数，而"最小-最大标准化"可以映射到任意的区间上去.

9.2 数据的拟合方法

已知 n 个数据点 (x_i, y_i)，$i = 1, 2, \cdots, n$，x_i 互不相同，如何寻求函数 $y = f(x)$，使 $f(x)$ 在某种准则下与 n 个点最接近？

一、 拟合原理

拟合模型通过寻找简单的因果变量之间的数量关系，对未知的情形做出预测与预报. 它主要依赖观测或试验得到的数据，但这些数据往往有一定的随机误差，因此不必要求近似函数的曲线或曲面通过所有的数据点.

建立拟合模型的关键是选用恰当的数学表达式从数量上去近似因果变量之间的关系，提高数据拟合的精度，从而得到能较好地反映数据变化规律的近似函数. 拟合模型实质上是简化数学表达式与数据拟合精度之间的一个折中，折中方案的选择取决于实际问题的需要.

二、 拟合模型的分类与方法

对一组二元数据建立拟合模型有以下几种方法：

1. 直线拟合

用一次函数或线性函数拟合数据.

2. 曲线拟合

如果直线拟合的效果不佳，为提高拟合精度，可以考虑用曲线拟合数据，如用二次函数、三次函数等高次多项式进行拟合. 有时根据数据分布的特点，还可能用指数函数、对数函数、三角函数等函数进行数据拟合.

3. 观察数据修匀

设已给一批实测数据，由于实测方法、实验环境等一些外界因素的影响，不可避免地会产生随机干扰和误差. 这时，需要根据数据分布的总趋势剔除观察数据中的偶然误差，即数据修匀（或称数据平滑）问题.

4. 分段拟合

有时仅靠提高拟合多项式的次数不一定能改善逼近效果，这时，可以在不同的段上用不同的低次多项式去拟合，这种方法称为分段拟合.

已知一组数据，究竟用什么样的曲线拟合最好呢？ 应先画出数据的散点图，即数据在坐标系中的位置，然后观察、分析散点图的形状，在此基础上选择几种合适的曲线分别拟合，通过比较，看哪条曲线的最小二乘指标 J 最小，最小者即为最好的拟合曲线. 图 9-4 给出了一些常用的拟合曲线.

| 最小二乘指标 J 的计算公式 |

$$J = \sum_{i=1}^{n} \delta_i^2 = \sum_{i=1}^{n} \left[f(x_i) - y_i \right]^2.$$

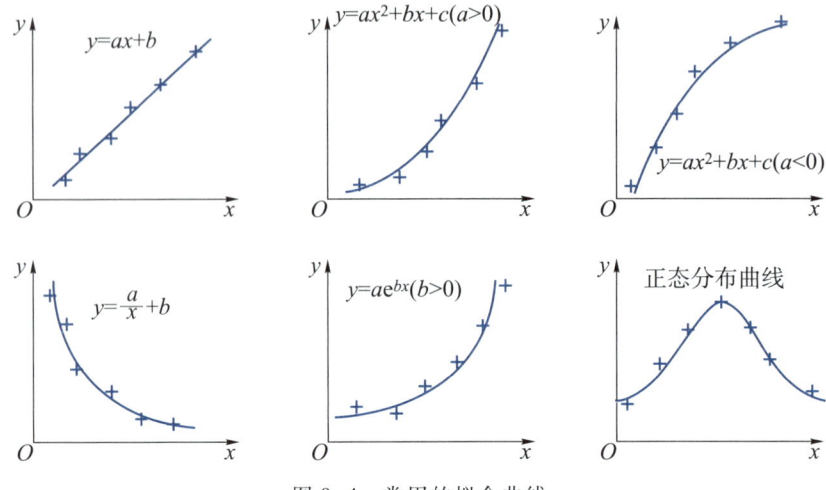

图 9-4　常用的拟合曲线

它为拟合曲线上的点与相应数据点的差值的平方和. 其中 δ_i 表示第 i 个点的拟合值与实际值的绝对误差，$f(x_i)$ 表示第 i 个点的拟合值，y_i 表示第 i 个点的实际值.

问题1　**【温度与电阻的关系模型】** 有一个对温度敏感的电阻，现测得一组温度 t 与电阻 R 的数据，见表 9-1.

表 9-1

$t/℃$	20.5	32.7	51.0	73.0	95.7
R/Ω	765	826	873	942	1032

试给出温度与电阻间的函数关系，并计算温度为 60 ℃ 时的电阻值.

一、模型假设

假设所测数据均为抽样数据.

二、模型的分析与建立

这是一个典型的拟合问题，已知一组数据要寻找相应的函数关系. 先画出散点图，见图 9-5.

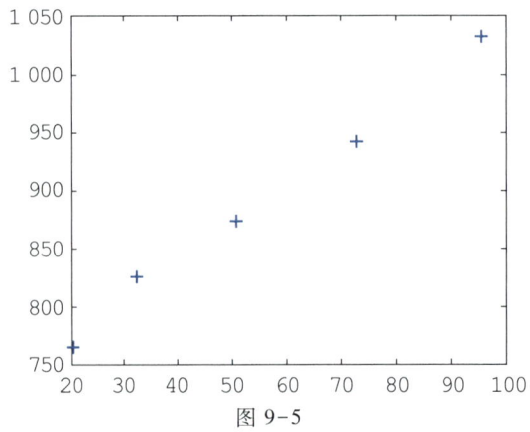

图 9-5

观察图 9-5 不难发现：散点基本上在一条直线上，因此可以假设电阻与温度满足一次函数. 设拟合函数为

$$y = \beta_1 + \beta_2 x,$$

其中 x 与 y 分别为温度与电阻，β_1、β_2 为待定系数.

三、模型求解

拟合方法实际上就是通过自变量 x 与因变量 y 的一组观测值来确定拟合函数中待定系数的方法，即 β_1、β_2 为何值时，最小二乘指标 J 最小. 由于计算理论较为复杂，下面用 MATLAB 软件计算.

解法一：使用 regress( ) 函数.

```
>> tr = [20.5  32.7  51.0  73.0  95.7; 765  826  873  942  1032];
>> x = tr(1,:)';
>> r = tr(2,:)';
>> plot(x,r,'+')
>> x = [ones(5,1)  x]
>> y = r
>> b = regress(y,x,0.05)
b =
    702.0968
    3.3987
```

即 $\beta_1 = 702.096\ 8$，$\beta_2 = 3.398\ 7$. 因此拟合函数为

$$y = 702.096\ 8 + 3.398\ 7x.$$

将 $x = 60$ 代入上式，得 $y = 906.018\ 8$. 即 60 ℃时电阻约为 906 Ω.

解法二：使用 polyfit( ) 函数.

```
>> tr = [20.5  32.7  51.0  73.0  95.7; 765  826  873  942  1032];
>> x = tr(1,:);
>> y = tr(2,:);
>> p = polyfit(x,y,1)
p =
    3.3987   702.0968
```

regress( ) 函数和 polyfit( ) 函数的区别

（1）regress( ) 函数主要用于线性拟合，包括一元以及多元线性拟合. 它可以提供较多的信息，如残差等. 由于它在拟合的时候可以进行显著性检验，所以也称为回归函数.

（2）polyfit( ) 函数是利用多项式拟合，它可以是线性的也可以是非线性的. polyfit(x,y,m) 表示用 m 次多项式拟合数据 x,y. 其中 $x = (x_1, x_2, \cdots, x_n)$，$y = (y_1, y_2, \cdots, y_n)$. 如 polyfit(x,y,1) 表示用一次函数拟合数据 x,y.

问题 2　【农业生产试验模型】在研究农业生产的试验中，为分析某地区土豆产量与化肥的关系，得到了每公顷土地的氮肥施肥量与土豆产量的对应关系，见表 9-2.

表 9-2

氮肥量/kg	0	34	67	101	135	202	259	336	404	471
土豆产量/t	15.18	21.36	25.72	32.29	34.03	39.45	43.15	43.46	40.83	30.75

请根据表 9-2 的数据，给出土豆产量与氮肥施肥量之间的关系.

一、模型假设

（1）假设试验数据为抽样数据，能反映当地土豆产量与各化肥施肥量的关系.

（2）假设其他化肥的用量不变.

二、模型的分析与建立

利用 MATLAB 软件画出土豆产量与氮肥施肥量的散点图.

$\gg$ x0 = [0,34,67,101,135,202,259,336,404,471];

$\gg$ y0 = [15.18, 21.36, 25.72, 32.29, 34.03, 39.45, 43.15, 43.46, 40.83, 30.75];

$\gg$ plot(x0,y0,'*')

如图 9-6 所示.

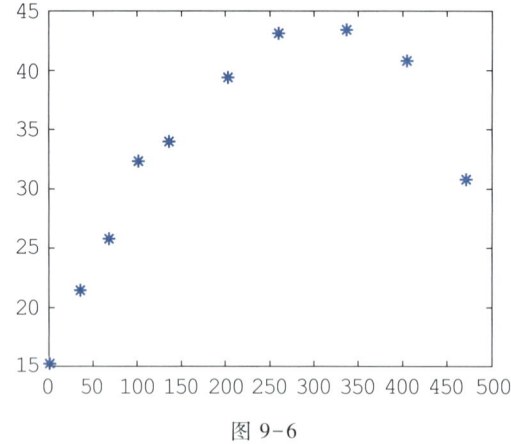

图 9-6

由图 9-6 可以看出，散点图呈二次曲线图形，因此可以取如下拟合函数

$$y = ax^2 + bx + c,$$

其中 x 和 y 分别为氮肥量和土豆产量，a,b 和 c 为待定系数.

三、模型求解

$\gg$ x0 = [0,34,67,101,135,202,259,336,404,471];

```
>> y0 = [15.18, 21.36, 25.72, 32.29, 34.03, 39.45, 43.15, 43.46, 40.83, 30.75];
>> p = polyfit(x0,y0,2)
>> x1 = 0:471;
>> y1 = polyval(p,x1);
>> plot(x0,y0,'t',x1,y1)
```

程序运行结果

```
aa =
    -0.0003   0.1971   14.7416
```

由此可知, 土豆产量与氮肥的施肥量之间的函数关系为

$$y = -0.000\ 3x^2 + 0.197\ 1x + 14.741\ 6.$$

拟合图形如图 9-7 所示.

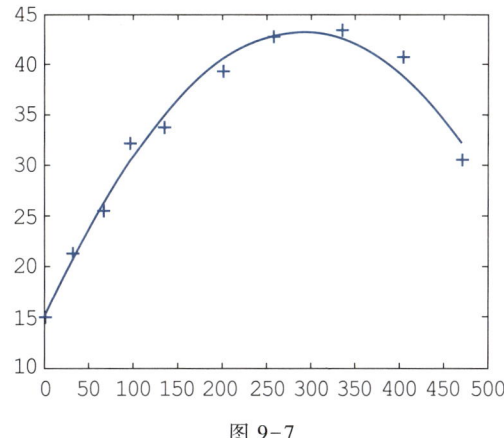

图 9-7

问题 3 【血药浓度模型】通过试验测得一次性快速静脉注射 300 mg 药物后的血药浓度数据, 见表 9-3.

表 9-3

t/h	0.25	0.5	1	1.5	2	3	4	6	8
$y/(\mu\mathrm{g}/\mathrm{mL})$	19.21	18.15	15.36	14.10	12.89	9.32	7.45	5.24	3.01

求血药浓度随时间的变化规律 $y(t)$.

一、模型假设

(1) 假设 $t=0$ 时, $y=0$.

(2) 假设试验数据为抽样数据, 能反映血药浓度与时间的关系.

二、模型的分析与建立

利用 MATLAB 软件画出血药浓度与时间的散点图, 如图 9-8 所示.

由图 9-8 可以看出, 散点图大致呈负指数函数形态, 所以令

$$y = a \cdot \mathrm{e}^{-bt},$$

其中 t 和 y 分别为时间和血药浓度, $a,b(a,b>0)$ 为待定系数.

三、模型求解

本题为非线性拟合模型,解决此类问题有两种方法,一是将其进行线性化处理,二是直接使用非线性拟合函数 nlinfit( ). 下面我们分别用这两种方法求解.

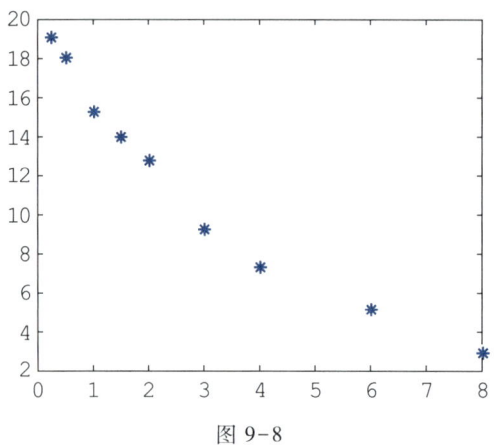

图 9-8

解法一:将其进行线性化处理. 等式 $y=a\cdot e^{-bt}$ 两边同时取对数,得

$$\ln y = \ln a - bt.$$

令 $\ln y = Y$, $\ln a = \beta_1$, $-b = \beta_2$,则该方程变为

$$Y = \beta_1 + \beta_2 t.$$

与前面的线性拟合相同,用 MATLAB 求解如下:

```
>> t = [0.25  0.5  1  1.5  2  3  4  6  8];
>> y = [19.21  18.15  15.36  14.10  12.89  9.32  7.45  5.24  3.01];
>> Y = log(y);
>> p = polyfit(t,Y,1)
p =
    -0.2347    2.9943
```

即 $\beta_1 = 2.9943$, $\beta_2 = -0.2347$, 从而

$$a = e^{\beta_1} = e^{2.9943} = 19.9714, b = 0.2347.$$

则血药浓度与时间的关系为

$$y = 19.9714 e^{-0.2347t}.$$

拟合图形如图 9-9 所示.由图可知拟合效果较好.

解法二:使用非线性拟合的函数 nlinfit( ). 建立 fun9_1.m 文件如下:

```
function result = fun9_1(a,x)
result = a(1) * exp(-a(2) * x);
```

观察散点图 9-8,不妨取 $a=20$,由 $t=1$ 时, $y=15.36$ 算出 $b=0.264$,取

$$beta0 = [20 0.264];$$

用 MATLAB 求解如下:

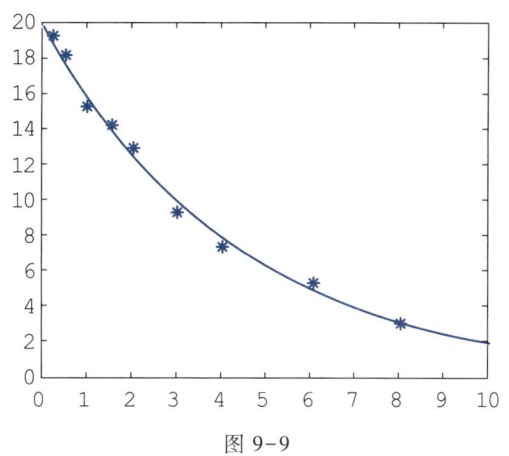

图 9-9

```
>> t = [0.25   0.5   1   1.5   2   3   4   6   8];
>> y = [19.21   18.15   15.36   14.10   12.89   9.32   7.45   5.24   3.01];
>> beta0 = [20   0.264];
>> beta = nlinfit(t,y,'fun9_1',beta0)% fun9_1.m须与此程序在同一目录下
beta =
    20.2413   0.2420
```

则血药浓度与时间的关系为

$$y = 20.241\,3e^{-0.242t}.$$

拟合图形如图 9-10 所示.解法二与解法一虽然方法不同,但拟合效果同样较好.

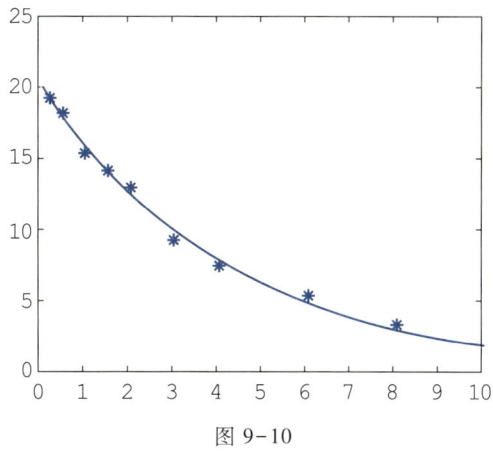

图 9-10

nlinfit 函数的用法

nlinfit 函数采用的是迭代法,其中 beta0 是迭代初值.由于程序的局限,计算机不可能搜索无穷大的区间,且 MATLAB 对于迭代次数及迭代精度都有默认的设定,因此初值的选取就显得尤其重要.如果所给初值离最优解比较近,则迭代求出该最优解的概率就很高;如果初值提供得不理想,离最优解较远,则很可能没有搜到最优解便给出了结果,当然这个结果是在所搜索区间上的最优解而不是全局最优的解.

至于怎样估计初值,没有确切的办法,可以在得到解后,画出函数的图形,看看已知点是否都在曲线附近,如果相差太大,可以考虑重新给出初值,再计算一次.

> **问题4** **【化工氯气生产等级模型】** 化工生产中获得氯气的等级 y 随着生产时间 x 的增加而下降,假设当 $x \geqslant 8$ 时,y 与 x 之间满足如下非线性关系
>
> $$y = a + (0.49 - a)e^{-b(x-8)},$$
>
> 其中 a,b 为待定系数. 现收集了44组数据见表9-4,试确定氯气与生产时间之间的关系.

表9-4

x	8	8	10	10	10	10	12	12	12	12	14	14
y	0.49	0.49	0.48	0.47	0.48	0.47	0.46	0.46	0.45	0.43	0.45	0.43
x	14	16	16	16	18	18	20	20	20	20	22	22
y	0.43	0.44	0.43	0.43	0.46	0.45	0.42	0.42	0.43	0.41	0.41	0.4
x	24	24	24	26	26	26	28	28	30	30	30	32
y	0.42	0.4	0.4	0.41	0.4	0.41	0.41	0.4	0.4	0.4	0.38	0.41
x	32	34	36	36	38	38	40	42				
y	0.4	0.4	0.41	0.38	0.4	0.4	0.39	0.39				

一、 模型假设

假设 y 与 x 之间满足 $y = a + (0.49 - a)e^{-b(x-8)}$,其中 a,b 为常数.

二、 模型的分析与建立

由于 y 与 x 之间满足

$$y = a + (0.49 - a)e^{-b(x-8)},$$

其中 a,b 为待定系数,所以此问题实质上是确定待定系数 a, b 的值.

三、 模型求解

本题为非线性拟合模型. 要求 a, b 的值,可调用非线性拟合函数 nlinfit( ). 先定义非线性函数 fun9_2.m 文件:

```
function result = fun9_2(beta0, x)
a = beta0(1);
b = beta0(2);
result = a + (0.49 - a) * exp(-b * (x - 8));
```

然后在命令窗口中运行.

```
>> x = [8  8  10  10  10  10  12  12  12  12  14  14  14  16  16  16  18
18  20  20  20  20  22  22  24  24  24  26  26  26  28  28  30  30  30
32  32  34  36  36  38  38  40  42];
>> y = [0.49  0.49  0.48  0.47  0.48  0.47  0.46  0.46  0.45…
0.43  0.45  0.43  0.43  0.44  0.43  0.43  0.46  0.45…
0.42  0.42  0.43  0.41  0.41  0.40  0.42  0.40  0.40…
```

0.41 0.40 0.41 0.41 0.40 0.40 0.40 0.38 0.41···

0.40 0.40 0.41 0.38 0.40 0.40 0.39 0.39];

`>> beta0 = [0.30, 0.02];`

`>> betafit = nlinfit(x,y,'fun9_2',beta0);`

`betafit =`

    0.3904   0.1028

即 $a = 0.390\ 4, b = 0.102\ 8$，所以模型为

$$y = 0.390\ 4 + (0.49 - 0.390\ 4)\mathrm{e}^{-0.102\ 8(x-8)}.$$
$$= 0.390\ 4 + 0.099\ 6\mathrm{e}^{-0.102\ 8(x-8)}.$$

拟合图形如图 9-11 所示.

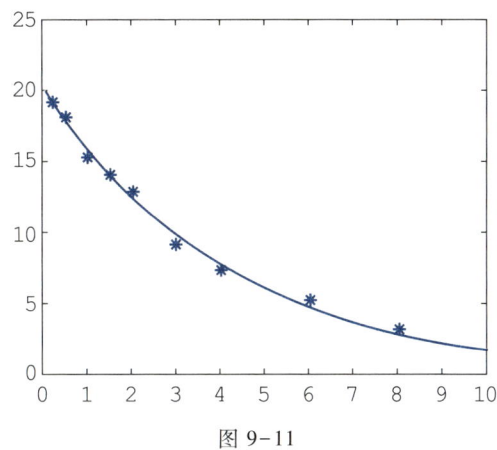

图 9-11

问题 5　**【血液中酒精含量模型】**酒后驾车引起的死亡事故在全国交通事故中占相当大的比例. 酒后驾车的认定以血液中的酒精含量为标准.《车辆驾驶人员血液、呼吸酒精含量阈值与检验》中规定：驾驶人员血液中的酒精含量大于或等于 20 mg/100 mL，小于等于 80 mg/100 mL 为饮酒驾车，血液中的酒精含量大于或等于 80 mg/100 mL 为醉酒驾车.

假设一体重约 70 kg 的人第一次饮酒后血液中的酒精含量满足以下模型

$$x = \gamma(\mathrm{e}^{-\alpha t} - \mathrm{e}^{-\beta t}),$$

其中 γ, α, β 为待定常数，t 为距饮酒的时间. 当此人在短时间内喝下 2 瓶啤酒后，隔一定时间测量他血液中的酒精含量（mg/100 mL），所得数据见表 9-5.

表 9-5

时间/h	0.25	0.5	0.75	1	1.5	2	2.5	3	3.5	4	4.5	5
酒精含量/(mg/100 mL)	30	68	75	82	82	77	68	68	58	51	50	41
时间/h	6	7	8	9	10	11	12	13	14	15	16	
酒精含量/(mg/100 mL)	38	35	28	25	18	15	12	10	7	7	4	

试确定驾驶员第一次喝 2 瓶啤酒后血液中的酒精含量模型.

一、模型假设

（1）假设第一次喝酒时该人血液中的酒精含量为 0，即 $t=0$ 时，$x=0$.

（2）假设酒是在瞬间喝下去的，没有时间耽搁.

二、模型的分析与建立

由题意知，第一次喝酒后，人体内血液中的酒精含量与时间的关系为

$$x = \gamma(\mathrm{e}^{-\alpha t} - \mathrm{e}^{-\beta t}),$$

其中 α, β, γ 为待定参数.

三、模型求解

本题为非线性拟合模型. 要求 α, β, γ 的值，可调用最小二乘拟合函数 lsqcurvefit( ). 下面先定义非线性函数 fun9_3.m 文件：

```
function y = fun9_3(a, x)
y = a(3) * (exp(-a(1) * x) - exp(-a(2) * x));
```

然后在命令窗口中运行.

```
>> x = [0.25 0.5 0.75 1 1.5 2 2.5 3 3.5 4 4.5 5 6 7 8 9 10 11 12 13 14 15 16];
>> y = [30 68 75 82 82 77 68 68 58 51 50 41 38 35 28 25 18 15 12 10 7 7 4];
>> a = lsqcurvefit('fun9_3',[0.2;2;100],x,y)
a =
    0.1855
    2.0080
  114.4329
```

即

$$\alpha = 0.185\ 5,$$
$$\beta = 2.008\ 0,$$
$$\gamma = 114.432\ 9.$$

由此可知，驾驶员第一次喝酒后，体内血液中的酒精含量与时间的关系为

$$x = 114.432\ 9(\mathrm{e}^{-0.185\ 5t} - \mathrm{e}^{-2.008t}).$$

拟合图形如图 9-12 所示，其中圆圈表示参考数据中给出的点，曲线为拟合后的图形.

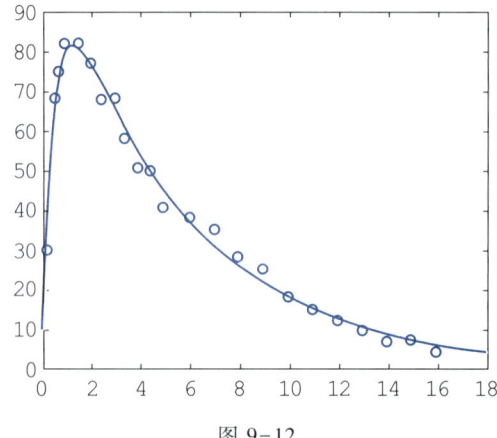

图 9-12

问题 5 选编自 2004 年"饮酒驾车模型",本题仅将竞赛题中涉及数据方法建模的部分单独提炼出来,介绍数据建模方法在实际中的应用.

注:函数 lsqcurvefit( ) 是非线性拟合函数,它的使用格式为 [x resnorm] = lsqcurvefit (fun,x0,xdata,ydata,…),其中 fun 为需要拟合的函数,x0 为迭代的初值,xdata 为已知数据点的横坐标,ydata 为已知数据点的纵坐标.

【小点拨】

在以上案例中,有的通过观察散点图可以基本明确函数形式,有的已指明了拟合函数形式.但有时会遇到很难明确用哪一种具体的函数形式进行拟合,这时可以多考察几种函数形式,最后通过计算最小二乘指标加以确定,指标最小者则为最好的拟合函数.

nlinfit 函数和 lsqcurvefit 函数的区别

虽然 nlinfit( ) 和 lsqcurvefit( ) 都是非线性拟合函数,但由于 nlinfit( ) 使用的是牛顿方法,对初值比较敏感,在这里用 nlinfit( ) 就失效了.

问题 6 **【国内生产总值增长模型】党的十八大以来,我国经济实力显著增强,已成为世界经济增长的主要动力源和稳定器. 表 9-6 给出了我国 2000—2023 年间每年的 GDP 数据(单位:万亿).**

表 9-6

年	2000	2001	2002	2003	2004	2005	2006	2007
GDP	10.03	11.09	12.17	13.74	16.18	18.73	21.94	27.01
年	2008	2009	2010	2011	2012	2013	2014	2015
GDP	31.92	34.85	41.21	48.79	53.86	59.3	64.36	68.89
年	2016	2017	2018	2019	2020	2021	2022	2023
GDP	74.64	83.2	91.65	98.65	101.92	114.92	120.47	126.06

试分析我国 GDP 增长规律,建立我国 GDP 模型,并预测 2024 年我国 GDP 值.

一、 模型假设

假设中国 GDP 的变化满足一定规律.

二、 模型的分析与建立

首先画出已知数据的散点图,如图 9-13 所示. 观察散点图可知,既可以将它看成线性函数图形,又可以将它看成指数函数图形. 下面分别用两种函数进行拟合.

模型一:用线性函数拟合,设我国 GDP 满足以下线性模型

$$y = a + bx,$$

其中 a, b 为待定系数. 用参数估计观测值的模型:

$$y_i = a + bx_i + e_i, i = 1, 2, \cdots, n,$$

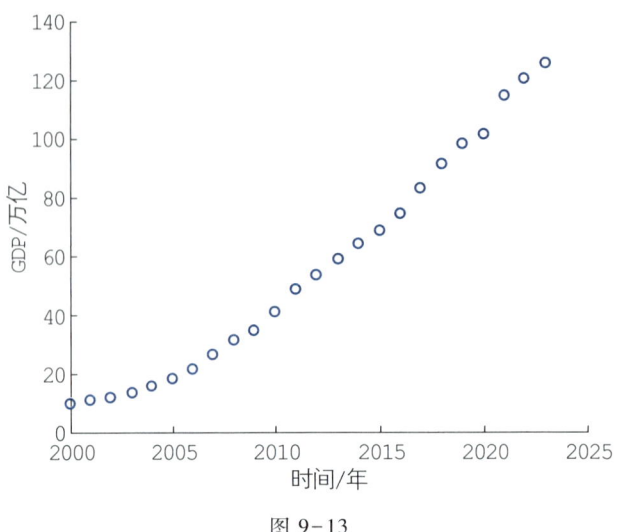

图 9-13

拟合精度为

$$Q_i = \frac{1}{n} \sum_{i=1}^{n} e_i^2 = \frac{1}{n} \sum_{i=1}^{n} (y_i - a - bx_i)^2.$$

计算出 $a = 5.2914, b = -10\,587.57$，得到我国的 GDP 模型

$$y = 5.2914x - 10\,587.57.$$

模型二：用指数函数拟合，设我国 GDP 满足以下模型

$$y = a\mathrm{e}^{bx},$$

其中 a, b 为参数. 模型两边同时取对数，得 $\ln y = \ln a + bx$.

下面用简单的线性最小二乘法拟合出 a, b. 用 MATLAB 软件计算得 $a = 3.16 \times 10^{-100}, b = 0.1158$，

由于 a 很小，a, b 间数量级差异很大，系数的微小舍入误差或变化就会对结果产生较大影响，为此，对原模型的时间做平移处理（平移处理不会影响拟合效果），即

$$y = a\mathrm{e}^{b(x-1\,999)}.$$

同理，计算可得 $a = 9.9443, b = 0.1158$，得到 GDP 模型为

$$y = 9.9443\mathrm{e}^{0.1158(x-1\,999)}.$$

MATLAB 求解程序如下：

```
clear,clc,close all
GDP = [10.03  11.09  12.17  13.74  16.18  18.73  21.94  27.01  31.92
34.85  41.21  48.79  53.86  59.3  64.36  68.89  74.64  83.2  91.65  98.65
101.92  114.92  120.47  126.06];
year = 2000:2023;
scatter(year,GDP,'o')
xlabel('时间/年'),ylabel('GDP/万亿')
a =polyfit(year,GDP,1);
GDP_model1=a(2)+a(1)*year;
b=polyfit(year-1999,log(GDP),1);
```

```
GDP_model2 = exp(b(2)) * exp(b(1) * (year-1999));
hold on
plot(year,GDP_model1,'--r')
plot(year,GDP_model2,'-k')
legend('原始数据','模型一曲线','模型二曲线')
E1 = GDP_model1 - GDP;
E2 = GDP_model2 - GDP;
Q1 = mse(E1);
Q2 = mse(E2);
year_predict = 2024;
GDP_predict1 = a(2) + a(1) * year_predict
GDP_predict2 = exp(b(2)) * exp(b(1) * (year_predict-1999))
```

绘制 2 个拟合曲线图形,如图 9-14 所示.

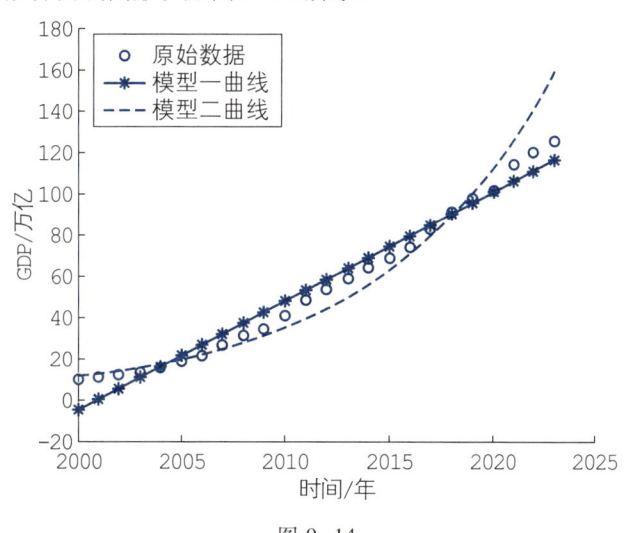

图 9-14

预测数据的具体比较,见表 9-7.

表 9-7

年	2000	2001	2002	2003	2004	2005	2006	2007
GDP	10.03	11.09	12.17	13.74	16.18	18.73	21.94	27.01
模型一	−4.79	0.51	5.80	11.09	16.38	21.67	26.96	32.25
误差	−14.82	−10.58	−6.37	−2.65	0.20	2.94	5.02	5.24
模型二	11.16	12.53	14.07	15.80	17.74	19.92	22.36	25.11
误差	1.13	1.44	1.90	2.06	1.56	1.19	0.42	−1.90
年	2008	2009	2010	2011	2012	2013	2014	2015
GDP	31.92	34.85	41.21	48.79	53.86	59.3	64.36	68.89
模型一	37.55	42.84	48.13	53.42	58.71	64.00	69.29	74.59

误差	5.63	7.99	6.92	4.63	4.85	4.70	4.93	5.70
模型二	28.19	31.65	35.53	39.89	44.79	50.28	56.45	63.38
误差	-3.73	-3.20	-5.68	-8.90	-9.07	-9.02	-7.91	-5.51
年	2016	2017	2018	2019	2020	2021	2022	2023
GDP	74.64	83.2	91.65	98.65	101.92	114.92	120.47	126.06
模型一	79.88	85.17	90.46	95.75	101.04	106.33	111.63	116.92
误差	5.24	1.97	-1.19	-2.90	-0.88	-8.59	-8.84	-9.14
模型二	71.16	79.89	89.70	100.70	113.06	126.94	142.52	160.01
误差	-3.48	-3.31	-1.95	2.05	11.14	12.02	22.05	33.95

结果分析：

（1）$Q_1 = 41.050\ 2 < 97.903\ 0 = Q_2$. 由均方误差判断知，线性模型更适合中国 GDP 的增长.

（2）用以上两种模型预测我国 2024 年的 GDP 分别为 122.21 万亿，179.65 万亿.

通过实际比较也可以看出，模型一更接近我国 GDP 的实际数据.

拓展思考：请查找其他国家的 GDP 数据，建立相应的 GDP 模型，并分析该国 GDP 的变化情况.

本题用数据拟合方法建立 GDP 预测模型，属于比较简单的处理方式. 若已知 GDP 的增长率，则可以建立微分方程模型. 所以对于同一个问题，若题目所给条件不同，则可以建立不同的数学模型. 此外，常用的模型还有时间序列模型等.

【小点拨】

以往赛题中常涉及数据拟合方法建模. 事实上，当涉及数据以及与图形处理有关的问题时常用到拟合的方法. 例如，2003 年的"SAS 预测"，2004 年的"饮酒驾车"，2019 年的"空气质量数据的校准"等. 此类问题在相关软件中有现成的函数可以调用，熟悉掌握后，我们处理这类问题会游刃有余.

9.3　数据的插值方法

若知道函数 $y = f(x)$ 在 n 个互异的点 $x = (x_1, x_2, \cdots, x_n)$ 的函数值 $y = (y_1, y_2, \cdots, y_n)$，如何估计此函数在另一点 a 的函数值？

一、插值原理

要解决此问题，可以考虑构造一个过 $x_1, x_2, \cdots, x_n$ 的次数不超过 n 的多项式 $y = L_n(x)$，使其满足 $L_n(x_k) = y_k$. 然后用 $L_n(a)$ 作为准确值 $L(a)$ 的近似值. 这种方法叫**插值**. 插值方法要求近似函数（曲线或曲面）经过已知的所有数据点.

二、插值方法

选用不同类型的插值函数，逼近的效果也不同，一般有：拉格朗日（Lagrange）插值、分段线性插值、埃尔米特（Hermite）插值及样条插值. 由于各种插值的原理较为复杂，这里不一一介绍. 在应用中，可以借助 MATLAB 软件. 但在插值运算时必须注意，MATLAB 的插值函数分为内部插值和外部插值，内部插值要求已知点 x 是单调的，并且被插值点 x_i 不能够超过 x 的范围. 例如 interp1( )、interp2( )、interpn( ) 等只能进行内部插值，而 griddata( ) 既可以计算内部插值，又可以计算外部插值.

插值和拟合方法都是根据实际中一组已知数据来构造一个能够反映数据变化规律的近似函数的方法. 由于对近似要求的准则不同，插值问题和数据拟合的本质区别是：插值问题不一定得到近似函数的表达式，仅通过插值方法找到未知点对应的值. 数据拟合则要求得到一个具体的近似函数表达式.

> **问题 7** **【机翼轮廓模型】已知飞机机翼截面下轮廓线的数据，见表 9-8，求 x 每改变 0.1 时 y 的值.**
>
> 表 9-8　　单位：m
>
> | x | 0 | 3 | 5 | 7 | 9 | 11 | 12 | 13 | 14 | 15 |
> |---|---|---|---|---|---|---|---|---|---|---|
> | y | 0 | 1.2 | 1.7 | 2.0 | 2.1 | 2.0 | 1.8 | 1.2 | 1.0 | 1.6 |

一、模型假设

假设飞机机翼截面下轮廓的变化是连续的.

二、模型的分析与建立

本题函数不明确，先绘出散点图，如图 9-15 所示.

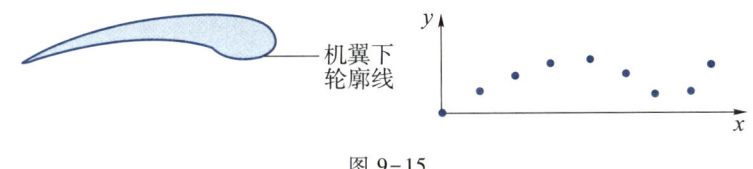

机翼下轮廓线

图 9-15

从散点图也很难观察出函数形式. 下面使用插值的方法. 因为只有一个变量且变量 x 是单调的，所以可以使用一元插值函数 interp1( ) 来进行计算.

三、模型求解

用 MATLAB 求解如下：

```
>> x0 = [ 0 3 5 7 9 11 12 13 14 15 ];
>> y0 = [ 0 1.2 1.7 2.0 2.1 2.0 1.8 1.2 1.0 1.6 ];
>> x = 0:0.1:15;
>> y1 = interp1(x0,y0,x,'spline')
>> plot(x0,y0,'k+',x,y1,'r')
>> grid            % 显示网格
>> title('spline')  % 定义图形的标题
```

y1 即为要求的值，由于结果较多，无法全部显示，这里我们通过图 9-16 来展示插值后的结果.

从图形可以观察出两方面的内容：

（1）插值要求通过每一个数据点，而拟合不一定.

（2）得到的插值曲线与飞机机翼截面下轮廓线基本相同，说明插值效果较好.

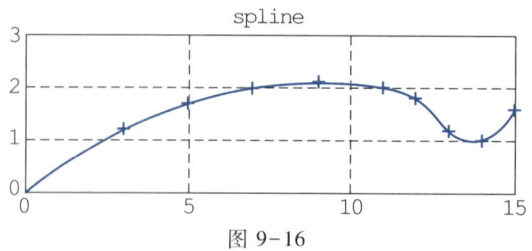

图 9-16

问题 8 【电容器充电模型】在用外接电源给电容器充电时，电容器两端的电压 V 将会随着充电时间 t 发生变化，在某一次实验时，通过测量得到的观测值见表 9-9.

表 9-9

t/h	1	2	3	4	6.5	9	12
V/V	6.2	7.3	8.2	9.0	9.6	10.1	10.4

求 t 每改变 0.1 h 时，对应的电压器两端的电压 V.

一、模型假设

假设电压的变化是连续的.

二、模型的分析与建立

本题函数不明确，先绘出散点图. 用 MATLAB 求解如下:

```
>> x = [1   2   3   4   6.5   9   12];
>> y = [6.2   7.3   8.2   9.0   9.6   10.1   10.4];
>> plot(x,y,'*')
```

结果如图 9-17 所示.

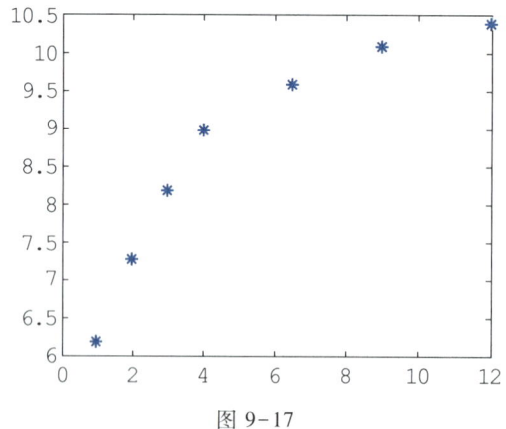

图 9-17

从散点图观察出电容器两端的电压 V 随着充电时间 t 的变化而变化，大致为对数函数关系，本题并不要求给出函数形式，只需求出 t 每改变 0.1 h 时，对应的电压器两端的电压 V，同样使用插值的方法.

三、 模型的求解

因为只有一个变量且变量 t 是单调的，所以可以使用一元插值函数 interp1( ). 用 MATLAB 求解如下：

```
>> x0 = [1   2   3   4   6.5   9   12];
>> y0 = [6.2   7.3   8.2   9.0   9.6   10.1   10.4];
>> x = 0:0.1:12;
>> y1 = interp1(x0,y0,x,'spline')
>> plot(x0,y0,'k+',x,y1,'r')
```

观察图 9-18 可知：

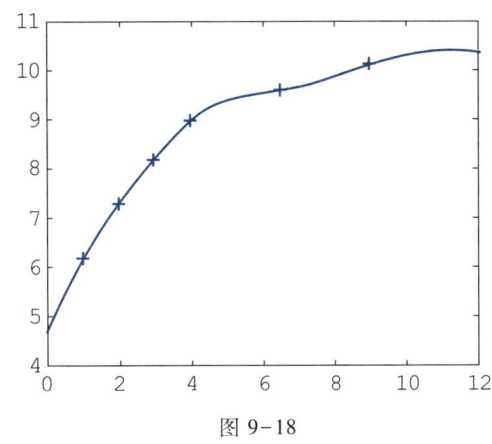

图 9-18

（1）插值要求通过每一个数据点.

（2）得到的插值曲线反映了时间 t 与电压 V 的关系，说明插值效果较好.

注：一元插值函数 interp1 的基本格式为 interp1(x, y, cx, 'method')，其中 x、y 分别表示已知数据点的横、纵坐标，x 必须单调，cx 为需要插值的横坐标，method 为可选参数，它可以是以下四个值之一：

① nearest——最近邻点插值

② linear——线性插值

③ spline——三次样条插值

④ cubic——三次插值

问题 9 【温度预测模型】在 12 h 内，每隔 1 h 测量一次温室温度，具体数据见表 9-10.

表 9-10

小时/h	1	2	3	4	5	6	7	8	9	10	11	12
温度/℃	5	8	9	15	25	29	31	30	22	25	27	24

求温室在 3.2 h，6.5 h，7.1 h，11.7 h 的温度值.

一、模型假设

假设温度的变化是连续的.

二、模型的分析与建立

本题函数不明确, 先绘出散点图.

```
>> x0 = [1  2  3  4  5  6  7  8  9  10  11  12];
>> y0 = [5  8  9  15  25  29  31  30  22  25  27  24];
>> plot(x0,y0,'*')
```

所得结果如图 9-19 所示. 从散点图 9-19 也难以观察出函数形式. 下面使用插值的方法.

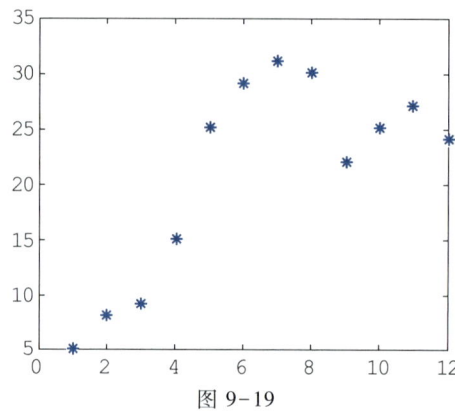

图 9-19

三、模型求解

因为只有一个变量且变量 x 是单调的, 所以可以使用一元插值函数 interp1. 用 MATLAB 求解如下:

```
>> x0 = [1  2  3  4  5  6  7  8  9  10  11  12];
>> y0 = [5  8  9  15  25  29  31  30  22  25  27  24];
>> x = [3.2  6.5  7.1  11.7];
>> y = interp1(x0,y0,x)
y =
     10.2000  30.0000  30.9000  24.9000
```

在 3.2 h, 6.5 h, 7.1 h, 11.7 h 的温度分别为 10.2 ℃, 30 ℃, 30.9 ℃, 24.9 ℃. 如图 9-20 所示, 其中 "*" 为已知点, "o" 为插值点.

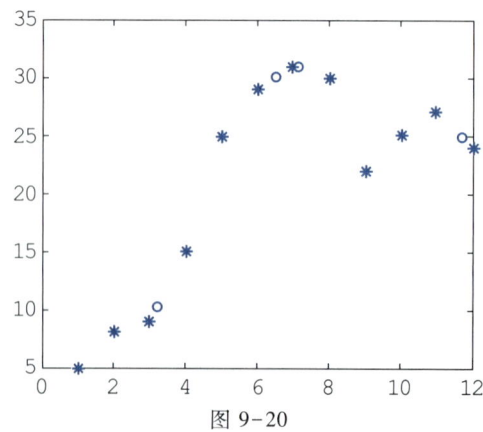

图 9-20

问题10 【河流流量模型】一条100 m 宽的河道的截面如图9-21所示，为了测量其流量需要知道河道的截面积. 为此从河的一端开始每隔5 m 测量出河床的深度，见表9-11.

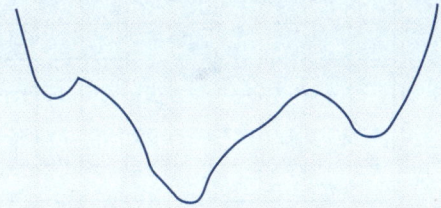

图 9-21

表 9-11

坐标	x_1	x_2	x_3	x_4	x_5	x_6	x_7	x_8	x_9	x_{10}
深度	2.41	2.96	2.15	2.65	3.12	4.23	5.12	6.21	5.68	4.22
坐标	x_{11}	x_{12}	x_{13}	x_{14}	x_{15}	x_{16}	x_{17}	x_{18}	x_{19}	x_{20}
深度	3.91	3.26	2.85	2.35	3.02	3.63	4.12	3.46	2.08	0

试根据以上数据估算河道的截面积，进而在已知水的流速（设为 1 m/s）的情况下计算出水流量. 如果要在河床铺设一条电缆，试估计电缆的长度.

一、模型假设

（1）假设河床的深度是连续变化的.

（2）假设紧靠河床铺设电缆，即电缆长度等于河床长度.

二、模型的分析与建立

本问题是要利用已知数据点来获取一条穿过这些点的河床函数曲线. 这是实际中经常遇到的数据处理问题，可以用数据插值的方法求解.

三、模型的求解

1. 画出河床观测的散点图

```
>> clf;clear
>> x = 5:5:100
>> y = [2.41 2.96 2.15 2.65 3.12 4.23 5.12 6.21 5.68 4.22 3.91
3.26 2.85 2.35 3.02 3.63 4.12 3.46 2.08 0];
>> y1 = 10-y;
>> plot(x,y1,'k*');
>> axis([0 100 0 10]);
>> grid on
```

结果如图9-22所示.

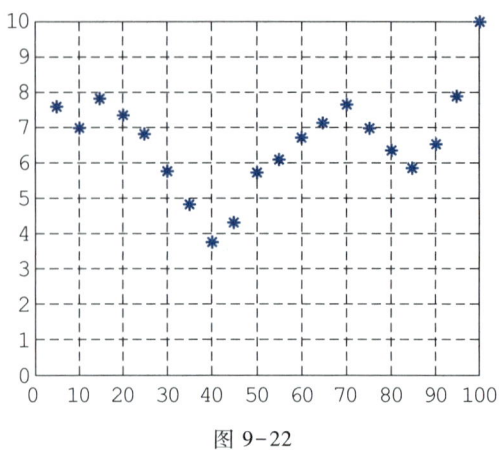

图 9-22

2. 利用分段线性插值绘制河床曲线

根据已知数据可以进行分段线性插值，在此基础上利用梯形法求积分命令 trapz 来计算河床面积，同时，利用每段连续线长度之和来近似河床曲线长度. 用 MATLAB 求解如下：

```
>> clf;clear
>> x = 0:5:100;
>> y = [0  2.41  2.96  2.15  2.65  3.12  4.23  5.12  6.21  5.68  4.22
3.91  3.26  2.85  2.35  3.02  3.63  4.12  3.46  2.08  0];
>> y1 = 10-y ;
>> plot(x,y1,'k*');
>> axis([0 100 0 10]);
>> grid on ;hold on ;
>> t = 0 :100 ;
>> u = interp1(x,y1,t);
>> plot(t,u);
>> S = 100 * 10-trapz(x,y1);
>> p = sqrt(diff(x).^2+diff(y).^2);   % 弧长公式
>> L = sum(p);
>> S
S =
    337.1500
>> L
L =
    102.0922
```

所得图形如图 9-23 所示.

从而可以得出，河床截面面积 $S = 337.15$ m^2；河床曲线长度 $L = 102.09$ m. 所以电缆长度约为 102.09 m.

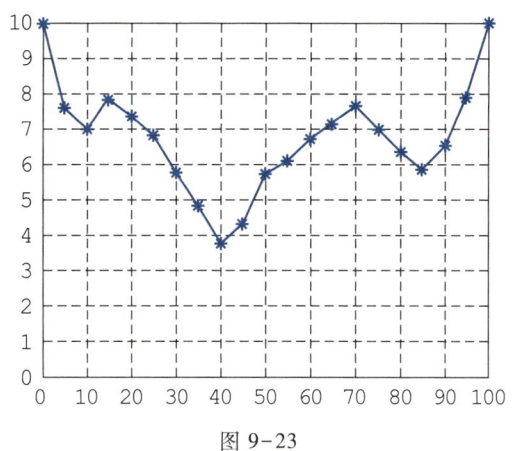

图 9-23

问题 11　【海域水底探测模型】在某海域测得一些点 (x, y) 处的水深数据 z（单位：英尺①），见表 9-12. 水深数据是在低潮时测得的. 船吃水深度为 5 英尺，问在矩形 $(75, 200) \times (-50, 150)$ 海域里哪些地方船要避免进入？

表 9-12

x	129.0	140.0	103.5	88.0	185.5	195.0	105.5
y	7.5	141.5	23.0	147.0	22.5	137.5	85.5
z	4	8	6	8	6	8	8
x	157.5	107.5	77.0	81.0	162.0	162.0	117.5
y	−6.5	−81	3.0	56.5	−66.5	84.0	−33.5
z	9	8	8	8	9	4	9

一、模型假设

假设该海域水的深度是连续变化的，即海底是光滑的.

二、模型的分析与建立

假设该海域海底是光滑的. 由于测量点是散乱分布的，先在平面上作出测量点的分布图，再利用二维插值方法补充一些点的水深. 这种插值属于外部插值，所以只能使用 griddata( ) 进行插值计算. 然后作出海底曲面图和等高线图，并求出水深小于 5 英尺的海域范围，从而可以观察该海域的水深情况.

三、模型求解

先作出测量点的分布图，然后作出海底地貌图，接着作出危险区域海底地貌图，最后作出危险区域平面图.

> x ＝[129.0　140.0　103.5　88.0　185.5　195.0　105.5　157.5　107.5　77.0　81.0　162.0　162.0　117.5];

> y ＝[7.5　141.5　23.0　147.0　22.5　137.5　85.5　−6.5　−81　3.0　56.5

① 1 英尺 = 0.304 8 m.

```
-66.5   84.0   -33.5 ];
```
　　　　>> z =[4 8 6 8 6 8 8 9 9 8 8 9 4 9];

　　　　>> x1 = 75 : 1 : 200 ;

　　　　>> y1 = -50 : 1 : 150 ;

　　　　>>[x1,y1]=meshgrid (x1,y1); % 生成网格结点

　　　　>> z1 = griddata (x,y,z,x1,y1,'v4');

　　　　>>meshc (x1,y1,z1)

插值后的结果见图 9-24.

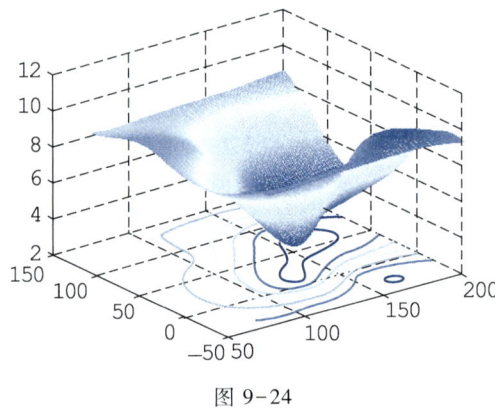

图 9-24

　　以上作出了海底深度的变化情况, 但要找出哪些部分船可以通过还是比较困难, 于是在绘图的时候只要作出海底深度小于 5 英尺的区域, 就能方便地进行观察了.

　　　　>> z1(z1>=5)= nan ; % 将水深大于 5 的区域置为 nan, 这样绘图就不会显示出来

　　　　>>meshc (x1,y1,z1)

结果见图 9-25.

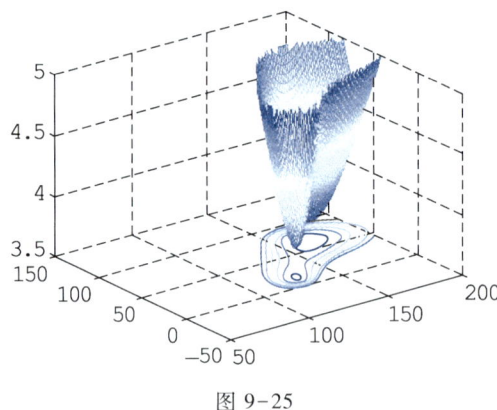

图 9-25

　　从图 9-25 很容易观察出小于 5 英尺的海水深度, 只要避开这些区域, 其他区域船都可以通过.

　　在历年的赛题中, 常用到数据插值方法, 如 MCM1998 年美国赛题 "生物组织切片" 的三维插值处理, CUMCM1994 年的 "逢山开路" 中山体海拔高度的插值计算, CUMCM2005 年 "两种雨量预报方法的评价" 等, 通过插值可以由已知点的值得到未知点的预报(测)值等.

实 训 9

问题 1 【产品预测模型】已知某商品的销售数据见表 9-13.

表 9-13

x/年	1	2	3	4	5	6	7	8	9	10
y/万个	2.3	5.4	7.8	3.5	4.1	5.6	3.4	5.6	7.8	8.8

请建立销售数量与时间(年)的函数关系.

问题 2 【血药浓度问题】一种新药在投入临床使用前要经过多次的试验测试,在一次注射试验中,一位研究人员测得将某种注射液快速注入人体后,该药品在血液中的浓度 y 与时间 t 的一些数据,见表 9-14.

表 9-14

时间 t	0.5	1	1.5	2	2.5	3	3.5	4
浓度 y	2.30	2.85	3.21	4.20	4.85	5.60	7.82	10.32
时间 t	4.5	5	5.5	6	6.5	7	7.5	8
浓度 y	10.68	10.89	11.25	11.64	11.98	12.01	12.15	12.29

请使用最小二乘法给出药品在血液中的浓度与时间的经验公式,并作出这条曲线.

问题 3 【温度变化问题】某地区在 $1\sim12$ h 内,每隔 1 h 测量一次温度,测得的温度(℃)依次为:$5,8,9,15,25,29,31,30,22,25,27,24$. 试估计每隔 $\dfrac{1}{10}$h 的温度值.

问题 4 【温度测量问题】测得平板表面 3×5 网格点处的温度见表 9-15.

表 9-15

82	81	80	82	84
79	63	61	65	81
84	84	82	85	86

试作出平板表面的温度分布曲面 $z=f(x,y)$ 的图形.

问题 5 【西红柿施肥量与产量问题】为了研究西红柿的施肥量对产量的影响,科研人员对 14 块大小一样的土地施加不同数量的肥料,收获时记下西红柿的产量,并在耕作过程中尽量保持其他条件相同,结果见表 9-16. 试建立施肥量与产量关系的回归模型,从而做出施肥量对西红柿产量的预报.

表 9-16

地块序号	产量	施肥量/kg	地块序号	产量	施肥量/kg
1	1 035	6.0	8	960	11.5
2	624	2.5	9	990	5.5
3	1 084	7.5	10	1 050	6.5
4	1 052	8.5	11	839	4.0
5	1 015	10.0	12	1 030	9.0
6	1 066	7.0	13	985	11.0
7	704	3.0	14	855	12.5

问题 6 【销售额分析问题】上海市社会消费品零售总额的数据见表 9-17.

表 9-17

年份	2015	2016	2017	2018	2019	2020	2021	2022	2023	2024
商品零售总额/万亿元	0.93	1.01	1.13	1.19	1.21	1.59	1.81	1.65	1.85	1.79

请预测未来 5 年的商品零售总额.

问题 7 【海水温度】海水温度随着深度的变化而变化，海面温度较高，随着深度的增加温度越来越低，这样也就影响了海水的对流和混合，使得深层海水中的氧气越来越少，这是潜水员必须考虑的问题，同时根据这个规律也可以对海水鱼层作一划分. 现在通过实验测得一组海水深度 h 与温度 t 的数据，见表 9-18.

表 9-18

$t/℃$	23.5	22.9	20.1	19.1	15.4	11.5	9.5	8.2
h/m	0	1.5	2.5	4.6	8.2	12.5	16.5	26.5

（1）找出温度 t 与深度 h 之间的一个近似函数关系.

（2）找出温度变化最快的深度位置(实际上该位置就是潜水员在潜水时，随着潜水深度的不同，需要更换呼入气体种类的位置，也是不同种类鱼层的分界位置).

问题 8 【水塔供水】某居民区有一供居民用水的圆柱形水塔，一般可以通过测量其水位来估计水的流量. 但面临的困难是，当水塔水位下降到设定的最低水位时，水泵自动启动向水塔供水，到设定的最高水位时停止供水，这段时间无法测量水塔的水位和水泵的供水量. 通常水泵每天供水一两次，每次约 2 h.

水塔是一个高 12.2 m，直径 17.4 m 的正圆柱. 按照设计，水塔水位降至约 8.2 m 时，水泵自动启动，水位升到约 10.8 m 时水泵停止工作.

表 9-19 记录了某天测量的水位值，试估计任意时刻(包括水泵正供水时)从水塔流出的水流量及一天的总用水量.

表 9-19　水位测量记录（符号//表示水泵启动）

时刻/h	0	0.92	1.84	2.95	3.87	4.98	5.90	7.01	7.93	8.97
水位/cm	968	948	931	913	898	881	869	852	839	822
时刻/h	9.98	10.92	10.95	12.03	12.95	13.88	14.98	15.90	16.83	17.93
水位/cm	//	//	1 082	1 050	1 021	994	965	941	918	892
时刻/h	19.04	19.96	20.84	22.01	22.96	23.88	24.99	25.91		
水位/cm	866	843	822	//	//	1 059	1 035	1 018		

问题 9　【降水量预报问题】降水量预报对农村的农业生产和城市的工作和生活都起着重要作用，但准确、及时地对降水量做出预报却是一个十分困难的问题．我国某地气象台已经预测出在某些位置的降水量，这些位置位于东经 120 度、北纬 32 度附近的 120 个点上，见表 9-20．现又增加 90 个预测点坐标见表 9-21，请根据原来预测点的降水量推算新增 90 个点的降水量．

表 9-20

经度	117	117.1	117.2	117.2	117.3	117.4	117.4	117.5	117.5	117.6
纬度	28	30.7	33.4	28.9	31.6	34.4	29.9	32.6	28.1	30.8
降水量	0.031	0.037 4	0.011 2	0.041 6	0.022 5	0.009 8	0.057 8	0.013 5	0.031 9	0.035 9
经度	117.7	117.7	117.8	117.9	117.9	118	118	118.1	118.2	118.2
纬度	33.5	29	31.7	34.5	30	32.7	28.2	30.9	33.6	29.2
降水量	0.009 7	0.052 2	0.023 6	0.008 3	0.083 2	0.009 6	0.036 8	0.020 6	0.006 7	0.068 1
经度	118.3	118.4	118.4	118.5	118.4	118.6	118.7	118.6	118.8	118.9
纬度	31.9	34.6	30.1	32.8	28.3	31	33.8	29.3	32	34.7
降水量	0.032 6	0.006 8	0.217 9	0.004 4	0.036 3	0.018	0.004 9	0.074 9	0.000 5	0.005 9
经度	118.8	119	118.9	119	119.2	119.1	119.3	119.4	119.3	119.5
纬度	30.2	32.9	28.5	31.2	33.9	29.4	32.1	34.8	30.3	33
降水量	0.186 8	0.001 5	0.035 9	0.013	0.002 7	0.043 6	0.003	0.005 1	0.032 7	0.001 7
经度	119.4	119.5	119.7	119.6	119.7	119.9	119.8	120	119.8	120
纬度	28.6	31.3	34	29.5	32.2	34.9	30.4	33.2	28.7	31.4
降水量	0.027 3	0.003 4	0.002 1	0.018 7	0.001 9	0.004 8	0.006 4	0.001 4	0.021	0.002 7
经度	120.2	120	120.2	120.1	120.3	120.5	120.3	120.5	120.7	120.5
纬度	34.1	29.6	32.3	27.9	30.6	33.3	28.8	31.5	34.2	29.7
降水量	0.002 6	0.008 9	0.001 6	0.017 2	0.002 5	0.000 9	0.013 3	0.001 4	0.003 6	0.004 5
经度	120.7	120.5	120.7	121	120.8	121	121.2	121	121.2	121
纬度	32.4	28	30.7	33.4	28.9	31.6	34.3	29.8	32.5	28.1
降水量	0.001 1	0.014 9	0.000 6	0.002 9	0.009 9	0.000 9	0.004 2	0.003	0.001 6	0.011 7
经度	121.2	121.5	121.2	121.5	121.7	121.5	121.7	121.5	121.7	122
纬度	30.8	33.5	29	31.7	34.4	29.9	32.6	28.2	30.9	33.6
降水量	0.000 4	0.004 1	0.008	0.000 5	0.004 9	0.002 6	0.002 2	0.009 5	0.000 8	0.004 3
经度	121.7	122	122.3	121.9	122.2	121.9	122.2	122.5	122.2	122.5
纬度	29.1	31.8	34.5	30	32.7	28.3	31	33.7	29.2	31.9
降水量	0.006 1	0.002	0.005	0.001	0.003 5	0.008 5	0.002 2	0.004 8	0.005 9	0.003 5

经度	122.8	122.4	122.7	122.4	122.7	123	122.6	123	123.3	122.9
纬度	34.6	30.1	32.8	28.4	31.1	33.8	29.3	32	34.7	30.2
降水量	0.005 5	0.001 9	0.004 3	0.007 3	0.003 1	0.005 2	0.005	0.004 3	0.005 5	0.003 8
经度	123.2	122.9	123.2	123.5	123.1	123.4	123.1	123.4	123.7	123.3
纬度	32.9	28.5	31.2	33.9	29.4	32.1	27.7	30.3	33	28.6
降水量	0.004 8	0.007 6	0.004	0.005 3	0.005 6	0.004 7	0.008 1	0.004 3	0.005 1	0.007
经度	123.7	124	123.6	123.9	123.5	123.9	124.2	123.8	124.2	124.5
纬度	31.3	34	29.5	32.2	27.7	30.4	33.1	28.7	31.3	34
降水量	0.004 8	0.005 5	0.005 8	0.004 7	0.008 2	0.005 1	0.005 1	0.006 8	0.005 3	0.006

表 9-21

经度	118.52	118.85	119.27	119.8	119.82	119.03	119.3	120.25	120.15	120.48
纬度	32.98	33.3	33.67	33.8	33.48	33.03	33.23	33.77	33.38	33.2
经度	118.27	118.3	118.8	119.02	119.45	119.83	119.42	119.93	120	120.32
纬度	32.1	32.3	32	32.68	32.8	32.93	32.42	32.33	32.2	32.87
经度	119.47	120.45	120.57	121.18	121.6	121.67	118.85	118.38	118.5	118.52
纬度	32.18	32.53	32.38	32.33	32.07	31.8	31.95	31.33	31.57	31.7
经度	118.18	119.58	119.55	119.93	119.17	119.48	119.82	120.63	120.27	120.73
纬度	31.08	31.98	31.75	31.77	31.95	31.43	31.37	31.27	31.88	31.65
经度	120.32	120.95	120.43	120.63	121.2	121.37	121.48	121.25	121.45	121.43
纬度	31.58	31.42	31.07	31.15	31.9	31.1	31.4	31.37	31.62	31.2
经度	121.78	121.53	121.1	118.13	118.32	118.4	118.75	118.53	118.98	118.58
纬度	31.05	31.23	31.47	30.3	30.85	30.68	30.93	30.3	30.62	30.08
经度	119.42	119.18	119.88	119.68	119.7	119.95	120.08	120.9	120.73	120.63
纬度	30.88	31.13	30.98	30.97	30.23	30.05	30.85	30.85	30.78	30
经度	120.07	120.68	120.53	120.17	120.32	121.17	121.12	121.25	121.48	121.08
纬度	30.53	30.52	30.63	30.23	30.2	30.88	31.13	31	30.93	30.62
经度	121.22	121.15	122.45	122.1	122.18	118.43	118.28	118.18	119.68	120.25
纬度	30.27	30.07	30.73	30.03	30.25	29.87	29.72	29.78	29.82	29.7

问题 10　【**黄河水调沙试验问题**】2004 年 6 月至 7 月黄河进行了三次调水调沙试验，特别是首次由小浪底、三门峡和万家寨三大水库联合调度，采用接力式防洪预泄放水，形成人造洪峰进行调沙试验获得成功. 试验期共 20 余天，小浪底从 6 月 19 日开始预泄放水，直到 7 月 13 日恢复正常供水结束. 小浪底水利工程设计拦沙量为 75.5 亿立方米，在这之前，小浪底库区共淤积泥沙达 14.5 亿吨. 这次调水调沙试验的一个重要目的就是由小浪底上游的三门峡和万家寨水库泄洪，在小浪底形成人造洪峰，冲刷小浪底库区沉积的泥沙，在小浪底水库开闸泄洪以后，从 6 月 27 日开始三门峡水库和万家寨水库陆续开闸放水，人造洪峰于 29 日先后到达小浪底，7 月 3 日达到最大流量 2 700 m³/s，使小浪底水库的排沙量也不断地增加，表 9-22 是在小浪底观测站从 6 月 29 日到 7 月 10 日检测到的试验数据.

表 9-22

日期	6月29日		6月30日		7月1日		7月2日		7月3日		7月4日	
时间	8:00	20:00	8:00	20:00	8:00	20:00	8:00	20:00	8:00	20:00	8:00	20:00
水流量	1 800	1 900	2 100	2 200	2 300	2 400	2 500	2 600	2 650	2 700	2 720	2 650
含沙量	32	60	75	85	90	98	100	102	108	112	115	116
日期	7月5日		7月6日		7月7日		7月8日		7月9日		7月10日	
时间	8:00	20:00	8:00	20:00	8:00	20:00	8:00	20:00	8:00	20:00	8:00	20:00
水流量	2 600	2 500	2 300	2 200	2 000	1 850	1 820	1 800	1 750	1 500	1 000	900
含沙量	118	120	118	105	80	60	50	30	26	20	8	5

注：以上数据主要根据媒体公开报道的结果整理而成，不一定与真实数据完全相符.

（1）给出估算任意时刻的排沙量及总排沙量的方法；

（2）确定排沙量与水流量的变化关系.

第 10 章 综合评价模型

人们在现实生活中常常面临对不同事物做比较和判断. 如买一件衣服, 如何在面料、款式、价格等之间做出选择? 请朋友吃饭, 筹划吃火锅、川菜、粤菜还是西餐? 购买房屋, 决定买期房、现房还是二手房? 位置在城市中心、城郊还是在风景秀丽的周边城市? 等等. 另外, 还会面临对各种事物进行评价和决策. 如教师对学生成绩的评价, 学校对教师的评价, 企业对应聘人员和现有员工的评价, 企业对投资项目的评价, 各地区各部门对人口、交通、经济、环境等领域的发展规划的评价等. 这些评价结果会直接影响评价者的决策.

综合评价的常用方法有多种, 下面介绍层次分析法、模糊综合评价法和 TOPSIS 法.

10.1 层次分析法模型

层次分析法(Analytic Hierarchy Process, 简称 AHP)是一种有效处理较模糊或较复杂的决策问题的方法, 它将决策问题的有关元素分解成目标、准则、方案等层次, 在此基础上进行定性和定量分析. 它将人们的思维过程层次化, 通过逐层比较相关因素, 逐层检验比较结果的合理性, 为决策者提供较有说服力的依据.

> **问题 1** **【工作单位的选择模型】**小李是某一大学的应届毕业生, 参与多家企业的招聘会后, 有甲、乙和丙三个单位愿意录用他. 请你为他提供建议, 以选择合适的单位.

1. 分析系统, 提出问题, 建立层次分析结构模型

本问题是对候选单位进行综合评价, 以便确定令小李比较满意的单位. 根据往届学生的就业经验, 可以考虑以下几个因素: 研究能力、发展前途、待遇、同事情况、地理位置、单位名气等. 工作1、工作2、工作3 分别对应甲、乙、丙三个单位. 由此建立目标为工作满意度的层次结构模型, 如图 10-1 所示.

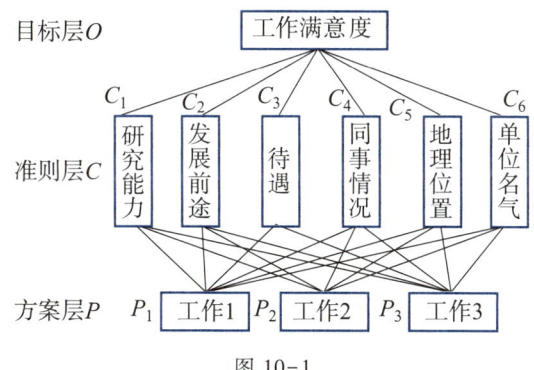

图 10-1

2. 构造两两判断比较矩阵

(1) 比较各准则对目标的权重

下面比较研究能力、发展前途、待遇、同事情况、地理位置、单位名气这 6 个因素对工作满意度的影响大小(定量结果). 由于这些因素通常不易定量地测量, 只能靠经验、知识和喜好进行判断. 当因素较多时, 结果往往是不全面和不准确的. 所以可以不把所有因素放在一起比较, 而只对因子进行两两相互对比, 建立成对比较矩阵.

如要比较准则层的 6 个因素: 研究能力、发展前途、待遇、同事情况、地理位置、单位

名气对目标层 O 的影响，每次取两个因子 x_i 和 x_j，用 a_{ij} 表示 x_i 和 x_j 对 O 的影响之比，全部比较结果用矩阵 $\boldsymbol{A}=(a_{ij})_{n\times n}$ 表示. 容易看出，若 x_i 与 x_j 对 O 的影响之比为 a_{ij}，则 x_j 与 x_i 对 O 的影响之比应为 $a_{ji}=\dfrac{1}{a_{ij}}$，显然 $a_{ii}=1$，故称 $\boldsymbol{A}$ 为**成对比较矩阵**. 如何构造矩阵 $\boldsymbol{A}$ 的元素 a_{ij} 呢？Saaty 等人提出用数字 1—9 及其倒数作为矩阵 $\boldsymbol{A}$ 的标度. 见表 10-1.

表 10-1

标度	含　义
1	x_i 与 x_j 的影响相同(具有相同重要性)
3	x_i 比 x_j 的影响稍强
5	x_i 比 x_j 的影响强
7	x_i 比 x_j 的影响明显强
9	x_i 比 x_j 的影响绝对强
2，4，6，8	x_i 与 x_j 的影响之比在上述两个相邻等级之间
倒数	若因素 i 与因素 j 的重要性之比为 a_{ij}，则因素 j 与因素 i 的重要性之比为 $a_{ji}=\dfrac{1}{a_{ij}}$

如在分析"研究能力"与"发展前途"对工作满意程度 O 的影响时，可以认为它们的影响几乎相同，所以 $a_{12}=1$. 若在这 6 个因素中，小李比较看重"研究能力""发展前途""待遇""单位名气"，而把"同事情况""地理位置"放在次要位置，则 $a_{34}=4,a_{35}=3$. 由此得到 6 个因素中任意两个因素对工作满意度 O 的影响大小.

O	C_1	C_2	C_3	C_4	C_5	C_6
C_1	1	1	1	5	4	$\dfrac{2}{3}$
C_2	1	1	2	4	4	$\dfrac{4}{5}$
C_3	1	$\dfrac{1}{2}$	1	4	3	$\dfrac{1}{2}$
C_4	$\dfrac{1}{5}$	$\dfrac{1}{4}$	$\dfrac{1}{4}$	1	$\dfrac{3}{4}$	$\dfrac{1}{7}$
C_5	$\dfrac{1}{4}$	$\dfrac{1}{4}$	$\dfrac{1}{3}$	$\dfrac{4}{3}$	1	$\dfrac{1}{6}$
C_6	$\dfrac{3}{2}$	$\dfrac{5}{4}$	2	7	6	1

得 6 个因素对工作满意度 O 的两两判断比较矩阵

$$\boldsymbol{A}=\begin{pmatrix} 1 & 1 & 1 & 5 & 4 & \dfrac{2}{3} \\ 1 & 1 & 2 & 4 & 4 & \dfrac{4}{5} \\ 1 & \dfrac{1}{2} & 1 & 4 & 3 & \dfrac{1}{2} \\ \dfrac{1}{5} & \dfrac{1}{4} & \dfrac{1}{4} & 1 & \dfrac{3}{4} & \dfrac{1}{7} \\ \dfrac{1}{4} & \dfrac{1}{4} & \dfrac{1}{3} & \dfrac{4}{3} & 1 & \dfrac{1}{6} \\ \dfrac{3}{2} & \dfrac{5}{4} & 2 & 7 & 6 & 1 \end{pmatrix}.$$

（2）确定方案层对准则层的权重

类似于矩阵 $\boldsymbol{A}$ 的构造方法，下面构造方案层 3 个因素对准则层 6 个因素中的每一个因素的判断矩阵 $\boldsymbol{A}_i$（$i = 1, 2, \cdots, 6$）.

方案层3个因素对准则层中研究能力的判断矩阵

A_1	P_1	P_2	P_3
P_1	1	$\dfrac{1}{4}$	$\dfrac{1}{2}$
P_2	4	1	3
P_3	2	$\dfrac{1}{3}$	1

$$\boldsymbol{A}_1 = \begin{pmatrix} 1 & \dfrac{1}{4} & \dfrac{1}{2} \\ 4 & 1 & 3 \\ 2 & \dfrac{1}{3} & 1 \end{pmatrix}$$

A_2	P_1	P_2	P_3
P_1	1	$\dfrac{1}{4}$	$\dfrac{1}{5}$
P_2	4	1	$\dfrac{1}{2}$
P_3	5	2	1

$$\boldsymbol{A}_2 = \begin{pmatrix} 1 & \dfrac{1}{4} & \dfrac{1}{5} \\ 4 & 1 & \dfrac{1}{2} \\ 5 & 2 & 1 \end{pmatrix}$$

A_3	P_1	P_2	P_3
P_1	1	$\dfrac{2}{3}$	$\dfrac{3}{4}$
P_2	$\dfrac{3}{2}$	1	1
P_3	$\dfrac{4}{3}$	1	1

$$\boldsymbol{A}_3 = \begin{pmatrix} 1 & \dfrac{2}{3} & \dfrac{3}{4} \\ \dfrac{3}{2} & 1 & 1 \\ \dfrac{4}{3} & 1 & 1 \end{pmatrix}$$

A_4	P_1	P_2	P_3
P_1	1	$\dfrac{1}{3}$	5
P_2	3	1	7
P_3	$\dfrac{1}{5}$	$\dfrac{1}{7}$	1

$$\boldsymbol{A}_4 = \begin{pmatrix} 1 & \dfrac{1}{3} & 5 \\ 3 & 1 & 7 \\ \dfrac{1}{5} & \dfrac{1}{7} & 1 \end{pmatrix}$$

A_5	P_1	P_2	P_3
P_1	1	1	7
P_2	1	1	7
P_3	$\dfrac{1}{7}$	$\dfrac{1}{7}$	1

$$\boldsymbol{A}_5 = \begin{pmatrix} 1 & 1 & 7 \\ 1 & 1 & 7 \\ \dfrac{1}{7} & \dfrac{1}{7} & 1 \end{pmatrix}$$

A_6	P_1	P_2	P_3
P_1	1	7	9
P_2	$\dfrac{1}{7}$	1	1
P_3	$\dfrac{1}{9}$	1	1

$$A_6 = \begin{pmatrix} 1 & 7 & 9 \\ \dfrac{1}{7} & 1 & 1 \\ \dfrac{1}{9} & 1 & 1 \end{pmatrix}$$

得到这些判断矩阵后，就可以计算各个矩阵的最大特征值 λ 和相应的特征向量 $\boldsymbol{\omega}$.（注：设 $\boldsymbol{A}$ 是 n 阶方阵，如果存在数 λ 和非零 n 维列向量 $\boldsymbol{X}$，使得 $\boldsymbol{AX} = \lambda \boldsymbol{X}$ 成立，则称 λ 是 $\boldsymbol{A}$ 的一个特征值或特征根，$\boldsymbol{X}$ 称为对应于特征值 λ 的特征向量.）下面以准则层判断矩阵 $\boldsymbol{A}$ 为例，说明其计算方法. 其余 $\boldsymbol{A}_i, i = 1, 2, \cdots, 6$ 的计算可以类似得到.

（1）对 $\boldsymbol{A}$ 按列进行归一化处理，即 $\overline{a_{ij}} = \dfrac{a_{ij}}{\sum\limits_{i=1}^{n} a_{ij}}$，得

$$\overline{A} = \begin{pmatrix} 0.202\,0 & 0.235\,3 & 0.151\,9 & 0.223\,9 & 0.213\,3 & 0.203\,5 \\ 0.202\,0 & 0.235\,3 & 0.303\,8 & 0.179\,1 & 0.213\,3 & 0.244\,2 \\ 0.202\,0 & 0.117\,6 & 0.151\,9 & 0.179\,1 & 0.160\,0 & 0.152\,6 \\ 0.040\,4 & 0.058\,8 & 0.038\,0 & 0.044\,8 & 0.040\,0 & 0.043\,6 \\ 0.050\,5 & 0.058\,8 & 0.050\,6 & 0.059\,7 & 0.053\,3 & 0.050\,9 \\ 0.303\,0 & 0.294\,1 & 0.303\,8 & 0.313\,4 & 0.320\,0 & 0.305\,2 \end{pmatrix}.$$

（2）对 $\overline{A}$ 按行求和，得

$$\overline{\boldsymbol{\omega}} = (1.229\,9 \quad 1.377\,7 \quad 0.963\,3 \quad 0.265\,6 \quad 0.323\,9 \quad 1.839\,6)^{\mathrm{T}}.$$

（3）对 $\overline{\boldsymbol{\omega}}$ 按行进行归一化处理，即 $\omega_i = \dfrac{\overline{\omega}_i}{\sum\limits_{i=1}^{6} \overline{\omega}_i}$，得到特征向量①

$$\boldsymbol{\omega} = (0.205\,0 \quad 0.229\,6 \quad 0.160\,5 \quad 0.044\,3 \quad 0.054\,0 \quad 0.306\,6)^{\mathrm{T}}.$$

根据以上步骤，可以得到层次单排序的权值，见表 10-2.

表 10-2

准则	研究能力	发展前途	待遇	同事情况	地理位置	单位名气
准则层权值	0.205 0	0.229 6	0.160 5	0.044 3	0.054 0	0.306 6

用同样的方法，得到方案层 P 3 个工作对准则层 C 中 6 个因素的层次单排序的权值，其向量按列排列见表 10-3.

---

① 用 MATLAB 软件中的相应命令，得最大特征根 6.049 1，对应的特征向量为 $(-0.436\,2 \quad -0.491\,7 \quad -0.342\,9 \quad -0.094\,2 \quad -0.115\,1 \quad -0.654\,5)^{\mathrm{T}}$，转化得到 $(0.205\,0 \quad 0.231\,1 \quad 0.161\,1 \quad 0.044\,3 \quad 0.054\,1 \quad 0.307\,6)^{\mathrm{T}}$，误差很小.

表 10-3

项目	研究 能力	发展 前途	待遇	同事 情况	地理 位置	单位 名气
工作 1	0.137 3	0.098 2	0.319 2	0.282 8	0.466 7	0.797 8
工作 2	0.623 2	0.333 9	0.378 8	0.643 4	0.466 7	0.105 3
工作 3	0.239 5	0.567 9	0.301 9	0.073 8	0.066 7	0.096 9

3. 一致性检验

（1）一致性指标

下面还需要对这样构造出的矩阵进行一致性检验. 一个简单的道理是：若有甲、乙、丙三个物体，甲的重量是乙的重量的 3 倍，乙的重量是丙的重量的 2 倍，则甲的重量是丙的重量的 $2 \times 3 = 6$ 倍. 根据这一原理，判断矩阵还应满足：

$$a_{ij} = a_{ik}a_{kj}, \forall\, i, j, k = 1, 2, \cdots, n.$$

满足以上关系式的矩阵称为**一致矩阵**. 如在矩阵 A 中，由于 $a_{14} = 5, a_{45} = \dfrac{3}{4}$，按一致性原理，则应有 $a_{15} = 5 \times \dfrac{3}{4} = \dfrac{15}{4}$，而不是 4. 但是 n 个因素要做 $\dfrac{n(n-1)}{2}$ 次成对比较，全部一致的要求太苛刻了. 因此不必要求判断矩阵具有严格的一致性，可以允许判断矩阵在一定程度上非一致.

设 $\lambda_{\max}$ 为矩阵 A 的最大特征值，可以证明，当 A 是一致矩阵时，$\lambda_{\max} = n$，否则，$\lambda_{\max} > n$. 而且 $\lambda_{\max}$ 比 n 大得越多，矩阵 A 的非一致程度越严重. 于是利用如下平均值

$$CI = \frac{\lambda_{\max} - n}{n - 1}$$

作为判断**一致性指标**.

当且仅当判断矩阵 A 为一致矩阵时，$CI = 0$. CI 的值越大，A 的非一致性越严重. 又由 A 的 n 个特征根之和等于其对角线元素之和 n. 所以 CI 相当于除 $\lambda_{\max}$ 外其余 $n - 1$ 个特征根的平均值.

（2）随机一致性指标

为确定 A 的不一致程度的容许范围，下面引入**随机一致性指标** RI. 计算 RI 的过程如下：对于固定的 n，随机地构造正互反阵 A'，其元素 a_{ij}' $(i < j)$ 从 $1 \sim 9$、$1 \sim \dfrac{1}{9}$ 中随机取值，然后计算 A' 的一致性指标 CI. 当然 A' 可能是非常不一致的，这时 CI 会相当大. 如此构造相当多的 A'，用所有这些 CI 的平均值作为随机一致性指标. Saaty 对于不同的 n，用 $100 \sim 500$ 个样本算出的随机一致性指标 RI 的数值，见表 10-4.

表 10-4

n	1	2	3	4	5	6	7	8	9	10
RI	0	0	0.58	0.90	1.12	1.24	1.32	1.41	1.45	1.51

（3）一致性比率

对于 $n \geqslant 3$ 的成对比较矩阵 A，计算**一致性比率** CR.

$$CR = \frac{CI}{RI},$$

其中 RI 是与 A 同阶（阶数与 n 相同）的随机一致性指标. 如若 A 为 4 阶方阵，则 RI 对应于表 10-4 中 $n=4$ 的值，即 $RI=0.9$.

当 $CR<0.10$ 时，认为判断矩阵的一致性是可以接受的，否则应对判断矩阵作适当修正.

下面以判断矩阵 A 为例对其进行一致性检验：

（1）计算 A 的最大特征值 $\lambda_{\max}$

计算 $\lambda_{\max}$ 的方法有多种，这里直接调用 MATLAB 的函数 eig，得

$$\lambda_{\max}=6.049\ 1.$$

（2）计算 CI

$$CI=\frac{\lambda_{\max}-n}{n-1}=\ 0.009\ 8.$$

（3）计算 CR

$$CR=\frac{CI}{RI}=0.007\ 9,$$

其中 $RI=1.24$.

因为 $CR<0.1$，所以 A 满足一致性检验.

同样还要对 $A_i(i=1,2,\cdots,6)$ 进行一致性检验，相应结果见表 10-6，显然它们均通过一致性检验.

如果不满足一致性的话，就要相应调整矩阵，直到满足一致性检验为止.

4. 层次总排序及一致性检验

上面得到的是一组元素对其上一层中某元素的权重向量. 最终要得到各元素，特别是最低层中各方案对于目标的排序权重，从而进行方案选择. 总排序权重要自上而下地将单准则下的权重进行合成. 其计算方法为：设上一层次（A 层）包含 $A_1,\cdots,A_m$ 共 m 个因素，其层次总排序权重分别为 $a_1,\cdots,a_m$. 又设其后的下一层次（B 层）包含 n 个因素 $B_1,\cdots,B_n$，它们关于 A_j 的层次单排序权重分别为 $b_{1j},\cdots,b_{nj}$（当 B_i 与 A_j 无关联时，$b_{ij}=0$）. 求 B 层中各因素关于总目标的权重，即求 B 层各因素的层次总排序权重 $b_1,\cdots,b_n$，其计算按表 10-5 所示方式进行，即 $b_i=\sum\limits_{j=1}^{m}b_{ij}a_j,i=1,\cdots,n$.

表 10-5

层 B	层 A				B 层总排序权值
	A_1	A_2	$\cdots$	A_m	
	a_1	a_2	$\cdots$	a_m	
B_1	b_{11}	b_{12}	$\cdots$	b_{1m}	$\sum\limits_{j=1}^{n}b_{1j}a_j$
B_2	b_{21}	b_{22}	$\cdots$	b_{2m}	$\sum\limits_{j=1}^{n}b_{2j}a_j$
$\vdots$	$\vdots$	$\vdots$	$\vdots$	$\vdots$	$\vdots$
B_n	b_{n1}	b_{n2}	$\cdots$	b_{nm}	$\sum\limits_{j=1}^{n}b_{nj}a_j$

从而得出层次总排序，见表 10-6.

最后，对层次总排序进行一致性检验，得

$$CR = \frac{\sum\limits_{j=1}^{6} a_j CI_j}{\sum\limits_{j=1}^{6} a_j RI_j} = 0.034\,2 < 0.1,$$

所以满足一致性. 其中 $a_1 = 0.205\,0$，$a_2 = 0.229\,6$，$a_3 = 0.160\,5$，$a_4 = 0.044\,3$，$a_5 = 0.054\,0$，$a_6 = 0.306\,6$，即表 10-6 中准则层权值.

表 10-6

准则		研究能力	发展前途	待遇	同事情况	地理位置	单位名气	总排序权值
准则层权值		0.205 0	0.229 6	0.160 5	0.044 3	0.054 0	0.306 6	
方案层单排序权值	工作 1	0.137 3	0.098 2	0.319 2	0.282 8	0.466 7	0.797 8	0.384 3
	工作 2	0.623 2	0.333 9	0.378 8	0.643 4	0.466 7	0.105 3	0.351 2
	工作 3	0.239 5	0.567 9	0.301 9	0.073 8	0.066 7	0.096 9	0.264 5
CI		0.009 1	0.012 3	0.026 8	0.032 4	0	0.003 5	
RI		0.58	0.58	0.58	0.58	0.58	0.58	
CR		0.015 8	0.021 2	0.046 2	0.055 9	0	0.006 1	

5. 结果分析

由表 10-6 可知，总层次的排序中，工作 1、2、3 的权重分别为 0.384 3、0.351 2、0.264 5. 即工作 1 的权重最重，工作 2 次之，工作 3 最小. 因此，工作 1 的总体评价最好，小李应该选择工作 1.

附：计算程序如下(包含主程序文件 fun10_1.m 和函数文件 fun10_2.m)

fun10_1.m

```
% 主程序，调用 fun10_2.m 计算判断矩阵相关数据，并进行层次总排序和总排序
一致性检验
clear
clc
close
B1 = [1  1/4  1/2; 4  1  3; 2  1/3  1];
[w1 CI] = fun10_2(B1);
w = [w1]; ci = [CI];
B2 = [1  1/4  1/5; 4  1  1/2; 5  2  1];
[w1 CI] = fun10_2(B2);
w = [w w1]; ci = [ci CI];
B3 = [1  2/3  3/4; 3/2  1  1; 4/3  1  1];
[w1 CI] = fun10_2(B3);
```

```
w=[w w1];ci=[ci CI];
B4=[1  1/3  5;3  1  7;1/5  1/7  1];
[w1 CI]=fun10_2(B4);
w=[w w1];ci=[ci CI];
B5=[1  1  7;1  1  7;1/7  1/7  1];
[w1 CI]=fun10_2(B5);
w=[w w1];ci=[ci CI];
B6=[1  7  9 ;1/7  1  1;1/9  1  1];
[w1 CI]=fun10_2(B6);
w=[w w1];ci=[ci CI];
A=[1  1  1  5  4  2/3;1  1  2  4  4  4/5;1  1/2  1  4  3  1/2;
1/5  1/4  1/4  1  3/4  1/7;1/4  1/4  1/3  4/3  1  1/6;  3/2
5/4  2  7  6  1];
[w_a CR]=fun10_2(A);
w_last=w_a'*w'
CR_last=w_a'*ci'/sum(0.58*w_a)
fun10_2.m
% 计算判断矩阵 A1 的一致性系数 CR 和特征向量 w
function [w CR]=fun10_2(A1)
length_a=length(A1);
eigroot_a=eig(A1);
max_eigroot_a=max(abs(eigroot_a));
CI=(max_eigroot_a-length_a)/(length_a-1);
RI=[0 0 0.58 0.9 1.12 1.24 1.32 1.41 1.45 1.49 1.51];
CR=CI/RI(length_a);
if CR<0.1
    sum_col=sum(A1);
for i=1:length_a
        A(:,i)=A1(:,i)/sum_col(i);
end
    v=sum(A,2);
    sum_a=sum(v);
    w=v/sum_a;
else
    w=zeros(length_a,1);
    disp('error');
end
```

【小点拨】

层次分析法是决策理论中进行多目标决策的一般方法，除工作单位的选择外，它还适用于投资选择、中小企业营销组合决策等各项管理决策方案的选择等，因此它对企业和个人选择科学的决策方法具有现实意义. 层次分析法的缺点是有一定主观性.

1. 建立层次分析结构模型

深入分析实际问题，将有关因素自上而下分解为 3 个层次，最上层为目标层，中间层为准则层，最下层为方案层. 上层受下层影响，而层内各因素基本上相对独立.

2. 确定权重

通过相互比较确定各准则对于目标的权重，及各方案对于每一准则的权重. 包括以下步骤:

（1）构造成对比较矩阵

用成对比较法和 $1, 2, \cdots, 9$ 尺度及其倒数 $1, \dfrac{1}{2}, \cdots, \dfrac{1}{9}$ 构造各层对上一层每一因素的成对比较矩阵.

（2）计算权向量并做一致性检验

对每一成对比较矩阵计算最大特征根和特征向量，做一致性检验，若通过，则特征向量为权向量.

3. 计算组合权向量（做组合一致性检验）

将方案层对准则层的权重及准则层对目标层的权重进行综合，计算组合权向量. 最终确定方案层对目标层的权重. 它可作为决策的定量依据.

10.2　模糊综合评价法模型

模糊综合评价法奠基于模糊数学. 它不仅可以对评价对象按综合分值的大小进行评价和排序，而且还可以根据模糊评价集上的值按最大隶属度原则评定对象的等级.

> **问题 2　【纯净水的评价模型】**我国政府对纯净水安全问题十分重视，已将纯净水安全作为一项重要的公共管理目标，采取了一系列措施强化纯净水安全的监管，并取得了初步成效. 但纯净水安全问题的总体形势仍不容乐观，依然存在一系列隐忧.
>
> 本问题主要考虑纯净水的以下危害因素（按照危害的严重性依次给出）.
>
> **"电导率"：**纯净水的特征性指标，反映的是纯净水的纯净程度以及生产工艺控制的好坏. 若"电导率"达不到国家卫生标准要求，则它与自来水无异，根本不能算做纯净水.
>
> **菌落总数：**纯净水检样经过处理，在一定条件下培养后所取 1 mL(g) 检样中所含菌落的总数. 它可以作为判定纯净水被污染程度的指标之一.
>
> **大肠菌群：**反映纯净水加工过程中被大便污染程度的一个指标. 数值越高证明污染越严重.
>
> **霉菌和酵母：**食物霉变后产生，直接引起中毒，或产生致癌物质，毒害人体.

　　　　纯净水的安全危机的爆发，往往是监控和管理机制长期存在漏洞的反映．完整、有效的纯净水安全风险分析监测预控，为政府及有关部门实施控制措施提供决策依据和技术支持，可以有效提高纯净水安全监管效率和管理水平，及时化解可能出现的安全危机．近年来，我国在从国家宏观层面探讨建立纯净水安全预警机制的研究方面，已取得了不少理论成果，但由于我国地域辽阔，经济社会水平发展很不平衡，构建有效的预警机制并应用到饮用水安全监控过程还处于起步阶段．

　　　　某城区共有九家生产并销售纯净水的公司，其中 A 公司和 B 公司规模较大，其余均为小公司．针对该城区提供的近年的关于各公司的纯净水检测报告，如表 10-7 所示，请你利用数学建模的方法回答以下问题：

　　　　结合本问题所给数据，给出纯净水安全风险分析的科学评价方法，确定评价的标准和评价的规则，对该城区所有批次的纯净水进行评判排序．

一、　模型的分析

本题要求给出纯净水安全风险分析的科学评价方法、确定评价的标准和评价的规则，并对该城区所有批次的纯净水进行评判排序．

二、　模型的建立与求解

1. 确定综合评价指标体系

根据题目所给条件，确定由电导率、菌落总数、大肠菌群、霉菌和酵母四个方面构成综合评价体系．即设因素集 ＝{电导率，菌落总数，大肠菌群，霉菌和酵母}；决策集 ＝{"3"，"2"，"1"，"0"}．

2. 收集数据，并对不同计量单位的指标数据进行同度量处理

在这次样品抽检中抽取了 35 种样品，70 个样品（表 10-7）．下面考虑影响纯净水水质的四个因素：电导率、菌落总数、大肠菌群、霉菌和酵母，并对其进行分类打分．

电导率：检测结果在（0,3］内的分数为"3"，在（3,5］内的分数为"2"，在（5,10］内的分数为"1"，在（10,＋∞］内的分数为"0"；

菌落总数：检测结果在（0,2］内的分数为"3"，在（2,20］内的分数为"2"，在（20,50］内的分数为"1"，在（50,＋∞］内的分数为"0"；

大肠菌群：检测结果为 0 则为"3"分，结果为 1 则为"2"分，结果为 2、3 则为"1"分，结果大于 3 则为"0"分；

霉菌和酵母：检测结果为"未检出"（即为 0）则为"1"分，其他（即为 1,2,3）则为"0"分．

表 10-7　各公司的纯净水检测报告

受检方	批号	样品数量	项目1	标准值	结果	单项判定	项目2	标准值	结果	单项判定	项目3	标准值	结果	单项判定	项目4	标准值	结果	单项判定
C	20070425	3	电导率	≤ 10	2.6	1	菌落总数	≤ 20	1	1	大肠菌群	≤ 3	0	1	霉菌和酵母	不得检出	未检出	1
E	20070425	3	电导率	≤ 10	2.6	1	菌落总数	≤ 20	1	1	大肠菌群	≤ 3	0	1	霉菌和酵母	不得检出	未检出	1
F	20070415	6	电导率	≤ 10	3.91	1	菌落总数	≤ 20	0	1	大肠菌群	≤ 3	1	1	霉菌和酵母	不得检出	未检出	1
C	20070609	4	电导率	≤ 10	1.72	1	菌落总数	≤ 20	5	1	大肠菌群	≤ 3	2	1	霉菌和酵母	不得检出	未检出	1
G	20070512	4	电导率	≤ 10	1	1	菌落总数	≤ 20	3	1	大肠菌群	≤ 3	0	1	霉菌和酵母	不得检出	未检出	1
B	20070704	3	电导率	≤ 10	3.14	1	菌落总数	≤ 20	800	0	大肠菌群	≤ 3	1	1	霉菌和酵母	不得检出	未检出	1
A	20070703	3	电导率	≤ 10	7.23	1	菌落总数	≤ 20	35	0	大肠杆菌	≤ 3	1	1	霉菌和酵母	不得检出	未检出	1
H	20070704	3	电导率	≤ 10	1.25	1	菌落总数	≤ 20	140	0	大肠菌群	≤ 3	0	1	霉菌和酵母	不得检出	未检出	1
A	20070704	3	电导率	≤ 10	5.35	1	菌落总数	≤ 20	160	0	大肠菌群	≤ 3	1	1	霉菌和酵母	不得检出	未检出	1
D	20070704	3	电导率	≤ 10	5.21	1	菌落总数	≤ 20	180	0	大肠菌群	≤ 3	1	1	霉菌和酵母	不得检出	3	0
B	20070809	1	电导率	≤ 10	4.12	1	菌落总数	≤ 20	0	1	大肠菌群	≤ 3	0	1	霉菌和酵母	不得检出	未检出	1
B	20070809	1	电导率	≤ 10	3.89	1	菌落总数	≤ 20	0	1	大肠菌群	≤ 3	1	1	霉菌和酵母	不得检出	未检出	1
A	20070810	1	电导率	≤ 10	4.23	1	菌落总数	≤ 20	2	1	大肠杆菌	≤ 3	0	1	霉菌和酵母	不得检出	未检出	1
A	20070810	1	电导率	≤ 10	5.23	1	菌落总数	≤ 20	2	1	大肠杆菌	≤ 3	1	1	霉菌和酵母	不得检出	未检出	1
A	20071218	1	电导率	≤ 10	3.97	1	菌落总数	≤ 20	0	1	大肠菌群	≤ 3	0	1	霉菌和酵母	不得检出	未检出	1
B	20071216	1	电导率	≤ 10	5.53	1	菌落总数	≤ 20	0	1	大肠菌群	≤ 3	0	1	霉菌和酵母	不得检出	未检出	1
B	20071216	1	电导率	≤ 10	3.94	1	菌落总数	≤ 20	4	1	大肠菌群	≤ 3	1	1	霉菌和酵母	不得检出	未检出	1

受检方	批号	样品数量	项目 1	标准值	结果	单项判定	项目 2	标准值	结果	单项判定	项目 3	标准值	结果	单项判定	项目 4	标准值	结果	单项判定
A	20071220	1	电导率	≤10	3.37	1	菌落总数	≤20	0	1	大肠菌群	≤3	0	1	霉菌和酵母	不得检出	未检出	1
H	20071219	1	电导率	≤10	27.2	0	菌落总数	≤20	1	1	大肠菌群	≤3	0	1	霉菌和酵母	不得检出	未检出	1
B	20071218	1	电导率	≤10	4.31	1	菌落总数	≤20	1	1	大肠菌群	≤3	1	1	霉菌和酵母	不得检出	未检出	1
B	20071216	1	电导率	≤10	1.62	1	菌落总数	≤20	0	1	大肠菌群	≤3	0	1	霉菌和酵母	不得检出	未检出	1
A	20080827	1	电导率	≤10	11.19	0	菌落总数	≤20	20	1	大肠菌群	≤3	0	1	霉菌和酵母	不得检验	1	0
B	20080827	1	电导率	≤10	1.85	1	菌落总数	≤20	0	1	大肠菌群	≤3	0	1	霉菌和酵母	不得检出	未检出	1
A	20080827	1	电导率	≤10	18.32	0	菌落总数	≤20	24	0	大肠菌群	≤3	0	1	霉菌和酵母	不得检出	未检出	0
B	20080826	1	电导率	≤10	4.56	1	菌落总数	≤20	0	1	大肠菌群	≤3	1	1	霉菌和酵母	不得检出	未检出	1
B	20080827	1	电导率	≤10	1.62	1	菌落总数	≤20	20	1	大肠菌群	≤3	0	1	霉菌和酵母	不得检出	未检出	1
I	20080902	2	电导率	≤10	21.3	0	菌落总数	≤20	45	0	大肠菌群	≤3	0	1	霉菌和酵母	不得检出	未检出	1
D	20080901	1	电导率	≤10	3.75	1	菌落总数	≤20	34	0	大肠菌群	≤3	0	1	霉菌和酵母	不得检出	未检出	1
D	20090111	1	电导率	≤10	84.4	0	菌落总数	≤20	0	1	大肠菌群	≤3	1	1	霉菌和酵母	不得检出	未检出	1
H	20090112	1	电导率	≤10	32.7	0	菌落总数	≤20	28	0	大肠菌群	≤3	0	1	霉菌和酵母	不得检出	未检出	1
I	20090112	1	电导率	≤10	20.1	0	菌落总数	≤20	2	1	大肠菌群	≤3	1	1	霉菌和酵母	不得检出	未检出	1
A	20090112	3	电导率	≤10	25.2	0	菌落总数	≤20	0	1	大肠菌群	≤3	0	1	霉菌和酵母	不得检出	未检出	1
B	20090109	4	电导率	≤10	1.82	1	菌落总数	≤20	0	1	大肠菌群	≤3	0	1	霉菌和酵母	不得检出	未检出	1
A	20090110	5	电导率	≤10	27.8	0	菌落总数	≤20	0	1	大肠菌群	≤3	0	1	霉菌和酵母	不得检出	未检出	1
D	20090111	1	电导率	≤10	5.02	1	菌落总数	≤20	15	1	大肠菌群	≤3	0	1	霉菌和酵母	不得检出	2	0

打分结果见表 10-8.

表 **10-8**

受检方	批号	样品数量	电导率结果	菌落总数结果	大肠菌群结果	霉菌和酵母结果
F	20070415	6	2	3	2	1
C	20070425	3	3	3	3	1
E	20070425	3	3	3	3	1
G	20070512	4	3	2	3	1
C	20070609	4	3	2	1	1
A	20070703	3	1	1	2	1
B	20070704	3	2	0	2	1
H	20070704	3	3	0	3	1
A	20070704	3	1	0	3	1
D	20070704	3	1	0	2	0
B	20070809	1	2	3	2	1
B	20070809	1	2	3	2	1
A	20070810	1	2	3	3	1
A	20070810	1	1	3	2	1
B	20071216	1	1	3	3	1
B	20071216	1	2	2	3	1
B	20071216	1	3	3	2	1
A	20071218	1	2	3	3	1
B	20071218	1	2	3	3	1
H	20071219	1	0	3	3	1
A	20071220	1	2	3	3	1
B	20080826	1	2	3	3	1
A	20080827	1	0	2	3	0
B	20080827	1	3	3	3	1
A	20080827	1	0	1	2	0
B	20080827	1	3	2	3	1
D	20080901	1	2	1	3	1
I	20080902	2	0	1	3	1
B	20090109	4	3	3	3	1
A	20090110	5	0	3	3	1
D	20090111	1	0	3	3	1
D	20090111	1	1	2	3	0
H	20090112	1	0	1	2	1
I	20090112	1	0	3	2	1
A	20090112	3	0	3	3	1

求各批次各因素的平均值,如"20070704"批次电导率结果的平均值为 $\frac{3\times2+3\times3+3\times1+3\times1}{12}=1.75$,总结果见表10-9.

表 10-9

批号	电导率结果	菌落总数结果	大肠菌群结果	霉菌和酵母结果
20070415	2	3	2	1
20070425	3	3	3	1
20070512	3	2	3	1
20070609	3	2	1	1
20070703	1	1	2	1
20070704	1.75	0	2.5	0.75
20070809	2	3	2	1
20070810	1.5	3	2.5	1
20071216	2	2.67	2.67	1
20071218	2	3	3	1
20071219	0	3	3	1
20071220	2	3	3	1
20080826	2	3	3	1
20080827	1.5	2	2.75	0.5
20080901	2	1	3	1
20080902	0	1	3	1
20090109	3	3	3	1
20090110	0	3	3	1
20090111	0.5	2.5	3	0.5
20090112	0	2.6	2.6	1

按照标准差法对其进行标准化处理,即 $x'_i=\dfrac{x_i-\bar{x}}{\sigma}$,其中 x_i 为当前值,$\bar{x}$ 为列平均,σ 为该列的标准差. 处理结果见表10-10.

表 10-10

批号	电导率结果	菌落总数结果	大肠菌群结果	霉菌和酵母结果
20070415	0.370 27	0.726 15	−1.221 65	0.391 44
20070425	1.325 81	0.726 15	0.654 92	0.391 44
20070512	1.325 81	−0.371 58	0.654 92	0.391 44
20070609	1.325 81	−0.371 58	−3.098 22	0.391 44

批号	电导率 结果	菌落总数 结果	大肠菌群 结果	霉菌和 酵母结果
20070703	−0.585 27	−1.469 32	−1.221 65	0.391 44
20070704	0.131 39	−2.567 06	−0.283 36	−1.174 32
20070809	0.370 27	0.726 15	−1.221 65	0.391 44
20070810	−0.107 5	0.726 15	−0.283 36	0.391 44
20071216	0.370 27	0.363 9	0.035 65	0.391 44
20071218	0.370 27	0.726 15	0.654 92	0.391 44
20071219	−1.540 8	0.726 15	0.654 92	0.391 44
20071220	0.370 27	0.726 15	0.654 92	0.391 44
20080826	0.370 27	0.726 15	0.654 92	0.391 44
20080827	−0.107 5	−0.371 58	0.185 78	−2.740 08
20080901	0.370 27	−1.469 32	0.654 92	0.391 44
20080902	−1.540 8	−1.469 32	0.654 92	0.391 44
20090109	1.325 81	0.726 15	0.654 92	0.391 44
20090110	−1.540 8	0.726 15	0.654 92	0.391 44
20090111	−1.063 03	0.177 28	0.654 92	−2.740 08
20090112	−1.540 8	0.287 06	−0.095 71	0.391 44

3. 确定指标体系中各指标的权数

根据题目分析，四个因素：电导率、菌落总数、大肠菌群以及霉菌和酵母是按照危害的严重性依次给出的，且"电导率"是纯净水的重要指标，若"电导率"达不到国家卫生标准要求，则它与自来水无异，根本不能算作纯净水. 因此取电导率所占比重最大，权重为 0.45，菌落总数、大肠菌群、霉菌和酵母的权重依次为 0.25,0.15,0.1.

4. 对经过处理后的指标再进行汇总，计算出综合评价指数或综合评价分值

设 x_{ij} 为第 i 个批次第 j 个因素的值，建立如下的评价模型：

$$y_i = \sum_{j=1}^{4} k_j x_{ij}, \quad i = 1,2,\cdots,19,$$

取 $k_1 = 0.45, k_2 = 0.25, k_3 = 0.2, k_4 = 0.1$.

5. 根据评价指数或分值对参评单位进行排序，并由此得出结论

排序结果见表 10-11.

表 10-11

序号	批号	电导率结果	菌落总数 结果	大肠菌群 结果	霉菌和 酵母结果	加权求和
1	20070425	1.325 81	0.726 15	0.654 92	0.391 44	0.948 28
2	20090109	1.325 81	0.726 15	0.654 92	0.391 44	0.948 28
3	20070512	1.325 81	−0.371 58	0.654 92	0.391 44	0.673 848

序号	批号	电导率结果	菌落总数结果	大肠菌群结果	霉菌和酵母结果	加权求和
4	20071218	0.370 27	0.726 15	0.654 92	0.391 44	0.518 287
5	20071220	0.370 27	0.726 15	0.654 92	0.391 44	0.518 287
6	20080826	0.370 27	0.726 15	0.654 92	0.391 44	0.518 287
7	20071216	0.370 27	0.363 9	0.035 65	0.391 44	0.303 871
8	20070415	0.370 27	0.726 15	−1.221 65	0.391 44	0.142 973
9	20070809	0.370 27	0.726 15	−1.221 65	0.391 44	0.142 973
10	20070810	−0.107 5	0.726 15	−0.283 36	0.391 44	0.115 635
11	20080901	0.370 27	−1.469 32	0.654 92	0.391 44	−0.030 58
12	20070609	1.325 81	−0.371 58	−3.098 22	0.391 44	−0.076 78
13	20071219	−1.540 8	0.726 15	0.654 92	0.391 44	−0.341 69
14	20090110	−1.540 8	0.726 15	0.654 92	0.391 44	−0.341 69
15	20080827	−0.107 5	−0.371 58	0.185 78	−2.740 08	−0.378 12
16	20090111	−1.063 03	0.177 28	0.654 92	−2.740 08	−0.577 07
17	20090112	−1.540 8	0.287 06	−0.095 71	0.391 44	−0.601 59
18	20070704	0.131 39	−2.567 06	−0.283 36	−1.174 32	−0.756 74
19	20070703	−0.585 27	−1.469 32	−1.221 65	0.391 44	−0.835 89
20	20080902	−1.540 8	−1.469 32	0.654 92	0.391 44	−0.890 56

模糊分析法的基本步骤

（1）确定综合评价指标体系，包括因素集和决策集；

（2）收集数据，并对不同计量单位的指标数据进行同度量处理；

（3）对经过处理后的指标进行汇总，计算出综合评价指数或综合评价分值；

（4）根据评价指数或分值对参评单位进行排序，并由此得出结论.

10.3　TOPSIS 法模型

评价模型

理想解法（TOPSIS）是 Technique for Order Preference by Similarity to Ideal Solution 的缩写，即逼近于理想解的技术，它是一种多目标决策方法. 该方法的基本思路是定义决策问题的正理想解和负理想解，然后在可行方案中找到一个方案，使其距正理想解的距离最近，而距负理想解的距离最远.

正理想解一般是设想最好的方案，它所对应的各个属性（指标）至少达到各个方案中的最好值；负理想解是假定最坏的方案，其对应的各个属性（指标）至少不优于各个方案中的最劣值. 方案排队的决策规则, 是把实际可行解和正理想解与负理想解做比较, 若某个可行解最靠近正理想解, 同时又最远离负理想解, 则此解是方案集的满意解.

熵值法是从数据出发来确定权重的一种方法, 属于客观赋权法. 熵是热力学的一个物理概念, 是体系混乱度(或无序度)的量度. 熵越大说明系统越混乱, 携带的信息越少, 熵越小说明系统越有序, 携带的信息越多. 信息熵则借鉴了热力学中熵的概念, 用于描述平均而言事件信息量大小. 所以数学上, 信息熵其实是事件所包含的信息量的期望.

信息熵的基本思想是从指标的无序程度, 即从指标的信息熵的角度来反映指标对评价对象的区分程度, 某指标的熵值越小, 该指标的样本数据就越有序, 样本数据间的差异就越大, 对评价对象的区分能力也就越大, 相应的权重也就越大. 相反, 某个指标的信息熵越大表明指标的差异越小, 提供的信息量也就越少, 在综合评价中所起的作用也就越小, 其权重也就越小.

与熵值法类似的客观赋权方法还有均方差法、变异系数法等. 熵值法具体的实施步骤见问题 3.

问题 3　为客观地评价我国研究生教育的实际状况和各研究生院的教学质量, 国务院学位委员会办公室组织过一次研究生院的评估. 为了获取经验, 选取 5 所研究生院, 收集有关数据资料进行了试评估. 请采用科学方法对表 10-12 中的研究生院实力进行评价.

表 10-12

	人均专著/(本/人)	生师比	科研经费/(万元/年)	逾期毕业率/%
1	0.1	5	5 000	4.7
2	0.2	6	6 000	5.6
3	0.4	7	7 000	6.7
4	0.9	10	10 000	2.3
5	1.2	2	400	1.8

一、模型分析与思路

先用熵值法确定指标权重, 再通过 TOPSIS 法给出各研究生院综合实力排名结果.

二、模型的建立与求解

1. 指标权重确立

下面用熵值法.

（1）数据标准化处理

$$p_{ij} = \frac{a_{ij}}{\sum_{i=1}^{n} a_{ij}}, i = 1, 2, \cdots, n; j = 1, 2, \cdots, m.$$

其中 a_{ij} 表示原始指标值, p_{ij} 表示数据标准化后的指标值. 标准化结果见表 10-13.

表 10-13

	人均专著	生师比	科研经费	逾期毕业率
院校 1	0.035 7	0.166 7	0.176 1	0.222 7
院校 2	0.071 4	0.2	0.211 3	0.265 4
院校 3	0.142 8	0.233 3	0.246 5	0.317 5
院校 4	0.321 4	0.333 3	0.352 1	0.109 0
院校 5	0.428 5	0.066 7	0.014 01	0.085 3

（2）计算指标熵值 e_j

$$e_j = -k \sum_{i=1}^{n} p_{ij} \ln p_{ij}, i=1,2,\cdots,n; j=1,2,\cdots,m.$$

其中 $k = \dfrac{1}{\ln n}$，n 为样本数量.

（3）计算各指标权重系数 w_j

$$w_j = \frac{1-e_j}{\sum_{i=1}^{n}(1-e_i)}, j=1,2,\cdots,m.$$

各指标的熵值和权重系数见表 10-14.

表 10-14

	各指标熵值 e_j	各指标权重系数 w_j
人均专著	0.816 1	0.418 0
生师比	0.936 2	0.144 9
科研经费	0.874 2	0.285 9
逾期毕业率	0.933 5	0.151 2

2. TOPSIS 综合评价

（1）数据预处理

① 指标同向化处理

评价指标分为效益型、成本型和区间型指标. 效益型指标是指标数值越高越好，成本型指标反之，区间型指标则是存在最优区间. 这里人均专著、科研经费为效益型指标，逾期毕业率为成本型指标，生师比为区间型指标.

为了将指标同向化（注：TOPSIS 法也可不做同向化处理. 若不同向化，后面正负理想解的确定也不一样），将成本型指标转化为效益型指标，公式如下：

$$x_{ij}' = \frac{1}{a_{ij}},$$

其中 a_{ij} 为原始指标值.

生师比（区间型）采用如下变换公式

$$b_{ij} = \begin{cases} 1-(a_j^0 - a_{ij})/(a_j^0 - a_j'), & a_j' \leqslant a_{ij} < a_j^0, \\ 1, & a_j^0 \leqslant a_{ij} < a_j^*, \\ 1-(a_{ij} - a_j^*)/(a_j'' - a_j^*), & a_j^* \leqslant a_{ij} < a_j'', \\ 0, & \text{其他.} \end{cases}$$

其中 $[a_j^0, a_j^*]$ 为最优属性区间，a_j' 为无法容忍下限，a_j'' 为无法容忍上限.

根据调查，设研究生院的生师比最优区间 $[a_j^0, a_j^*] = [5,6]$，下限 $a_2' = 2$，上限 $a_2'' = 12$. 指标同向化结果见表 10-15.

表 10-15

	人均专著	生师比	科研经费	逾期毕业率
院校 1	0.1	1	5 000	0.212 7
院校 2	0.2	1	6 000	0.178 5
院校 3	0.4	0.833 3	7 000	0.149 2
院校 4	0.9	0.333 3	10 000	0.434 7
院校 5	1.2	0	400	0.555 5

② 数据标准化处理

为了克服不同指标的数量级和量纲的影响，采用标准化处理将数值变换到区间 $[0,1]$ 上，公式如下

$$b_{ij} = \frac{a_{ij}}{\sqrt{\sum_{i=1}^{n} a_{ij}^2}}, \quad i = 1, 2, \cdots, n; j = 1, 2, \cdots, m.$$

其中 b_{ij} 表示数据标准化后的指标值.

标准化的结果见表 10-16.

表 10-16

	人均专著	生师比	科研经费	逾期毕业率
院校 1	0.063 8	0.597 0	0.344 9	0.275 3
院校 2	0.127 5	0.597 0	0.413 9	0.231 0
院校 3	0.255 0	0.497 5	0.482 9	0.193 1
院校 4	0.573 8	0.199 0	0.689 8	0.562 6
院校 5	0.765 1	0	0.027 6	0.718 9

（2）加权规范矩阵确立

由熵值法（表 10-14）确立权重系数为 $\boldsymbol{W} = (0.418\ 0 \quad 0.144\ 9 \quad 0.285\ 9 \quad 0.151\ 2)^{\mathrm{T}}$，则

$$c_{ij} = w_j \cdot b_{ij}, i = 1, 2, \cdots, n; j = 1, 2, \cdots, m.$$

其中 w_j 为 j 个属性的权重，b_{ij} 为标准化指标值.

加权规范矩阵见表 10-17.

表 10-17

	人均专著	生师比	科研经费	逾期毕业率
院校 1	0.026 668	0.086 505	0.098 607	0.041 625
院校 2	0.053 295	0.086 505	0.118 334	0.034 927
院校 3	0.106 59	0.072 088	0.138 061	0.029 197
院校 4	0.239 848	0.028 835	0.197 214	0.085 065
院校 5	0.319 812	0	0.007 891	0.108 698

（3）正理想解和负理想解确定

$$c^+ = (c_1^+, c_2^+, \cdots, c_m^+),$$

$$c_j^+ = \max\{[c_{1j}, c_{2j}, \cdots, c_{nj}]\}, j = 1, 2, \cdots, m;$$

$$c^- = (c_1^-, c_2^-, \cdots, c_m^-),$$

$$c_j^- = \min\{[c_{1j}, c_{2j}, \cdots, c_{nj}]\}, j = 1, 2, \cdots, m.$$

其中 c_j^+ 表示正理想解（即各个指标属性达到最好值），c_j^- 表示负理想解（即各个指标属性达到最差值）.

得正理想解和负理想解，见表 10-18.

表 **10-18**

	人均专著	生师比	科研经费	逾期毕业率
正理想解 c_j^+	0.319 812	0.086 505	0.197 214	0.108 698
负理想解 c_j^-	0.026 668	0	0.007 891	0.029 197

（4）计算各方案到正理想解与负理想解的距离

$$s_i^+ = \sqrt{\sum_{j=1}^{m} (c_{ij} - c_j^+)^2},$$

$$s_i^- = \sqrt{\sum_{j=1}^{m} (c_{ij} - c_j^-)^2},$$

其中 s_i^+ 表示第 i 个方案与正理想解之间的距离，s_i^+ 越大表示离正理想解越远，s_i^+ 越小表示离正理想解越近；同理 s_i^- 表示第 i 个方案与负理想解之间的距离，s_i^- 越大表示离负理想解越远，s_i^- 越小表示离负理想解越近. 所以，排序的顺序应该是 s_i^+ 越小，且 s_i^- 越大，越应该排在前面.

（5）计算各方案的排队指标值（综合评价指数 f_i^*）

$$f_i^* = \frac{s_i^-}{s_i^- + s_i^+}.$$

显然，s_i^+ 越小，且 s_i^- 越大，则 f_i^* 越大，那么排序就按照 f_i^* 的大小来进行评价排序. 实际上，f_i^* 描述了各个待评方案与最理想评价方案、最不理想评价方案之间的相对接近程度.

（6）结果

通过计算，TOPSIS 评价结果见表 10-19.

表 **10-19**

	s_i^+	s_i^-	f_i^*	排序
院校 1	0.100 155	0.015 867	0.136 758	5
院校 2	0.082 695	0.020 423	0.198 051	4
院校 3	0.055 491	0.028 528	0.339 546	3
院校 4	0.010 279	0.085 242	0.892 394	1
院校 5	0.043 326	0.092 254	0.680 437	2

通过排队指标值 f_i^* 的大小确定各研究生院综合情况从优到劣的次序为 4，5，3，2，1.

第11章 应用案例分析

11.1 节水洗衣机的设计（CUMCM1996-A）

我国淡水资源有限，节约用水人人有责. 洗衣在家庭用水中占有相当大的份额，目前洗衣机已非常普及，节约洗衣机用水十分重要. 假设在放入衣物和洗涤剂后洗衣机的运行过程为：加水—漂洗—脱水—加水—漂洗—脱水—……—加水—漂洗—脱水（称"加水—漂洗—脱水"为运行一轮）. 请为洗衣机设计一种程序（包括运行多少轮、每轮加水量等），使得在满足一定洗涤效果的条件下，用水总量最少. 选用合理的数据进行计算. 对照目前常用的洗衣机的运行情况，对你的模型和结果做出评价.

[参考解答]

一、 模型假设与变量说明

1. 模型假设

（1）设每次脱水后全换成清水（无污物）进行下一次漂洗.

（2）每次漂洗能使衣服上的污物充分溶入水中.

（3）每次脱水能使脏水充分脱出，即脱水后衣物所含的脏水量很少.

（4）当衣物上的污物（或浓度）小于 ε 时，认为衣物被清洗干净了.

2. 变量说明

（1）设共进行 n 轮"加水—漂洗—脱水"的过程，依次为第 1 轮，…，第 $n-1$ 轮，第 n 轮.

（2）设每次加水量为 C. 每次脱水后残留在衣物上的水量为 m.

（3）衣服上的初始污物量为 x_0，第 k 轮脱水后的污物浓度为 $\rho_k(k=1,2,\cdots,n)$，污物量为 $x_k(k=1,2,\cdots,n)$.

二、 模型的建立

通过简单分析，运行第一轮后衣物上的污物浓度为

$$\rho_1 = \frac{x_0}{C},$$

同理，运行第二轮后，衣物上的污物浓度为

$$\rho_2 = \frac{\rho_1 m}{C+m},$$

运行第三轮后，衣物上的污物浓度为

$$\rho_3 = \frac{\rho_2 m}{C+m}.$$

以此类推，运行第 n 轮后衣物上的污物浓度为

$$\rho_n = \frac{\rho_{n-1} m}{C+m}.$$

由以上的递推式得

$$\rho_n = \frac{x_0 m^{n-1}}{C(C+m)^{n-1}}.$$

运行第 n 轮后衣物上的污物量为

$$x_n = \rho_n m = \frac{x_0 m^n}{C(C+m)^{n-1}}.$$

设运行 n 轮后，被清洗的衣物的污物量小于规定量 ε，即满足以下不等式

$$x_n = \rho_n m = \frac{x_0 m^n}{C(C+m)^{n-1}} < \varepsilon,$$

或污物浓度小于规定量 ε，即

$$\rho_n = \frac{x_0 m^{n-1}}{C(C+m)^{n-1}} < \varepsilon.$$

按题目要求，节水洗衣机在衣物污物量（浓度）满足一定条件下，用水量最小．通过以上分析，得如下规划模型：

$$\min \ nC,$$
$$\text{s.t.} \ \rho_n = \frac{x_0 m^{n-1}}{C(C+m)^{n-1}} < \varepsilon.$$

由于每次的用水量 C 一定，所以用水量最少相当于运行次数最小，故本问题的模型可简化为如下的规划模型：

$$\min \ n,$$
$$\text{s.t.} \ \rho_n = \frac{x_0 m^{n-1}}{C(C+m)^{n-1}} < \varepsilon.$$

三、模型求解

目前，有大、中、小三种容量的洗衣机，下面以 5 kg 容量的洗衣机为例．假设每次的加水量大约在 $C=30$ kg 左右，衣物上原有污物量为 0.05 kg，每次洗涤后衣物上残留的水量为 $m=3$ kg，洗涤效果 $\varepsilon=10^{-5}$．表 11-1 是各次洗涤后衣物上污物的浓度表．

表 11-1

次数 n	1	2	3	4	5
污物浓度	0.001 7	$1.545\ 5 \times 10^{-4}$	$1.405\ 0 \times 10^{-5}$	$1.277\ 3 \times 10^{-6}$	$1.161\ 2 \times 10^{-7}$

要达到要求的洗涤条件，最优洗衣次数为 4 轮，每次加水量为 30 kg 左右．

四、模型的检验与推广

该模型是一个比较简单的初等模型，我们还可以在该模型的基础上做如下改进：

（1）增加每次用水量 C 的考虑，通过变化 C、n 及试验数据，确定最节水的用水量和洗涤次数方案，以达到节水的目的．设每轮加水量分别为 $C_i(i=1,2,\cdots,n)$，修正模型为

$$\min \ \sum_{i=1}^{n} C_i,$$
$$\text{s.t.} \ \rho_n = \frac{x_0 m^{n-1}}{C_1(C_2+m)\cdots(C_n+m)} < \varepsilon.$$

（2）增加溶解率的考虑，如适当延长洗漂时间，选用好的洗涤剂等．

（3）考虑洗涤和漂洗的不同（两者统称"洗漂"），前者加洗涤剂，一般仅第 1 轮是洗

涤. 可用特殊的溶解特性加以区别, 例如考虑到多加水会降低洗涤剂的浓度, 其溶解特性用具有最大值的单峰函数表示应当更合理.

（4）事实上, 在实际中, 所有参数如 C, m, ε, 溶解特性等, 均应在各种不同条件（比如针对衣服量的 "少" "中" "多"）下通过大量试验确定.

评注: 这是 1996 年全国大学生数学建模竞赛 B 题, 本解答给出了一个简单的初等模型. 本题从假设、建模到结果分析都给参赛者留下较大的创新余地.

11.2 零件的参数设计（CUMCM1997-A）

一件产品由若干零件组装而成, 标志产品性能的某个参数取决于这些零件的参数. 零件参数包括标定值和容差两部分. 进行成批生产时, 标定值表示一批零件的参数的平均值, 容差则给出了参数偏离其标定值的容许范围. 若将零件参数视为随机变量, 则标定值代表期望值, 在生产部门无特殊要求时, 容差通常规定为均方差的 3 倍.

进行零件参数设计, 就是要确定其标定值和容差. 这时要考虑两方面因素: 一是当各零件组装成产品时, 如果产品参数偏离预先设定的目标值, 就会造成质量损失, 偏离越大, 损失越大; 二是零件容差的大小决定了其制造成本, 容差设计得越小, 成本越高.

试通过如下的具体问题给出一般的零件参数设计方法.

粒子分离器某参数（记作 y）由 7 个零件的参数（记作 $x_1, x_2, \cdots, x_7$）决定, 经验公式为

$$y = 174.42 \times \left(\frac{x_1}{x_5} \right) \times \left(\frac{x_3}{x_2 - x_1} \right)^{0.85}$$

$$\times \sqrt{\frac{1 - 2.62 \times \left[1 - 0.36 \times \left(\frac{x_4}{x_2} \right)^{-0.56} \right]^{\frac{3}{2}} \times \left(\frac{x_4}{x_2} \right)^{1.16}}{x_6 \times x_7}}.$$

y 的目标值（记作 y_0）为 1.50. 当 y 偏离 $y_0 + 0.1$ 时, 产品为次品, 损失为 1 000 元; 当 y 偏离 $y_0 + 0.3$ 时, 产品为废品, 损失为 9 000 元.

零件参数的标定值有一定的容许范围; 容差分为 A、B、C 三个等级, 用与标定值的相对值表示, A 等为 +1%, B 等为 +5%, C 等为 +10%. 7 个零件参数标定值的容许范围及不同容差等级零件的成本（元）见表 11-2（符号 "/" 表示无此等级零件）:

表 11-2

	标定值容许范围	C 等	B 等	A 等
x_1	$[0.075, 0.125]$	/	25	/
x_2	$[0.225, 0.375]$	20	50	/
x_3	$[0.075, 0.125]$	20	50	200
x_4	$[0.075, 0.125]$	50	100	500
x_5	$[1.125, 1.875]$	50	/	/
x_6	$[12, 20]$	10	25	100
x_7	$[0.562\ 5, 0.935]$	/	25	100

现进行成批生产，每批产量 1 000 个. 在原设计中，7 个零件参数的标定值为：$x_1 = 0.1$，$x_2 = 0.3$，$x_3 = 0.1$，$x_4 = 0.1$，$x_5 = 1.5$，$x_6 = 16$，$x_7 = 0.75$；容差均取最便宜的等级.

请你综合考虑 y 偏离 y_0 造成的损失和零件成本，重新设计零件参数（包括标定值和容差），并与原设计比较，总费用降低了多少.

[参考解答]

一、模型假设及变量说明

1. 模型假设

（1）假设大量零件参数值的随机变化符合正态分布.

（2）假设各零件参数的容差是相互独立的.

（3）假设容差为均方差的 3 倍.

（4）假设产品为废品的损失包括成本费用.

（5）假设产品的参数只由这 7 个零件的参数决定.

（6）假设产品的总费用只包含产品的成本费用和由偏差造成的损失.

2. 变量说明

S：y 偏离 y_0 造成的损失与零件成本的费用的总和（共 1 000 件）.

x_j：第 j 种零件呈正态分布的随机值（即值参数）.

a_{jl}：第 j 种零件容差为第 l 等级对应的成本费用（$j = 1, 2, 3, \cdots, 7; l = A, B, C$）.

K_i：由 y 偏离 y_0 造成的损失（$i = 1, 2, 3$）.

q_j：第 j 种零件参数的平均值（标定值）.

p_j：第 j 种零件的容差相对值.

n_i：产生正品、次品、废品的个数（$i = 1, 2, 3$ 分别表示正品、次品、废品）.

a_j：第 j 种零件标定值范围的上界.

b_j：第 j 种零件标定值范围的下界.

r_1, r_2：（0,1）上均匀分布的随机数.

m：标准正态分布的随机数.

y：经验公式中的产品参数.

二、模型的分析与建立

实际生产中，对于成批零件的加工，多个零件的误差往往符合正态分布，其参数变化可以近似看作是连续的. 因此可以采用正态分布来表示零件参数的随机性. 而对于正态随机数的模拟，在综合分析了反函数法和舍选法以及坐标变换法以后，决定采用坐标变换的方法，其表达式为 $m = (1 - 2\ln r_1)^{\frac{1}{2}} \cos (2\pi r_2)$（也可以为 $m = (1 - 2\ln r_1)^{\frac{1}{2}} \sin (2\pi r_2)$），则 $x_j = m \times \dfrac{p_j}{3} \times q_j + q_j$，其中 q_j 为期望值，$\dfrac{p_j}{3} \times q_j$ 为均方差.

利用上式模拟 7 个零件参数的正态分布规律，产生 7 个零件参数的随机数，代入产品参数 y 的表达式中，通过计算机的运算，可以得出 y 偏离目标 y_0 的概率（偏离值 K_i 有三种情况：$|y - y_0| \leqslant 0.1$；$0.1 \leqslant |y - y_0| \leqslant 0.3$ 和 $|y - y_0| \geqslant 0.3$），计算出它们对应的损失，再加上它们的不同容差等级所对应的成本费用，即为总费用. 由此，建立总费用尽量低的情况下零

件参数的优化设计双目标规划模型为

$$\begin{cases} \min \quad S = \sum_{i=1}^{3} \left[\left(K_i + \sum_{j=1}^{7} a_{jl} \right) \times n_i \right] - \sum_{i=1}^{7} \left[a_{jl} \times n_i \right], & (11.1) \\ \min \quad |y - y_0|, & \end{cases}$$

$$\text{s.t.} \begin{cases} n_1 + n_2 + n_3 = 1\,000; & (11.2) \\ a_j \leqslant q_j \leqslant b_j (j = 1, 2, \cdots, 7); & (11.3) \\ y = 174.42 \times \left(\dfrac{x_1}{x_5} \right) \times \left(\dfrac{x_3}{x_2 - x_1} \right)^{0.85} \\ \quad \times \sqrt{\dfrac{1 - 2.62 \times \left[1 - 0.36 \times \left(\dfrac{x_4}{x_2} \right)^{-0.56} \right]^{\frac{3}{2}} \times \left(\dfrac{x_4}{x_2} \right)^{1.16}}{x_6 \times x_7}}; & (11.4) \\ x_j = (1 - 2\ln r_1)^{\frac{1}{2}} \cos (2\pi r_2) \times \dfrac{p_j}{3} \times q_j + q_j; & (11.5) \\ K_i = \begin{cases} 0, & \text{当 } |y - y_0| \in [0, 0.1] \text{ 时,} \\ 1\,000, & \text{当 } |y - y_0| \in (0.1, 0.3] \text{ 时,} \\ 9\,000, & \text{当 } |y - y_0| \in (0.3, +\infty) \text{ 时.} \end{cases} & (11.6) \end{cases}$$

三、模型求解

对于原设计,模型可以简化为

$$S_1 = (a_{jl}) \times n_1 + (a_{jl} + K_2) \times n_2 + K_3 \times n_3. \tag{11.7}$$

把 $x_1 = 0.1$, $x_2 = 0.3$, $x_3 = 0.1$, $x_4 = 0.1$, $x_5 = 1.5$, $x_6 = 16$, $x_7 = 0.75$ 分别代入式(11.5),替换 q_j,利用计算机的随机数发生器和式(11.5)进行编程,产生呈正态分布的随机数 x_j,将 x_j 代入式(11.4)中,得到 y 值,多次运算(例如 1 000 次、10 000 次)得到产品参数 y 的分布情况,由此统计出正品、次品、废品的概率. 将 a_{jl},K_i 以及产品正品、次品、废品的数量 n_1,n_2,n_3 代入式(11.7),得出总费用为 $S_1 = 309.43$ 万元.

对零件参数进行重新设计,要求在标定值和容差值合理分配的基础上,减少总费用. 而总费用为

$$S_2 = \min \{S\}.$$

由于利用计算机进行全范围搜索工作量较大,在有限时间内难以用穷举法求解,但知道在总费用的组成中,产品参数 y 偏离 y_0 所造成的损失占主要部分. 因此选取使产品参数离目标值 1.50 很接近的标定值和容差值,然后在这些标定值和容差值中,通过多次求解,找出在满足总费用尽可能少的条件下零件参数值的优化设计. 计算得总费用为 $S_2 = 45.05$ 万元.

通过比较,其总费用降低了 $S_1 - S_2 = 264.38$ 万元.

7 个零件新的参数设计见表 11-3.

表 11-3

零件种类	标定值	容差等级
x_1	0.075	B
x_2	0.235	B

零件种类	标定值	容差等级
x_3	0.095	B
x_4	0.105	C
x_5	1.515	C
x_6	12	B
x_7	0.802 5	B

四、模型结果的分析及检验

用计算机多次运算,其结果非常接近,证明了零件参数在正态分布随机取值的基础上,正品、次品、废品的概率是稳定的,由此可见,模型结果是比较合理的.

表 11-4、表 11-5 是计算机多次运行后的结果(仅为一部分).

表 11-4　给定零件标定值的情形

次数	正品概率	次品概率	废品概率	总费用/万元
1	0.117 231	0.624 510	0.258 259	309.718 9
2	0.114 880	0.627 655	0.257 465	309.334 7
3	0.115 300	0.626 477	0.258 223	309.883 9
4	0.116 401	0.625 495	0.258 104	309.681 0
5	0.116 421	0.627 403	0.256 176	308.175 1
6	0.115 464	0.626 402	0.258 134	309.798 1
平均值	0.115 950	0.626 323	0.257 727	309.431 7

表 11-5　重新设定零件参数值的情形

次数	正品概率	次品概率	废品概率	总费用/万元
1	0.826 120	0.173 770	0.000 110	44.97
2	0.825 860	0.174 043	0.000 127	45.01
3	0.825 396	0.174 471	0.000 133	45.06
4	0.826 571	0.173 237	0.000 193	44.99
5	0.824 381	0.175 487	0.000 132	45.16
6	0.825 351	0.174 507	0.000 142	45.07
平均值	0.825 613	0.174 254	0.000 133	45.05

通过程序多次运算发现:在一定标定值和容差值的情况下,1 000 个产品的参数 y 几乎呈正态分布.用新设计的零件参数求出 y 值,在给定范围内的概率与该正态分布的理想概率值较为吻合.代入原设计参数验证,得到 y 值满足 $N(1.725\ 589, 0.11^2)$.

可见,y 在给定零件参数的情况下呈正态分布.而总费用由 y 偏离 y_0 造成的损失和零件成本两部分组成,其中起主导作用的是前者.因此,可近似地认为生产出正品的概率越大,偏离造成的损失就越小,总费用就越低,所设置的零件参数就越优化.根据以上分析,如果

呈正态分布的 y 的期望越靠近 1.50，则零件参数就越优化. 对优化设计的零件参数进行验证，结果是 y 值满足期望为 1.502 0，均方差为 0.073 9 的正态分布，表 11-6 给出了计算机的部分统计值.

表 11-6

x_1	x_2	x_3	x_4	x_5	x_6	x_7	期望值
0.075	0.205	0.105	0.115	1.225	15	0.892 5	1.502 2
0.075	0.305	0.115	0.085	1.305	15	0.842 5	1.502 2
0.085	0.275	0.125	0.095	1.775	16	0.802 5	1.502 4
0.095	0.265	0.085	0.105	1.635	17	0.642 5	1.502 6
0.095	0.265	0.115	0.115	1.795	19	0.742 5	1.502 6
0.095	0.295	0.095	0.085	1.575	17	0.742 5	1.502 6
0.095	0.315	0.085	0.105	1.235	16	0.852 5	1.502 1
0.105	0.275	0.075	0.095	1.645	18	0.642 5	1.502 5

从表 11-6 可以看出，优化零件参数的期望值非常接近 1.50，所以，所求结果是较优的.

11.3　饮酒驾车（CUMCM2004-C）

源程序代码

据报载，2003 年全国道路交通事故死亡人数为 10.437 2 万，其中因饮酒驾车造成的占有相当大的比例.

针对这种严重的道路交通情况，国家质量监督检验检疫局 2004 年 5 月 31 日发布了新的《车辆驾驶人员血液、呼气酒精含量阈值与检验》国家标准. 新标准规定，车辆驾驶人员血液中的酒精含量大于或等于 20 mg/100 mL，小于 80 mg/100 mL 为饮酒驾车（原标准是小于 100 mg/100 mL），血液中的酒精含量大于或等于 80 mg／100 mL 为醉酒驾车（原标准是大于或等于 100 mg/100 mL）.

大李在中午 12 点喝了一瓶啤酒，下午 6 点检查时符合新的驾车标准，紧接着他在吃晚饭时又喝了一瓶啤酒，为了保险起见他待到凌晨 2 点才驾车回家，又一次遭遇检查时却被定为饮酒驾车，这让他既懊恼又困惑，为什么喝同样多的酒，两次检查结果会不一样呢？

请你参考下面给出的数据（或自己收集资料）建立饮酒后血液中酒精含量的数学模型，并讨论以下问题：

（1）对大李碰到的情况做出解释；

（2）在喝了 3 瓶啤酒或者半斤低度白酒后多长时间内驾车就会违反上述标准？在以下情况下回答：

① 酒是在很短时间内喝的；

② 酒是在较长一段时间（比如 2 小时）内喝的.

（3）怎样估计血液中的酒精含量在什么时间最高？

（4）根据你的模型论证：如果天天喝酒，是否还能开车？

参考数据

（1）人的体液占人的体重的 65% 至 70%，其中血液只占体重的 7% 左右；而药物（包括酒精）在血液中的含量与在体液中的含量大体是一样的．

（2）体重约 70 kg 的某人在短时间内喝下 2 瓶啤酒后，隔一定时间测量他的血液中酒精含量（mg/100 mL），得到的数据见表 11-7.

表 11-7

时间/h	0.25	0.5	0.75	1	1.5	2	2.5	3	3.5	4	4.5	5
酒精含量/(mg/100 mL)	30	68	75	82	82	77	68	68	58	51	50	41
时间/h	6	7	8	9	10	11	12	13	14	15	16	
酒精含量/(mg/100 mL)	38	35	28	25	18	15	12	10	7	7	4	

［参考解答］

一、 模型假设与变量说明

1. 模型假设

（1）假设喝啤酒后，啤酒中的酒精全部进入胃肠（含肝脏），然后经过胃肠渗透到体液中．

（2）假设酒精从胃肠向体液的转移速度，与胃肠中的酒精浓度（或含量）成正比．

（3）假设体液中酒精的消耗（向外排出、分解或吸收）速度，与体液中的酒精浓度（或含量）成正比．

（4）对问题（1），假设大李在下午 6 点接受检查，之后由于停车、等待等原因耽误了一定时间 T_0（这里不妨 $T_0 = 0.5$ h）才第二次喝酒．

（5）假设大李在两次喝酒时都是将酒瞬时喝下去并立即进入胃肠中，没有时间耽搁（针对问题（1））．

（6）假设在很短的时间内（瞬间）喝完酒并立即进入胃肠中，没有时间耽搁．

（7）假设在较长一段时间内喝酒时是匀速喝下去．

（8）假设酒精在血液中的含量与体液中的含量相同（题中参考数据）．

（9）假设不考虑个体差异（即对于每个人，酒精由胃肠向体外排的速度系数及向体液渗透的速度系数，体液中酒精向体外排出的速度系数都是不变的.）

（10）假设体液的密度为 1 kg/L.

2. 变量说明

（1）$f(t)$：酒精进入胃肠的速率．

（2）$x_i(t)$：在第 i 次喝酒后 t 时刻胃肠中的酒精质量（单位：mg）．

（3）$y_i(t)$：在第 i 次喝酒后 t 时刻体液中的酒精质量（单位：mg）．

（4）k_{11}：酒精从胃肠渗透到（除体液外）其他组织的速率系数．

（5）k_{12}：酒精从胃肠进入体液的速率系数．

（6）k_{21}：酒精在体液中消耗（向外排除或分解或吸收）的速率系数．

（7）a：一瓶酒中的酒精质量（单位：mg）．

（8）N：喝酒的瓶数.

（9）T_i：大李第 $i+1$ 次喝酒距第 i 次喝酒的时间间隔.

（10）T：一次喝酒持续的总时间.

（11）$C(t)$：体液中的酒精含量（单位：mg/100 mL）.

（12）V：人体体液的体积（单位：100 mL）.

二、 模型的分析与建立

一个人血液中的酒精含量取决于他喝了多少酒、他体内原有的酒精含量以及喝酒方式等. 由科普知识知道，酒精是经胃肠（主要是肝脏）的吸收与分解进入体液的. 因此可以把酒精从胃肠（含肝脏）向体液转移的情况用简图 11-1 直观地表示.

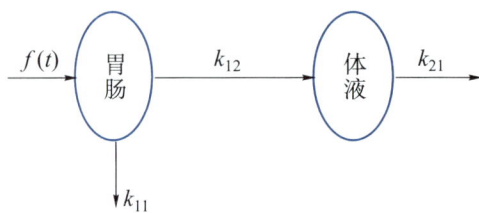

图 11-1

其中 k_{11} 为酒精从胃肠渗透到（除体液外）其他组织的速率系数；k_{12} 为酒精从胃肠进入体液的速率系数；k_{21} 为酒精在体液中消耗（向外排除或分解或吸收）的速率系数；$f(t)$ 为酒精进入胃肠的速率.

问题（1）：

要解释大李碰到的情况，就要证明大李在中午 12 点喝一瓶啤酒后，在下午 6 点时体内血液中的酒精含量小于 20 mg/100 mL，而晚饭时再喝一瓶啤酒后，在凌晨 2 点时体内血液中的酒精含量大于或等于 20 mg/100 mL.

由于酒精在血液中的含量与在体液中的含量相同，下面讨论人喝酒后胃肠与体液中的酒精含量. 根据假设及图 11-1 可以看出：$x_1(t)$ 的变化率由从胃肠进入体液的酒精 $-k_{11}x_1$ 和从胃肠渗透到（除体液外）其他组织的酒精 $-k_{12}x_1$ 组成；$y_1(t)$ 的变化率由从胃肠进入体液的酒精 $k_{12}x_1$ 与在体液中消耗（向外排出、分解或吸收）的酒精 $-k_{21}y_1$ 组成. 所以，可以建立如下的微分方程组：

$$\begin{cases} x_1' = -k_{11}x_1 - k_{12}x_1, \\ y_1' = k_{12}x_1 - k_{21}y_1. \end{cases}$$

（1）大李在中午 12 点（记 $t=0$）喝第一瓶啤酒时，胃肠中的酒精量 $x_1(0)$ 为一瓶酒中的酒精量 a 与饮酒瓶数 N 的乘积 Na，而此时体液中的酒精量 $y_1(0)$ 为零. 因此初值条件为

$$\begin{cases} x_1(0) = Na, \\ y_1(0) = 0, \end{cases}$$

体液（或血液）中酒精的浓度为

$$C(t) = \frac{y_1(t)}{V}.$$

根据以上建立的微分方程模型，可求出当 $N=1$ 时 $C(6)=\dfrac{y_1(6)}{V}$ 的值，并判定 $C(6)<20\,(\mathrm{mg}/100\ \mathrm{mL})$ 是否成立，若成立，则说明大李在中午 12 点喝一瓶啤酒后在下午 6 点时符合驾车标准.

（2）大李第二次喝酒时胃肠和体液中已经有酒精，所以在第二次喝酒（即 $t=0$）时胃肠中的酒精量 $x_2(0)$ 为 N 瓶酒中的酒精质量 Na 与第一次喝酒后残留在胃肠中的酒精质量 $x_1(T_1)$ 之和，而此时体液中的酒精质量 $y_2(0)$ 为第一次喝酒后残留在胃肠中的酒精质量 $y_1(T_1)$. 因此大李第二次喝酒的模型为

$$
\begin{cases}
x_2'=-k_{11}x_2-k_{12}x_2,\\
y_2'=k_{12}x_2-k_{21}y_2,\\
x_2(0)=x_1(T_1)+Na,\\
y_2(0)=y_1(T_1),\\
C(t)=\dfrac{y_2(t)}{V}.
\end{cases}
$$

根据题意，要判断 $C(14-T_1)=\dfrac{y_2(14-T_1)}{V}\geqslant 20$ 是否成立.

问题（2）：

（1）问题（2）中第①问与问题（1）中大李第一次喝酒的情况大致相同，模型如下：

$$
\begin{cases}
x'(t)=-k_{11}x-k_{12}x,\\
y'(t)=k_{12}x-k_{21}y,\\
x(0)=Na,\\
y(0)=0,\\
C(t)=\dfrac{y(t)}{V}.
\end{cases}
$$

（2）对于第②问，$x(t)$ 的变化率由从胃肠进入体液的酒精 $-k_{11}x$，从胃肠渗透到（除体液外）其他组织的酒精 $-k_{12}x$ 以及酒精进入胃肠的速率 $f(t)$ 组成. $y(t)$ 的变化率由从胃肠进入体液的酒精 $k_{12}x$ 与在体液中消耗（向外排出、分解或吸收）的酒精 $-k_{21}y$ 组成. 在饮酒期间（$0<t<T$），假设酒精进入胃肠的速度是匀速的，则酒精进入胃肠的速率为 $f(t)=\dfrac{Na}{T}$，饮酒后，无酒精进入胃肠，所以 $f(t)=0$. 因此，建立微分方程组模型如下：

$$
\begin{cases}
x'(t)=-k_{11}x-k_{12}x+f(t),\\
y'(t)=k_{12}x-k_{21}y,
\end{cases}
$$

其中

$$
f(t)=\begin{cases}
\dfrac{Na}{T}, & 0<t<T,\\[2mm]
0, & t\geqslant T.
\end{cases}
$$

下面讨论初值条件，因在 $t=0$ 时胃肠中的酒精质量 $x(0)$ 和体液中的酒精质量 $y(0)$ 都为零. 故初值条件为

$$\begin{cases} x(0) = 0, \\ y(0) = 0. \end{cases}$$

体液(或血液)中酒精的浓度为

$$C(t) = \frac{y(t)}{V}.$$

问题(2)即求满足 $C(t) \geqslant 20$ 的时间 t 的范围.

问题(3):

分两种情况:第一种情况酒是在很短的时间内喝下去的,第二种情况酒是在较长一段时间内喝下去的.

第一种情况:当酒在很短的时间内喝下去时,求血液中酒精含量最高的时间,即求体液中酒精含量函数 $y(t)$ 的最值点.用极值与最值的关系,因最值存在,且可验证驻点唯一,故可通过求解驻点得到.即求满足

$$y'(t) = 0$$

的时间 t. 其中 $y(t)$ 满足以下微分方程

$$\begin{cases} x'(t) = -k_{11}x - k_{12}x, \\ y'(t) = k_{12}x - k_{21}y, \\ x(0) = Na, \\ y(0) = 0, \\ C(t) = \dfrac{y(t)}{V}. \end{cases}$$

第二种情况:酒在较长一段时间内喝完,同理为求满足

$$y'(t) = 0$$

的时间 t. 其中 $y(t)$ 满足以下微分方程

$$\begin{cases} x'(t) = -k_{11}x - k_{12}x + f(t), \\ y'(t) = k_{12}x - k_{21}y, \\ x(0) = 0, \\ y(0) = 0, \\ C(t) = \dfrac{y(t)}{V}, \\ f(t) = \begin{cases} \dfrac{Na}{T}, & 0 < t < T, \\ 0, & t \geqslant T. \end{cases} \end{cases}$$

问题(4):

如果天天喝酒,设每天喝 N 瓶,第 i 次饮酒与第 $i+1$ 次饮酒的时间间隔为 T_i,每日饮酒量为 Na,按照与问题(1)同样的思路,得到第一天体液中酒精含量满足的微分方程为

$$\begin{cases} x_1'(t) = -k_{11}x_1 - k_{12}x_1, \\ y_1'(t) = k_{12}x_1 - k_{21}y_1, \\ x_1(0) = Na, \\ y_1(0) = 0. \end{cases}$$

第二天体液中酒精含量满足的微分方程为

$$\begin{cases} x_2'(t) = -k_{11}x_2 - k_{12}x_2, \\ y_2'(t) = k_{12}x_2 - k_{21}y_2, \\ x_2(0) = Na + x_1(T_1), \\ y_2(a) = y_1(T_1). \end{cases}$$

……………

第 n 天体液中酒精含量满足的微分方程为

$$\begin{cases} x_n' = -(k_{11} + k_{12})x_n, \\ y_n' = k_{12}x_n - k_{21}y_n, \\ x_n(0) = Na + x_{n-1}(T_{n-1}), \\ y_n(a) = y_{n-1}(T_{n-1}). \end{cases}$$

三、 模型求解

问题(1)的求解:

对于微分方程组

$$\begin{cases} x_1' = -k_{11}x_1 - k_{12}x_1, & (1) \\ y_1' = k_{12}x_1 - k_{21}y_1, & (2) \end{cases}$$

微分方程(1)是可分离变量方程,(2)是一阶线性非齐次方程,其满足初值条件

$$\begin{cases} x_1(0) = Na, \\ y_1(0) = 0 \end{cases}$$

的特解为

$$x_1 = Nae^{-(k_{11}+k_{12})t},$$

$$y_1 = -\frac{Nak_{12}}{k_{11}+k_{12}-k_{21}}(e^{-(k_{11}+k_{12})t} - e^{-k_{21}t}),$$

令 $k_{11}+k_{12}=\alpha, k_{21}=\beta, ak_{12}=\gamma$, 解可转化为

$$x_1 = Nae^{-\alpha t},$$

$$y_1 = \frac{N\gamma}{\beta-\alpha}(e^{-\alpha t} - e^{-\beta t}),$$

根据题目中所给的饮两瓶啤酒的数据,取人的体液占人的体重的百分比的中间值 68%,此时 $N=2$. 利用非线性最小二乘法拟合及高斯-牛顿算法可得

$$\alpha = 2.180, \beta = 0.1755, \gamma = 54\,468.$$

拟合图形如图 11-2 所示. 其中圆圈表示的点是根据题中参考数据画出的图形,曲线为拟合后的图形.

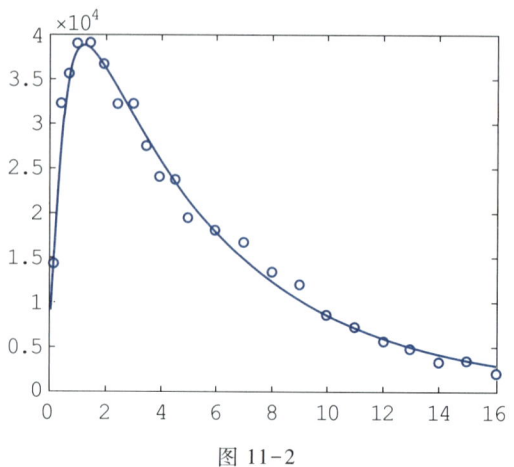

图 11-2

将以上数据代入问题(1)的模型中,可求得大李在中午 12 点饮一瓶啤酒,即 $N=1$ 时,到下午 6 点第一次检查时体液中的酒精含量(即血液中的酒精含量)为

$$C(6) = \frac{y_1(6)}{V} = 19.961\ 6 < 20,$$

所以大李通过了第一次检查.

求解大李第二次喝酒模型,得

$$x_2 = aN(1+e^{-\alpha T_1})e^{-\alpha t},$$

$$y_2 = \frac{N\gamma}{\beta-\alpha}((1+e^{-\alpha T_1})e^{-\alpha t} - (1+e^{-\beta T_1})e^{-\beta t}).$$

考虑到大李在下午 6 点接受检查,之后由于停车等待等原因耽误了一定时间,假设大李从第一次检验到第二次喝酒之间间隔为 0.5 小时,代入数据计算可得第二次检验时,大李血液中酒精含量为 20.244 8 mg/100 mL.这就解释了大李第一次喝酒通过了检查,第二次喝同样的酒且经过更长的时间却被定为饮酒驾车的情况,因为第二次喝酒时有第一次喝酒的残留量.

问题(2)的求解:

下面分别考虑在短时间和 2 小时内喝下 3 瓶啤酒或半斤低度白酒的情况.

短时间内喝下的模型的解(已在问题(1)求解中得到)为

$$x_1 = Nae^{-\alpha t},$$

$$y_1 = \frac{Na\gamma}{\beta-\alpha}(e^{-\alpha t} - e^{-\beta t}).$$

在较长时间内喝下的微分方程中,$f(t)$ 是个分段函数,所以需要分段求解,将其转化为以下两个微分方程组

$$\begin{cases} x_1'(t) = -k_{11}x_1 - k_{12}x_1 + Na/T, \\ y_1'(t) = k_{12}x_1 - k_{21}y_1, \\ x_1(0) = 0, \\ y_1(0) = 0, \\ 0 \leqslant t \leqslant T, \end{cases} \tag{11.8}$$

以及

$$\begin{cases} x_2'(t) = -k_{11}x_2 - k_{12}x_2, \\ y_2'(t) = k_{12}x_2 - k_{21}y_2, \\ x_2(0) = x_1(T), \\ y_2(0) = y_1(T). \end{cases} \tag{11.9}$$

微分方程组(11.8)的解为

$$x_1 = \frac{aN}{\alpha T}(1 - e^{-\alpha t}),$$

$$y_1 = \frac{N\gamma}{\alpha T}e^{-\beta t}\left(\frac{e^{\beta t}}{\beta} - \frac{e^{(\beta-\alpha)t}}{\beta-\alpha} + \frac{1}{\beta-\alpha} - \frac{1}{\beta}\right).$$

微分方程组(11.9)的解为

$$x_2 = y_1(T)e^{-\alpha t},$$

$$y_2 = y_1(T)(\alpha-\beta)e^{-\beta t} - x_1(T)k_{12}(e^{-\beta t} - e^{-\alpha t}).$$

再代入具体参数值进行计算,结果见表11-8.

表 **11-8**

多长时间内驾车违反新规定	3 瓶啤酒(500 mL, 5°)	半斤白酒(38°)
短时间内喝完	12.25 h	13.6 h
2 小时内喝完	13.28 h	14.63 h

问题(3)的求解:

第一种情况是酒在很短的时间内喝下的, 在问题(1)中已求得

$$y = \frac{N\gamma}{\beta-\alpha}(e^{-\alpha t} - e^{-\beta t}),$$

令 $y' = 0$,可得

$$t = \frac{\ln\beta - \ln\alpha}{\beta-\alpha}.$$

可见无论喝多少酒, 体液中酒精的含量达到最高所用的时间均为 1.325 5 h, 如图11-3所示.

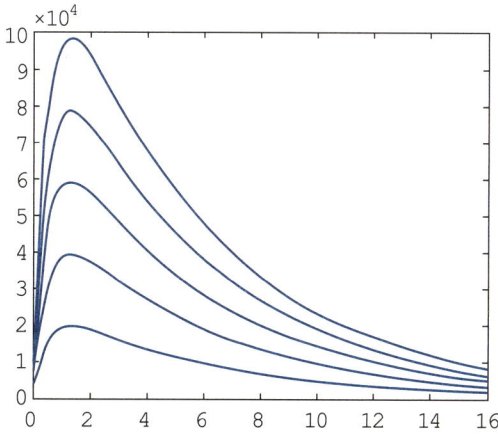

图 11-3　图中曲线分别表示喝 1 瓶, 2 瓶, …, 5 瓶啤酒体液中酒精含量的走势图.

第二种情况是酒在较长一段时间内喝的，其体液中酒精含量的表达式为分段函数，可以证明其最值在后半段到达．

令 $y'=0$，可得表 11-9.

表 11-9

喝酒所用的时间/h	1	2	3	4	5	6	7	8
酒精含量达到最高点所用的时间/h	1.913 9	2.651 0	3.483 5	4.371 3	5.291 7	6.232 9	7.088 0	8.153 0

图 11-4 为一瓶啤酒在不同时间内喝完的图形，8 条曲线从左到右分别为1—8个小时内喝完酒体液中酒精含量走势图．其中每条曲线的最高点为体液中酒精含量的最大值．图中点组成的图形表示持续喝酒时体液中酒精含量的变化，曲线表示喝完酒后体液中的酒精含量变化．

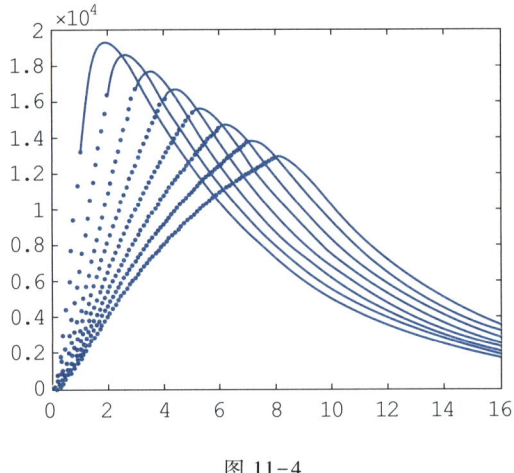

图 11-4

对于其他的情况也可用同样的方法估计血液中的酒精含量在什么时间最大．

问题(4)的求解：

先求出 x_n 和 y_n 的表达式，它们都是等比数列，再求极限．

$$x_n = Na\left(1+\mathrm{e}^{-\alpha T}+\mathrm{e}^{-2\alpha T}+\cdots+\mathrm{e}^{-(n-1)\alpha T}\right)\mathrm{e}^{-\alpha t}$$

$$= Na\,\frac{1-\mathrm{e}^{-n\alpha T}}{1-\mathrm{e}^{-\alpha T}}\mathrm{e}^{-\alpha t},$$

$$\lim_{n\to\infty}x_n = \frac{Na}{1-\mathrm{e}^{-\alpha T}}\mathrm{e}^{-\alpha t},$$

$$y_n = \frac{N\gamma}{\beta-\alpha}\left[\left(1+\mathrm{e}^{-\alpha T}+\cdots+\mathrm{e}^{-(n-1)\alpha T}\right)\mathrm{e}^{-\alpha t}-\left(1+\mathrm{e}^{-\beta T}+\cdots+\mathrm{e}^{-(n-1)\beta T}\right)\mathrm{e}^{-\beta t}\right]$$

$$= \frac{N\gamma}{\beta-\alpha}\left(\frac{1-\mathrm{e}^{-n\alpha T}}{1-\mathrm{e}^{-\alpha T}}\mathrm{e}^{-\alpha t}-\frac{1-\mathrm{e}^{-n\beta T}}{1-\mathrm{e}^{-\beta T}}\mathrm{e}^{-\beta t}\right),$$

$$\lim_{n \to \infty} y_n = \frac{N\gamma}{\beta - \alpha} \left(\frac{1}{1 - e^{-\alpha T}} e^{-\alpha t} - \frac{1}{1 - e^{-\beta T}} e^{-\beta t} \right).$$

通过代入数值计算,如果一个 70 kg 的人天天喝酒(每天喝一次酒,每次喝酒时间固定,且在短时间内喝完),每天的喝酒量固定,喝酒 6 h 后再开车,则每天最多喝 1 瓶啤酒;如果喝酒 10 h 后再开车,则每天最多可喝 2 瓶啤酒.饮酒后的开车时间与每天可以喝的啤酒瓶数间的关系见表 11-10.

表 11-10

喝啤酒瓶数	多少小时以后可以开车/h
1	6
2	10
3	13
4	14
5	16

四、 模型的推广与评价(略)

11.4 地面搜索(CUMCM2008-C)

源程序代码

有一个平地矩形目标区域,大小为 11 200 m×7 200 m,进行全境搜索.假设:出发点在区域中心;搜索完成后需要进行集结,集结点(结束点)在矩形左侧短边的中点;每个人搜索时的可探测半径为 20 m,搜索时平均行进速度为 0.6 m/s;不需搜索而只是行进时,平均速度为 1.2 m/s.每人可通过随身佩戴的步话机相互联系,通过 GPS 装置确定位置.步话机通话半径为 1 000 m,若干人组成一搜救队,并从中选出一名配有卫星电话的组长,每个人搜索到目标,需要用步话机及时向组长报告,组长用卫星电话向指挥部报告搜索的最新结果.

现在有如下问题需要解决:

(1)若有 20 人分为一组,组长配有一台卫星电话.设计一种耗时最短的搜索方式.按照设计的方式,搜索完整个区域的时间是多少?能否在 48 小时内完成搜索任务?若不能完成,需增加到多少人才行?

(2)若有 50 人分为三组,每组的组长配有一台卫星电话.每组可独立将搜索情况报告给指挥部门.设计一种耗时最短的搜索方式.按照设计的搜索方式,搜索完整个区域的时间是多少?

[参考解答]

一、 模型假设与变量说明

1. 模型假设

(1)假设搜索范围为一个大小为 11 200 × 7 200 m² 的区域.

(2)假设各小组在搜索行进的过程中，都是匀速前进的，且搜索和不搜索时的速度是相同的.

(3)假设组员之间可以通过话机向组长报告搜索情况.

2. 变量说明

问题(1)：

(1)t_1，t_2，t_3：行进、搜索、集结时间.

(2)L_1，L_2：行进、搜索距离.

(3)t_{3i}：第 i 名队员集结时间.

(4)L_{3i}：第 i 名队员集结距离.

(5)d_i'：第 i 名队员与第 $i+1$ 名队员之间的距离.

(6)d_i：第 i 名队员与组长间的距离.

(7)v_1，v_2：行进、搜索时的平均速度.

问题(2)：

(1)T_i：第 i 个小组完成任务的总时间($i=1,2,3$).

(2)t_i'：第 i 个小组的行进时间.

(3)t_i''：第 i 个小组的搜索时间.

(4)t_i'''：第 i 个小组的组队时间，出发前排成队列的时间以及最后集结所耗费的时间.

(5)t_{ij}'''：第 i 个小组第 j 名队员从出发到排成队列以及最后集结所耗费的时间.

(6)L_i'：第 i 个小组的行进路程.

(7)L_i''：第 i 个小组的搜索路程.

(8)L_{ij}'''：第 i 个小组第 j 名队员从出发到排队搜索以及最后集结所行走的路程.

(9)d_{ij}：第 i 个小组第 j 名队员与队长之间的距离.

(10)d_{ij}'：第 i 个小组第 j 名队员与第 $j+1$ 名队员之间的距离.

(11)b_i：第 i 个小组的成员数量.

二、 模型的分析与建立

问题(1)(1问)：

该问题属于"一笔画"问题，可以考虑为以搜索人员排成一排组成探测带沿着合理的路径覆盖完所需要搜索的整个矩形区域的问题. 由于题中并没有给出明确的路径，要求自行设计合理的路径，因此问题没有统一的标准.

对于问题(1)，20 个人排成一排进行地毯式搜索，队员搜索完整个区域的时间包括搜索时间、行进时间及集结时间.

由于搜索区域是一个矩形，为保证搜索时无漏掉区域，只需计算人排成的直线长度与搜索的路程组成的矩形长和宽，这个面积不能小于题目中所给出的探索面积. 若探测时第 i 人

与第 $i+1$ 人之间距离为 d_i'，探测的路程为 L_2，则探测面积应满足

$$\left(40 + \sum_{i=1}^{19} d_i'\right) L_2 \geqslant 11\ 200 \times 7\ 200.$$

由以上分析，建立如下规划模型：

$$\min T = t_1 + t_2 + t_3,$$

$$\text{s.t.} \begin{cases} t_1 = \dfrac{L_1}{v_1}, \\[2mm] t_2 = \dfrac{L_2}{v_2}, \\[2mm] t_3 = \max_{1 \leqslant i \leqslant 20}(t_{3i}), \\[2mm] t_{3i} = \dfrac{L_{3i}}{v_1}, \quad i = 1, 2, \cdots, 20, \\[2mm] d_i \leqslant 1\ 000, \quad i = 1, 2, \cdots, 19, \\[2mm] d_i' \leqslant 40, \quad i = 1, 2, \cdots, 19, \\[2mm] \left(40 + \sum_{i=1}^{19} d_i'\right) L_2 \geqslant 11\ 200 \times 7\ 200. \end{cases}$$

问题（1）（2 问）：

由问题（1）模型求解知，20 人组成的队伍不能在 48 小时内完成搜索任务，必须适当添加队员，而增加队员人数会使得人排成的直线长度增加. 仍然采用与问题（1）（1 问）相应的模型，在此模型基础上，通过增加队员的个数，测算出相应的最省探测时间，从而判断要在 48 小时内完成搜索任务的最少队员人数即可.

问题（2）：

问题（2）为分区域搜索，先将整块区域划分成较均衡的三个区域，然后分配给三组搜索队员，而在每块区域内的搜索仍属于"一笔画"问题. 在搜索过程中要求队员能及时通知队长最新搜索情况，为增加信息传递的及时性，考虑将 20 个人排成一行（成直线），整体进行地毯式搜索. 由于每人的探测半径为 20 m，为避免出现漏掉搜索区域的可能性，要求相邻 2 个人之间的距离不超过 40 m，且任意一人与队长之间的距离都在 1 000 m 以内，每个人发现情况都能及时通知队长.

将搜索完整个区域的时间分成三部分：无搜索的行进时间、搜索时间、队伍最初排成直线和最后集结的时间. 行进时间＝行进路程/相应的行进速度，搜索时间＝搜索的总路程/相应的搜索速度，而列队最初（最后）集结的时间＝人离出发中心点的最远距离（最后人离集结点的最远距离）/行进速度.

将 50 名队员分成三组，完成整个任务的总时间等于三个组分别完成各自任务的时间中最大者. 每个小组的搜索方式与问题（1）相同. 故建立数学规划模型如下：

$$\min T\left\{\max_{1 \leqslant i \leqslant 3}(T_i)\right\}$$

$$\text{s.t.}\begin{cases} T_i = (t_i' + t_i'' + t_i'''), \\ t_i' = \dfrac{L_i'}{v_1}, t_i'' = \dfrac{L_i''}{v_2}, t_i''' = \max_{1 \le j \le b_i}(t_{ij}'''), \\ t_{ij}''' = \dfrac{L_{ij}'''}{v_1}, \\ d_{ij} \le 1\,000, j = 1,2,\cdots,b_i - 1, \\ d_{ij}' \le 40, \quad j = 1,2,\cdots,b_i - 1, \\ \displaystyle\sum_{i=1}^{3}\left(40 + \sum_{j=1}^{b_i} d_{ij}'\right) L_i'' \ge 11\,200 \times 7\,200, \\ \displaystyle\sum_{i=1}^{3} b_i = 50, \\ i = 1,2,3; j = 1,2,\cdots,b_i. \end{cases}$$

三、 模型求解

问题(1):搜索路径的设计如图 11-5 所示.

20 人组成的一排搜索队伍探测宽度为 800 m,探测时间 =(队伍搜索距离+行进及组队距离)/相应速度,计算得

$$T = 49.81 \text{ h}.$$

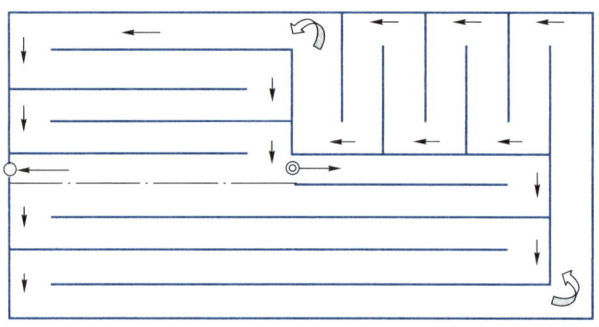

图 11-5 (出发点:◎   结束搜索点:○)

因此不能在 48 小时内完成搜索任务. 设要在 48 小时内完成搜索任务,需增加 n 名搜索队员. 若仍然按该搜索路径,则相应的队伍探测宽度变为 $(20+n) \times 40$ m. 时间计算方式与前面相同. 计算得到 $n=2$.

问题(2):在问题(1)的基础上,加入每组搜索时间均衡性的考虑,将队伍分成 20 人,20 人,10 人三组. 搜索路径的设计如图 11-6 所示.

通过计算,得到各小组花费的时间分别为

$T_1' = t_1' + t_1'' = 20.81$ h, $T_2' = t_2' + t_2'' = 20.94$ h, $T_3' = t_3' + t_3'' = 20.94$ h.

四、 模型的推广与评价(略)

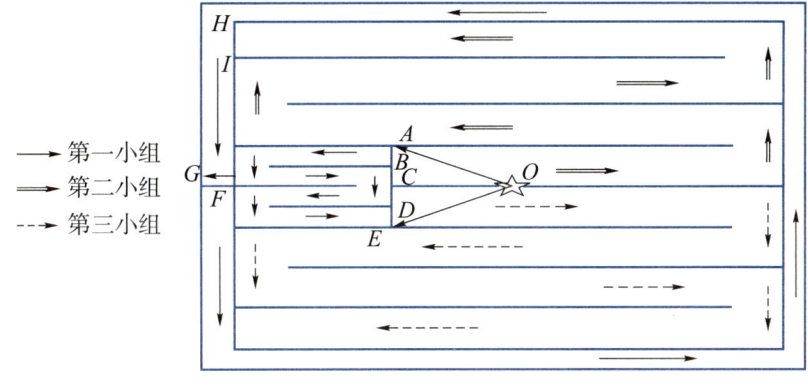

图 11-6

11.5 卫星地面监测(CUMCM2009-C)

源程序代码

卫星和飞船在国民经济和国防建设中起着重要的作用,对它们的发射和运行过程进行测控是航天系统的一个重要组成部分,理想的状况是对卫星和飞船(特别是载人飞船)进行全程跟踪测控.而测控设备只能观测到其所在点切平面以上区域(即每个测控站的测控范围只考虑与地平面夹角3°以上的区域).因此在测控一个卫星或者飞船的发射与运行过程时必须要多个测控站联合完成测控任务.要求利用模型分析卫星或飞船的测控情况,解决以下具体问题:

(1)求出在所有测控站都与卫星或飞船的运行轨道共面的情况下至少应该建立多少个测控站才能对其进行全程跟踪测控?

(2)在一个卫星或飞船的运行轨道与地球赤道平面有固定的夹角,且在离地面高度为 H 的球面 S 上运行的情况下,考虑到地球自转时该卫星或飞船在运行过程中相继两圈的经度有一些差异,求至少应该建立多少个测控站才能对该卫星或飞船可能飞行的区域全部覆盖以达到全程跟踪测控的目的?

[参考解答]

一、 模型假设与变量说明

1. 模型假设

(1)假设地球是一个球体.

(2)假设每个测控站的测控范围只考虑与地面夹角3°以上的区域,且测控效果不受天气等因素影响.

(3)假设设立测控站地点不受地面条件限制.

(4)假设不考虑可以活动的测控站.

2. 变量说明

R:地球半径.

H:卫星(或飞船)离地面的高度.

h:相邻测控空域交点到地面的距离.

α：一个测控点的球心对应角度.

β：三角形的一个内角.

n：需要设置的测控站的数量.

ω：卫星(或飞船)与地球赤道平面的夹角(轨道倾角).

r：测控站与卫星(或飞船)的运行空域相交面的圆半径.

n_1, n_2：分别表示矩形中横、纵方向测控站的数量.

l, d：分别表示矩形的长和宽.

j：表示一个圆内接正六边形所占的有效长度.

h_1：矩形的宽度.

w, W：分别表示地球自转和卫星运行的角速度.

二、 模型的分析与建立

问题(1)：在测控站与飞船运行轨道共面的情况下，若飞船运行与地球自转同步则只需一个观测站；若不同步，则设立的观测站所覆盖的平面内圆心角应至少为 2π. 此时，问题实际上是求在一个以 $R+H$(即地球半径和卫星距地面高度之和)为半径的圆上至少含有多少段地面测控站能覆盖的弧长，如图11-7所示. 建立数学模型如下：

$$n = \begin{cases} 1, & w = W, \\ \left\lceil \dfrac{\pi}{\delta} \right\rceil, & w \neq W. \end{cases}$$

$$\text{s.t.} \begin{cases} \delta = \dfrac{87\pi}{180} - \alpha, \\ \dfrac{R}{\sin\alpha} = \dfrac{R+H}{\sin 93°}. \end{cases}$$

其中 w 为地球自转角速度，W 为卫星运行角速度，"$\lceil \ \rceil$"表示向上取整.

问题(2)：由于地球自转，卫星运行轨道平面与赤道面存在一固定夹角，所以需要对卫星运行所在部分空间球域进行覆盖，它实际上是一个空间中曲面的覆盖问题，问题较为复杂，可转化为平面中的面积覆盖. 由于观测站覆盖面为圆，为了避免产生覆盖死角，可考虑将观测站的覆盖面转化为有效的多边形来完成. 下面将球域覆盖转化为等价的空间圆柱面的覆盖问题，如图 11-8 所示.

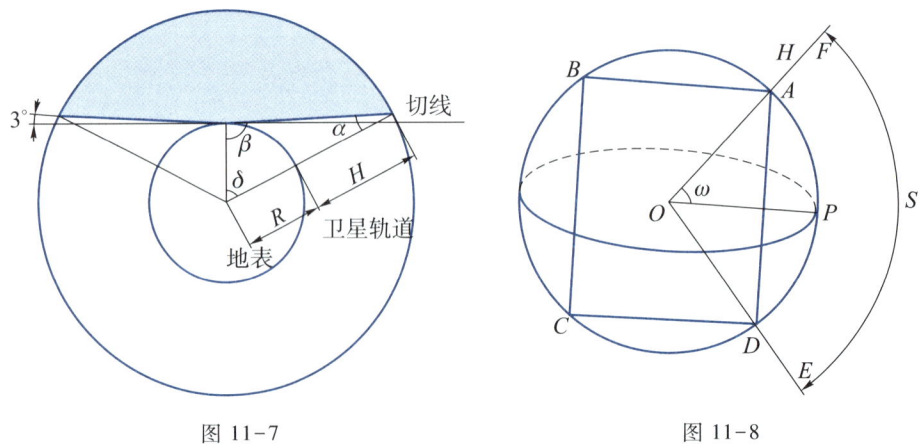

图 11-7   图 11-8

再将需要测控的圆柱面展开为一个面积为 $S = 2\pi(R+h)^2 \sin 2\omega$ 的矩形进行覆盖. 通过简单分析知, 用圆的内接正六边形去覆盖有效面积最大. 如图 11-9 所示.

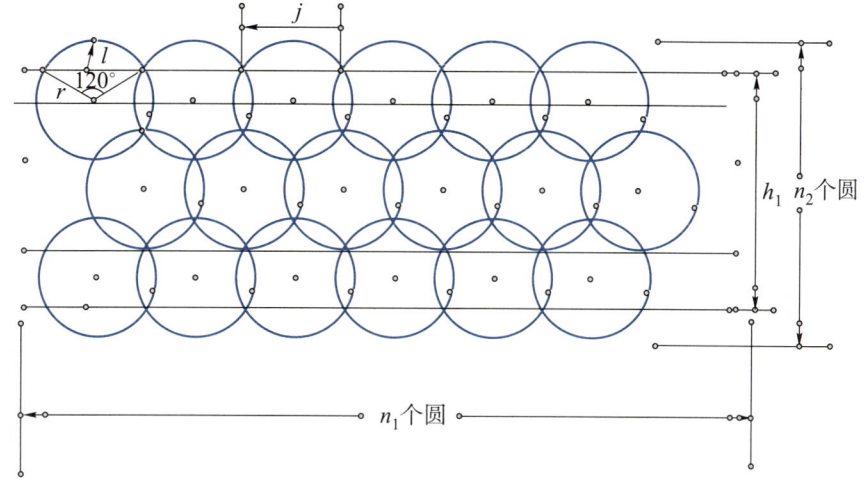

图 11-9

综上分析, 建立数学模型如下:

$$n = n_1 \times n_2,$$

$$\text{s.t.} \begin{cases} n_1 = \lceil \dfrac{l}{\sqrt{3}\,r} \rceil, \\[2mm] n_2 = \lceil \dfrac{2d+r}{3r} \rceil, \\[2mm] l = 2\pi(R+H)\cos\omega, \\[2mm] d = 2(R+H)\sin\omega, \\[2mm] r = H\tan 87°. \end{cases}$$

三、 模型求解

问题(1): 通过查阅资料知道, 卫星和飞船的运行是近圆轨道. 已知卫星运行高度, 代入模型, 用 MATLAB 软件计算出在不同情况下卫星(或飞船)应该建立的测控站数, 见表 11-11.

表 11-11

卫星名称	风云一号	云雨一号	长征七号
卫星高度	370	1 100	343
测控站数	8	7	12

问题(2):

1. 目标覆盖区的计算

通过模型的分析与建立, 知道整个需要测控的空域已经转换成平面中的一个矩形区域.

利用下面公式，再借助 MATLAB 软件编程可以计算出该矩形区域的长、宽，其中矩形区域的长为 l，宽为 d.

$$d = 2(R+H)\sin\omega,$$
$$l = 2\pi(R+H)\cos\omega.$$

2. 计算覆盖区域圆的个数

通过简单分析知道，采用圆内接正六边形覆盖，有效覆盖面积最大.下面分别从目标矩形的长、宽方向计算出横向和纵向排列的蜂窝网格个数 n_1, n_2. 其中横向个数 $n_1 = \dfrac{l}{\sqrt{3}r}$，纵向个数 $n_2 = \dfrac{2d+r}{3r}$. 最后计算 $n = \lceil n_1 \rceil \times \lceil n_2 \rceil$，得出所需要的单位圆个数 n.

3. 程序模拟

下面用 MATLAB 进行计算机程序模拟.通过查阅资料获知，神七卫星运行高度为 343 km，固定夹角为 42.4°.计算得到测控站数量为 50 个.另外，对多颗卫星进行了模拟计算，其结果见表 11–12.

表 11–12

倾角/°	高度/km	名字	个数
34.24	536.2	试验卫星 A–1	36
33.34	360.4	探险者–1	44
42.4	350	神舟六号	50
42.4	343	神舟七号	50
65	228.5	人造地球卫星–1	56
68.44	441	东方红一号	30
82.1	537	普罗斯帕罗	10

四、 模型的推广与评价(略)

源程序代码

11.6 会议筹备(CUMCM2009–D)

某市的一家会议服务公司负责承办某专业领域的一届全国性会议，会议筹备组要为与会代表预订宾馆客房，租借会议室，并租用客车接送代表.由于预计会议规模庞大，而适于接待这次会议的几家宾馆的客房和会议室数量均有限，所以只能让与会代表分散到若干家宾馆住宿.为了便于管理，除了尽量满足代表在价位等方面的需求之外，所选择的宾馆数量应该尽可能少，并且距离上比较靠近.

筹备组经过实地考察，筛选出 10 家宾馆作为备选，它们的名称用代号①至⑩表示，相对位置见图 11–10(其中"500"等数字是两宾馆间距，单位为 m)，有关客房及会议室的规格、间数、价格等数据见表 11–13.

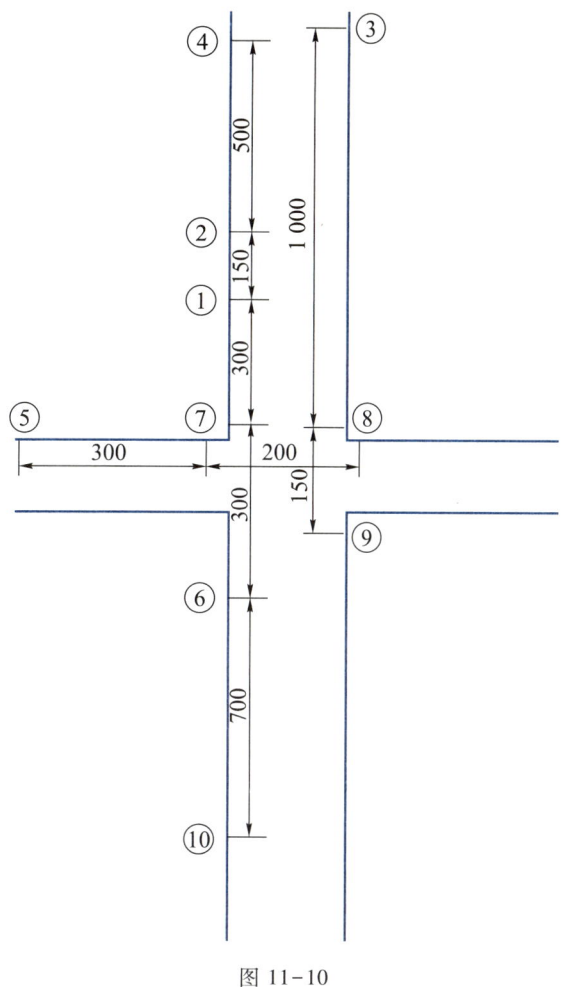

图 11-10

表 **11-13** **10** 家备选宾馆的有关数据

宾馆代号	客房			会议室		
	规格	间数	价格/天	规模	间数	价格/半天
①	普通双标间	50	180 元	200 人	1	1 500 元
	商务双标间	30	220 元	150 人	2	1 200 元
	普通单人间	30	180 元	60 人	2	600 元
	商务单人间	20	220 元			
②	普通双标间	50	140 元	130 人	2	1 000 元
	商务双标间	35	160 元	180 人	1	1 500 元
	豪华双标间 A	30	180 元	45 人	3	300 元
	豪华双标间 B	35	200 元	30 人	3	300 元

宾馆代号	客房			会议室		
	规格	间数	价格/天	规模	间数	价格/半天
③	普通双标间	50	150 元	200 人	1	1 200 元
	商务双标间	24	180 元	100 人	2	800 元
	普通单人间	27	150 元	150 人	1	1 000 元
				60 人	3	320 元
④	普通双标间	50	140 元	150 人	2	900 元
	商务双标间	45	200 元	50 人	3	300 元
⑤	普通双标间 A	35	140 元	150 人	2	1 000 元
	普通双标间 B	35	160 元	180 人	1	1 500 元
	豪华双标间	40	200 元	50 人	3	500 元
⑥	普通单人间	40	160 元	160 人	1	1 000 元
	普通双标间	40	170 元	180 人	1	1 200 元
	商务单人间	30	180 元			
	精品双人间	30	220 元			
⑦	普通双标间	50	150 元	140 人	2	800 元
	商务单人间	40	160 元	60 人	3	300 元
	商务套房(1 床)	30	300 元	200 人	1	1 000 元
⑧	普通双标间 A	40	180 元	160 人	1	1 000 元
	普通双标间 B	40	160 元	130 人	2	800 元
	高级单人间	45	180 元			
⑨	普通双人间	30	260 元	160 人	1	1 300 元
	普通单人间	30	260 元	120 人	2	800 元
	豪华双人间	30	280 元	200 人	1	1 200 元
	豪华单人间	30	280 元			
⑩	经济标准房(2 床)	55	260 元	180 人	1	1 500 元
	标准房(2 床)	45	280 元	140 人	2	1 000 元

　　根据这届会议代表回执整理出来的有关住房的信息见表 11-14. 从以往几届会议情况看，有一些发来回执的代表不来开会，同时也有一些与会的代表事先不提交回执，相关数据见表 11-15. 表 11-14，表 11-15 都可以作为预订宾馆客房的参考.

表 11-14　本届会议的代表回执中有关住房要求的信息(单位：人)

	合住 1	合住 2	合住 3	独住 1	独住 2	独住 3
男	154	104	32	107	68	41
女	78	48	17	59	28	19

说明：表头第一行中的数字 1、2、3 分别指每天每间 120~160 元、161~200 元、201~300 元三种不同价格的房间. 合住是指要求两人合住一间. 独住是指可安排单人间，或一人单独住一个双人间.

表 11-15　以往几届会议代表回执和与会情况

	第一届	第二届	第三届	第四届
发来回执的代表数量	315	356	408	711
发来回执但未与会的代表数量	89	115	121	213
未发回执而与会的代表数量	57	69	75	104

需要说明的是，虽然客房房费由与会代表自付，但是如果预订客房的数量大于实际用房数量，筹备组需要支付一天的空房费，而若出现预订客房数量不足，则将造成非常被动的局面，引起代表的不满.

会议期间有一天的上下午各安排 6 个分组会议，筹备组需要在代表下榻的某几个宾馆租借会议室. 由于事先无法知道哪些代表准备参加哪个分组会，筹备组还要向汽车租赁公司租用客车接送代表. 现有 45 座、36 座和 33 座三种类型的客车，租金分别是半天 800 元、700 元和 600 元.

请你们通过数学建模方法，从经济、方便、代表满意等方面，为会议筹备组制订一个预订宾馆客房、租借会议室、租用客车的合理方案.

[参考解答]

一、模型假设与变量说明

1. 模型假设

(1) 假设每个代表上下午分别只能参加一组会议，且参加各个分组会议的概率是随机的.

(2) 假设筹备组能顺利地预订 10 家备选宾馆的任意客房和会议室.

(3) 假设筹备组能租赁到租车公司 45 座、36 座和 33 座三种类型的车辆.

(4) 假设不考虑参会代表家属的住宿和交通车服务等事项.

(5) 假设不考虑各种不可抗拒因素对会议如期召开的影响.

(6) 假设在安排住宿时，男女不安排在同一房间.

(7) 假设参会人员到宾馆的先后顺序是随机的.

(8) 假设代表上午开完会后都回各自宾馆就餐.

2. 变量说明

n'：表示本届会议发来回执的代表总人数.

α：表示本届会议发来回执而未到会的代表数占所有发来回执代表数的概率.

β：表示本届会议未发回执而到会的代表数占所有发来回执代表数的概率.

N:表示估算的出席与会代表人数.

I:表示被筹备组确定要预订的宾馆号的集合.

二、 模型的分析与建立

会议筹备组要制订一个预订宾馆客房、租借会议室、租用客车的合理方案,使筹备组经费最省、代表出席会议较方便、住宿较满意. 为此,从经济、方便、代表满意三方面进行认真分析. 经济因素主要由预订出多余房间产生的空房费、租用宾馆会议室的费用和租车的费用等决定. 方便程度可以用租用酒店的数量与租用酒店间的距离因素这两项指标进行描述. 代表满意度可以用筹备组预订客房不足的数量和预订的房间类型与代表对住房的要求是否一致来衡量. 最后,综合考虑以上三方面决定最终方案.

1. 经济因素 y_1 最省

经济因素 = 空房费 + 租用会议室的费用 + 租车费用,表示为 $y_1 = \lambda_{11} y_{11} + \lambda_{12} y_{12} + \lambda_{13} y_{13}$,其中 $\lambda_{1i} (i=1,2,3)$ $\left(\sum_{i=1}^{3} \lambda_{1i} = 1,\ \lambda_{1i} \geqslant 0\right)$ 为权重系数.

(1)空房费 y_{11}

空房费越少越好,即

$$\min \quad y_{11}.$$

空房费为剩余的房间单价乘以相应的房间数,为

$$y_{11} = \sum_{i \in I} \sum_{j=1}^{4} a_{ij} (n'_{ij} - n''_{ij}),$$

其中 I 为被筹备组确定要预订的宾馆号,a_{ij} 为第 i 个宾馆第 j 类规格的客房的单价,n'_{ij} 为筹备组预订第 i 个宾馆第 j 类规格的客房的数量,n''_{ij} 为第 i 个宾馆第 j 类规格的客房实际入住的数量,y_{11} 表示预订房间入住后还空余的房间所需要支付的费用(空房费). 若宾馆没有第四类客房,则设 $a_{i4} = 0$,若还没有第三类客房,则设 $a_{i3} = 0$,$a_{i4} = 0$.

由题知,这几个变量还满足以下约束条件:

$$\mathrm{s.t.} \begin{cases} n'_{ij} \leqslant n_{ij}, \\ n''_{ij} \leqslant n'_{ij}, \\ \sum_{i \in I} \sum_{j=1}^{4} n''_{ij} \leqslant N, \end{cases}$$

$n_{ij} (j=1,2,3,4)$ 为第 i 个宾馆第 j 类规格的客房的总数量,N 为预测的参会代表总数,即筹备组预订第 i 个宾馆第 j 类规格的客房的数量和实际入住第 i 个宾馆第 j 类规格的客房的人数均不超过第 i 个宾馆第 j 类规格的客房的总数量,实际入住预订宾馆的人数不超过参会总人数.

(2)租用会议室的总费用 y_{12}

租用会议室的总费用越少越好,即

$$\min \quad y_{12}.$$

租用会议室的总费用为各种规格的会议室单价乘以相应的会议室数量,租用会议室的费用表示为

$$y_{12} = \sum_{i \in I} \sum_{j=1}^{4} b_{ij} m_{1ij} + \sum_{i \in I} \sum_{j=1}^{4} b_{ij} m_{2ij},$$

其中 b_{ij} 为租用第 i 个宾馆第 j 种规格的会议室半天的单价，m_{ij} 为第 i 个宾馆第 j 种规格的会议室的总数量，m_{1ij} 表示上午租用第 i 个宾馆第 j 种规格会议室的总数，m_{2ij} 为下午租用第 i 个宾馆第 j 种规格会议室的总数。对没有第 4 种类型会议室的宾馆，设 $b_{i4}=0$。同样，若还没有第三种会议室的宾馆，则 $b_{i3}=0,b_{i4}=0$。

同样，这里的变量还满足以下一些约束条件：

$$\text{s.t.}\begin{cases} m_{1ij}\leqslant m_{ij}, \\ m_{2ij}\leqslant m_{ij}, \\ \sum_{i\in I}\sum_{j=1}^{4}m_{1ij}s_{ij}\geqslant N, \\ \sum_{i\in I}\sum_{j=1}^{4}m_{2ij}s_{ij}\geqslant N, \end{cases}$$

其中 s_{ij} 为第 i 个宾馆第 j 种规格的会议室能容纳的最大人数，m_{ij} 为第 i 个宾馆第 j 种规格的会议室的总数量，N 表示筹备组预计到会人数。即筹备组预订各宾馆各种会议室的数量不超过各宾馆能提供的数量；筹备组安排的会议室的容量应不低于参会总人数，但因这项工作在开会之前，实际参会人员还是未知，所以，它应不低于筹备组预计到会人数。

（3）租借车辆总费用 y_{13}

租车费用越少越好，即

$$\min\quad y_{13}.$$

租车费用为租用各种型号客车的单价乘以相应的车辆数，为

$$y_{13}=\sum_{i=1}^{3}c_{i}h_{1i}+\sum_{i=1}^{3}c_{i}h_{2i},$$

其中 c_i 为租第 i 种型号客车的单价，h_{1i} 为上午租用第 i 种型号客车的车辆数，h_{2i} 为下午租用第 i 种型号客车的车辆数，y_{13} 表示租用客车的费用。

这些量需满足以下约束条件：

$$\text{s.t.}\begin{cases} h_{1i}q_{i}\geqslant n-g_{1}, \\ h_{2i}q_{i}\geqslant n-g_{2}, \end{cases}$$

g_1 为住在上午开会宾馆的代表数，g_2 为住在下午开会宾馆的代表数，q_i 为第 i 种型号客车可容纳的人数。住在分会议室所在宾馆的代表可以不坐车。

2. 方便程度 y_2

"方便程度" 应为所选择的宾馆数量尽可能少，并且距离上比较靠近。首先在考虑酒店数量少的前提下，考虑酒店间两两距离之和最小，即酒店相对集中。"方便程度" 表示为酒店的数量与租用酒店距离因素之和

$$y_{2}=\lambda_{21}y_{21}'+\lambda_{22}y_{22}',$$

其中 y_{21}' 为预订宾馆的数量无量纲处理后的值，y_{22}' 为预订宾馆间靠近程度，$\lambda_{2i}(i=1,2)$ $(\sum_{i=1}^{2}\lambda_{2i}=1,\lambda_{2i}>0)$ 为影响方便程度的各项指标的权重系数。

（1）租用酒店的数量 y_{21}

为方便管理，减少交通费用，宾馆的数量越少越好，即

$$\min\quad y_{21}.$$

宾馆数量为

$$y_{21} = \sum_{i=1}^{10} p_i,$$

$$p_i = \begin{cases} 0, & \text{没有租用第 } i \text{ 个宾馆,} \\ 1, & \text{租用了第 } i \text{ 个宾馆,} \end{cases} \quad i = 1, 2, \cdots, 10,$$

其中 y_{21} 表示租用宾馆的数量.

（2）租用宾馆的距离因素 y_{22}

为了减少代表的奔波，使安排的宾馆尽可能集中，用租用宾馆两两距离之和表示，距离之和越小越好，即

$$\min \quad y_{22}.$$

距离可表示为

$$y_{22} = \sum_{i,j \in I} d_{ij} (i \neq j),$$

d_{ij} 为第 i 个宾馆与第 j 个宾馆间的距离，$i, j \in I \subset [1, 2, \cdots, 10]$，这里 I 是被筹备组确定要预订的宾馆号.

3. 参会代表的满意程度 y_3

参会代表的满意度分成：预订房的数量是否够用和代表对所订房类型与其期望的类型是否相符两个方面，为

$$y_3 = \lambda_{31} y_{31} + \lambda_{32} y_{32},$$

其中 $\lambda_{3i} \left(\sum_{i=1}^{2} \lambda_{31i} = 1, \lambda_{3i} > 0 \right)$ 为影响参会代表满意程度的各项指标的权重系数.

（1）缺房间数量 y_{31}

预订的客房数量不足将引起代表的不满，这种不满程度我们用缺少的房间数来进行衡量，缺少的房间越少则参会代表越满意，即

$$\min \quad y_{31},$$

其中 y_{31} 表示订房数量不足将引起代表的不满程度，为

$$y_{31} = \sum_{i=1}^{n} w_{1i},$$

$$w_{1i} = \begin{cases} 0, & \text{第 } i \text{ 个代表有预订房,} \\ 1, & \text{第 } i \text{ 个代表没有预订房,} \end{cases} \quad i = 1, 2, \cdots, n.$$

n 为参会代表总数.

（2）订房的类型

订房的类型与代表所要求的类型可能不尽相同，根据代表对房间的要求，要求合住的必须安排合住，要求独住的必须安排独住. 我们把完全满足代表对住房要求的满意度用 0 表示，不完全满足代表要求的用 1 表示. 则所有代表的满意程度之和越小者越满意，即

$$\min \quad y_{32}.$$

代表对入住类型与价格的满意度可表示为

$$y_{32} = \sum_{i=1}^{n} w_{2i},$$

其中 y_{32} 表示所有代表对入住房间类型的满意度，而

$$w_{2i} = \begin{cases} 0, & \text{表示满足第 } i \text{ 位代表对宾馆住房的类型要求,} \\ 1, & \text{表示不满足第 } i \text{ 位代表对宾馆住房的类型要求,} \end{cases} \quad i = 1, 2, \cdots, n.$$

综上分析,得此问题的多目标规划模型为

$$\min \quad y_1 = \lambda_{11} y_{11} + \lambda_{12} y_{12} + \lambda_{13} y_{13} \left(\sum_{i=1}^{3} \lambda_{1i} = 1, \ \lambda_{1i} \geq 0 \right),$$

$$\min \quad y_2 = \lambda_{21} y_{21}' + \lambda_{22} y_{22}' \left(\sum_{i=1}^{2} \lambda_{2i} = 1, \ \lambda_{2i} \geq 0 \right),$$

$$\min \quad y_3 = \lambda_{31} y_{31}' + \lambda_{32} y_{32}' \left(\sum_{i=1}^{2} \lambda_{3i} = 1, \ \lambda_{3i} \geq 0 \right).$$

$$\text{s.t.} \begin{cases} y_{11} = \sum_{i \in I} \sum_{j=1}^{4} a_{ij}(n_{ij}' - n_{ij}''), \\ n_{ij}' \leq n_{ij}, \\ n_{ij}'' \leq n_{ij}', \\ \sum_{i \in I} \sum_{j=1}^{4} n_{ij}'' \leq N, \\ y_{12} = \sum_{i \in I} \sum_{j=1}^{4} b_{ij} m_{1ij} + \sum_{i \in I} \sum_{j=1}^{4} b_{ij} m_{2ij}, \\ m_{1ij} \leq m_{ij}, \\ m_{2ij} \leq m_{ij}, \\ \sum_{i \in I} \sum_{j=1}^{4} m_{1ij} s_{ij} \geq N, \\ \sum_{i \in I} \sum_{j=1}^{4} m_{2ij} s_{ij} \geq N, \\ y_{13} = \sum_{i=1}^{3} c_i h_{1i} + \sum_{i=1}^{3} c_i h_{2i}, \\ h_{1i} q_i \geq n - g_1, \\ h_{2i} q_i \geq n - g_2, \\ y_{21} = \sum_{i=1}^{10} p_i, \\ p_i = \begin{cases} 0, & \text{没有租用第 } i \text{ 个宾馆,} \\ 1, & \text{租用了第 } i \text{ 个宾馆} \end{cases} (i = 1, 2, \cdots, 10), \\ y_{22} = \sum_{i, j \in I} d_{ij}, \\ y_{31} = \sum_{i=1}^{n} w_{1i}, \\ w_{1i} = \begin{cases} 0, & \text{第 } i \text{ 个代表有预订房,} \\ 1, & \text{第 } i \text{ 个代表没有预订房} \end{cases} (i = 1, 2, \cdots, n), \\ y_{32} = \sum_{i=1}^{n} w_{2i}, \\ w_{2i} = \begin{cases} 0, & \text{表示满足第 } i \text{ 位代表对宾馆住房的类型要求,} \\ 1, & \text{表示不满足第 } i \text{ 位代表对宾馆住房的类型要求,} \end{cases} i = 1, 2, \cdots, n. \end{cases}$$

三、模型求解

步骤一　确定可能参会的代表总数

由表 11-14，可以确定本届会议代表回执的人数 $n'=755$，由表 11-14 可以看出以往几届会议代表回执和与会情况，由此拟合出二次函数，表示为

$$y=-0.000\ 139\ 59x^2+0.446\ 27x-33.87,$$

代入相关数据求出本届发来回执而未到会的代表数占所有发来回执代表数的概率：

$$\alpha=\frac{y(755)}{n'}=0.296\ 0.$$

同理可以估算出本届未发回执而到会代表占所有发来回执代表的概率：

$$\beta=0.104\ 04,$$

从而预计出参加本届会议的总代表数为

$$N=\lceil(1-\alpha)n'\rceil+\lceil\beta n'\rceil,\quad\lceil.\rceil\text{表示向上取整，如}\lceil 3.2\rceil=4.$$

用 MATLAB 求解，得

$$N=638.$$

假设每个回执代表到会的概率相同，未回执而与会代表对住房的要求和回执代表对住房的要求相同，可得出本届会议代表对住房要求的信息表(单位：人)，见表 11-16.

表 11-16

	合住 1	合住 2	合住 3	独住 1	独住 2	独住 3
男	119	82	25	84	54	32
女	76	47	16	57	27	19

步骤二　计算实际到会与估计到会人数的关系

假设实际到会代表数 n 与预测到会代表数 N 的误差为估计到会人数的 2%，即实际到会人数为

$$n=N\pm\lceil 2\%N\rceil,$$

代入数据得

$$n=638\pm 13,$$

则可知实际到会的人数 $n\in[625,651]$.

步骤三　考虑方便因素

① 租用宾馆的数量

由图 11-10 的数据，把 10 个宾馆两两之间的距离记录成一个 10 阶矩阵. 为了让代表住宿尽量集中，宾馆的数量尽可能小，结合入住的总人数 625,638,651 这几种情况，计算可知预订 4 个宾馆就能满足与会代表的住宿要求，即 $y_{21}=4$.

② 租用宾馆的距离因素

根据随机生成的 4 个宾馆的组合，利用 MATLAB 软件可直接算出租用宾馆的两两之间距离之和 y_{22}.

步骤四　考虑总花费最少

在宾馆的所有组合中，考虑空房费、租会议室费用和租车费用之和最小.

① 空房费

当 $n = 651$ 时，实际到会的代表人数大于估计到会的代表人数，所以不存在空房费，即 $y_{11} = 0$.

当 $n = 625$ 时，实际到会的代表人数比估计到会的代表数少 13 人，假设少来的这 13 个代表对住房型号的要求和已回执的人的要求成比例，安排的房间价格按三类价格的中间价格计算，得空房费

$$y_{11} = 13 \times \left[\left(\frac{r_{11}+r_{21}}{2n'} + \frac{r_{14}+r_{24}}{n'} \right) \right] \times \frac{160+120}{2} + 13 \times$$

$$\left[\left(\frac{r_{12}+r_{22}}{2n'} + \frac{r_{15}+r_{25}}{n'} \right) \right] \times \frac{200+161}{2} +$$

$$13 \times \left[\left(\frac{r_{13}+r_{23}}{2n'} + \frac{r_{16}+r_{26}}{n'} \right) \right] \times \frac{300+201}{2},$$

代入数据用 MATLAB 求解得

$$y_{11} = 1\ 560.$$

② 租会议室费用

采用贪心算法，找出会议室属于所选宾馆且尽可能集中在一家或两家宾馆. 并记录这些租会议室最少的费用值和对应的宾馆代号，并用矩阵 y_{12} 记录租会议室的费用.

由 $y_2 = \lambda_{21}y_{21} + \lambda_{22}y_{22}$，不妨取 $\lambda_{21} = \lambda_{22} = \frac{1}{2}$，可以得出 y_2 的值.

③ 租车费用

由蒙特卡罗算法进行随机模拟，找出选择 4 个宾馆的多种组合，再分析生成的每个组合中各个因素的值. 假设每个宾馆的代表参加各个分组会议的概率是相同的，若代表不在所住宾馆开会时，则需要安排车辆接送，由此计算出 y_{13}.

由 $y_1 = \lambda_{11}y_{11} + \lambda_{12}y_{12} + \lambda_{13}y_{13}$，不妨取 $\lambda_{11} = \lambda_{12} = \lambda_{13} = \frac{1}{3}$，可以得出 y_1 的值.

步骤五　考虑代表的满意度

① 代表对缺房的满意程度

当 $n = 625$ 时，预测到会人数大于实际到会人数，所以不存在缺房的数量，$y_{31} = 0$.

当 $n = 651$ 时，预测到会人数小于实际到会人数，此时会使 13 个代表没有房住，而导致这 13 个代表严重不满，即 $y_{31} = 13$.

② 代表对订房类型的满意程度

这里，要确定各个宾馆所住人数，以便安排车辆接送开会. 另外，假设要求合住的代表可以安排合住和独住，但是要求独住的代表只能安排独住. 先考虑安排完全满足代表要求的房间，即 $q_{2i} = 0$ 的情况，再考虑满足次之条件要求的房间. 由此求出各种宾馆组合时对应订房类型的满意度 y_{32} 的值 $y_3 = \lambda_{31}y_{31} + \lambda_{32}y_{32}$，不妨取 $\lambda_{31} = \lambda_{32} = \frac{1}{2}$，可最终计算出 y_3 的值.

步骤六 将多目标规划模型转化为单目标规划模型,目标函数为

$$\min \ y = \lambda_1 y_1 + \lambda_2 y_2 + \lambda_3 y_3 \qquad \left(\sum_{i=1}^{3} \lambda_i = 1, \lambda_i \geqslant 0 \right),$$

约束条件不变.

对上面的三个因素进行归一化处理并求出最优解.

y_1, y_2, y_3 组成一个三列多行矩阵,用公式 $\dfrac{y_i - y_{mean}}{y_{max} - y_{min}}$,对每一列的数据进行归一化处理. 根据实际情况分析,设权重系数 $\lambda_1, \lambda_2, \lambda_3$ 分别为 $0.4, 0.3, 0.3$,由 $\lambda_i y_i$ 算出每行的 Z 值,取 Z 最小的一组即为最优预订宾馆的方案.

由以上求解,得如下结果:所租用的宾馆号分别为 1,2,5,7;租借的会议室宾馆号为 7. 具体分配方案见表 11-17.

表 11-17

宾馆代号	规格	宾馆拥有房间间数	租借房间间数	宾馆拥有会议室的间数	租借会议室间数	租车方案
①	普通双标间	50	50	1	0	住了 193 人,派 3 辆 45 座和 2 辆 33 座的车
	商务双标间	30	22	1	0	
	普通单人间	30	30	2	0	
	商务单人间	20	20			
②	普通双标间	50	50	2	0	住了 238 人,派 4 辆 45 座和 2 辆 33 座的车
	商务双标间	35	35	1	0	
	豪华双标间 A	30	30	3	0	
	豪华双标间 B	35	35	3	0	
⑤	普通双标间 A	35	35	2	0	住了 65 人,派 2 辆 33 座的车
	普通双标间 B	35	29	1	0	
	豪华双标间	40	1	3	0	
⑦	普通双标间	50	50	2	2	住了 170 人,不需要派车
	商务单人间	40	40	3	3	
	商务套间(1 床)	30	30	1	1	

四、 模型的评价与推广(略)

11.7 对学生宿舍设计方案的评价（CUMCM2010-D）

学生宿舍事关学生在校期间的生活品质，直接或间接地影响到学生的生活、学习和健康成长. 学生宿舍的使用面积、布局和设施配置等的设计既要让学生生活舒适，也要方便管理，同时要考虑成本和收费的平衡，这些还与所在城市的地域、区位、文化习俗和经济发展水平有关. 因此，学生宿舍的设计必须考虑经济性、舒适性和安全性等问题.

经济性：建设成本、运行成本和收费标准等.

舒适性：人均面积、使用方便、互不干扰、采光和通风等.

安全性：人员疏散和防盗等.

附件是四种比较典型的学生宿舍的设计方案. 请你们用数学建模的方法就它们的经济性、舒适性和安全性做出综合量化评价和比较.

附件：

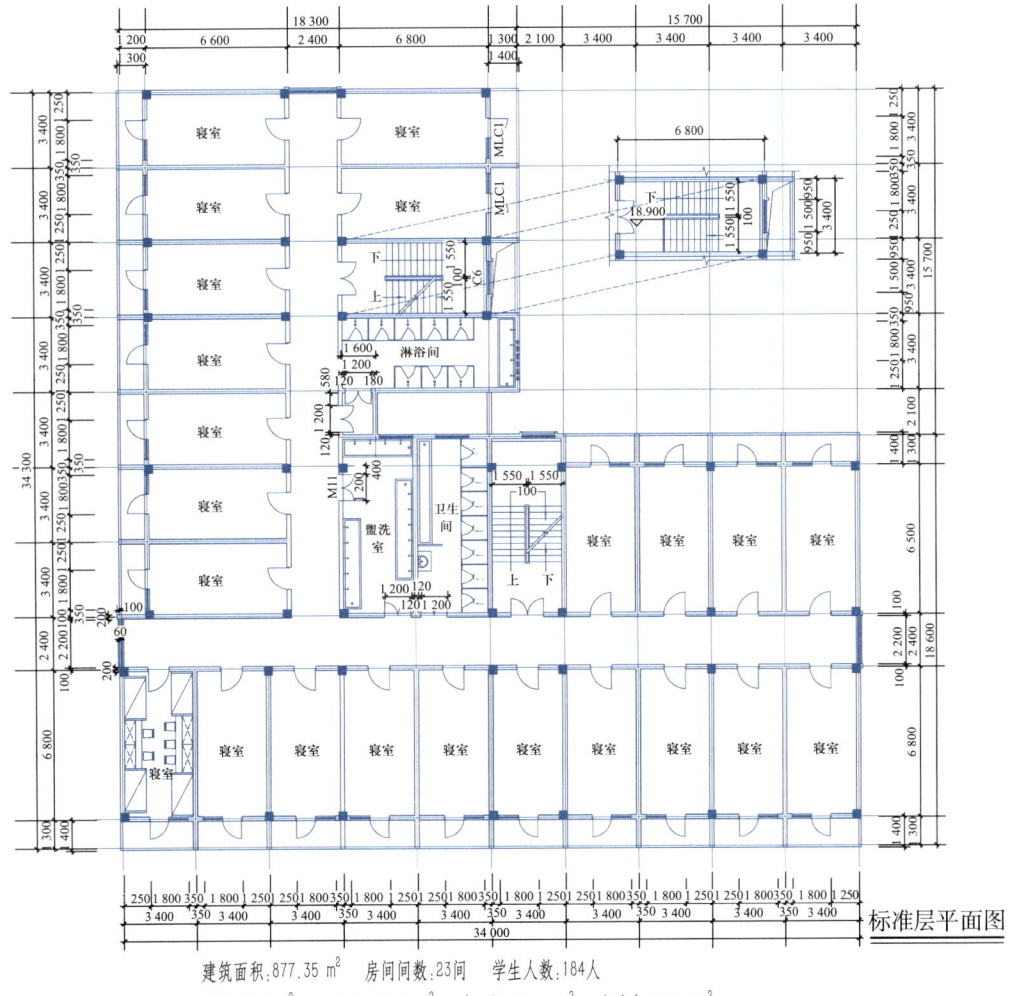

建筑面积:877.35 m² 房间间数:23间 学生人数:184人

寝室:25.5 m² 卫生间:27.54 m² 沐浴间:27.54 m² 盥洗室:27.52 m²

学生宿舍设计方案 1

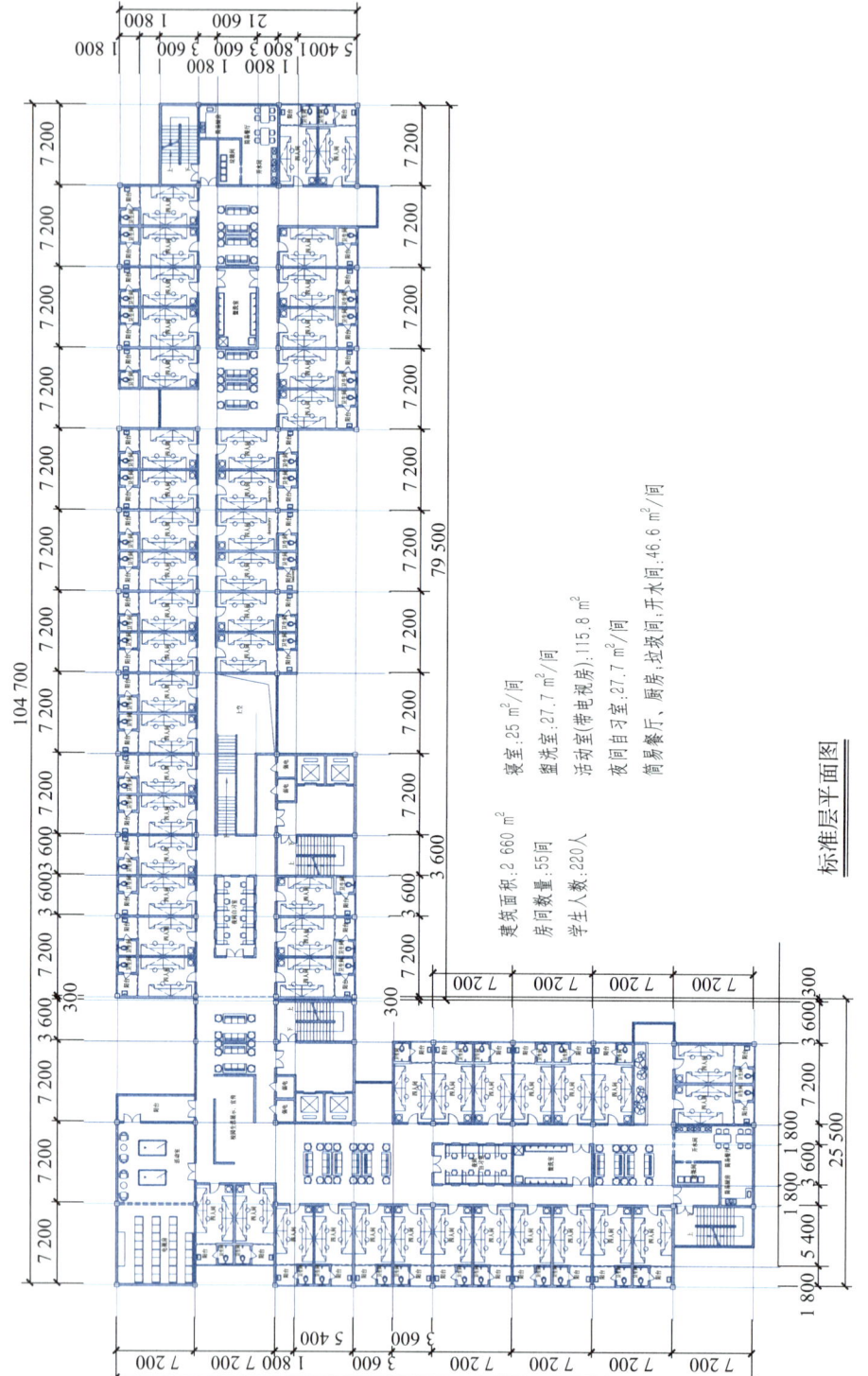

标准层平面图

学生宿舍设计方案 2

建筑面积:2 660 m² /间
房间数量:55 间
学生人数:220 人

寝室:25 m² /间
盥洗室:27.7 m² /间
活动室(带电视房):115.8 m²
夜间自习室:27.7 m² /间
简易餐厅,厨房,过放间,开水间:46.6 m² /间

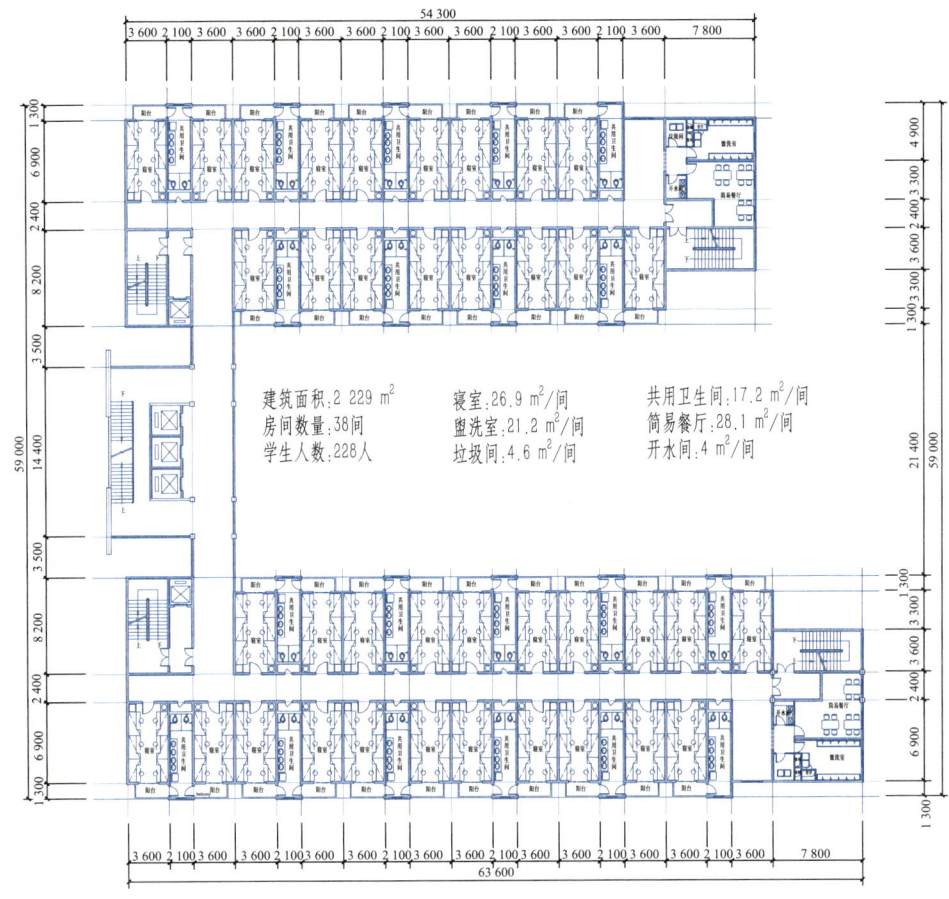

标准层平面图

学生宿舍设计方案 3

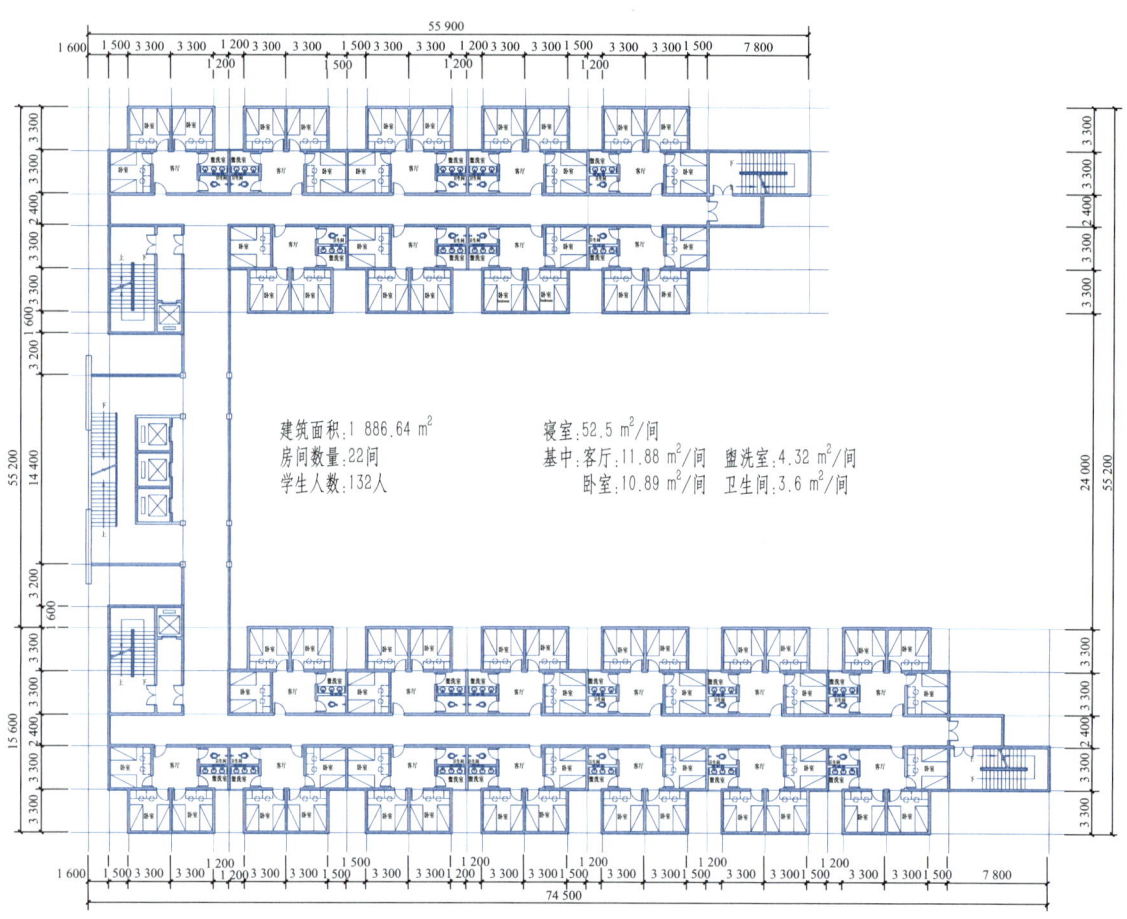

建筑面积:1 886.64 m²
房间数量:22间
学生人数:132人

寝室:52.5 m²/间
基中:客厅:11.88 m²/间　盥洗室:4.32 m²/间
卧室:10.89 m²/间　卫生间:3.6 m²/间

标准层平面图

学生宿舍设计方案 4

[参考解答]

一、模型假设与变量说明

1. 模型假设

（1）假设每种学生宿舍的设计方案均不考虑入住率，学生人数按宿舍容纳人数计算.

（2）假设只考虑题目给出的三种特性.

（3）假设这四种设计方案是针对同一地点而设计的，假设不考虑购买土地的费用.

（4）假设四种设计方案的楼层数相同，且每种方案各层楼的布局和基础设施等也相同.

2. 变量说明

（1）C_1, C_2, C_3 分别表示经济性、舒适性、安全性.

（2）M_1, M_2, M_3 分别表示经济性的建设成本、运行成本、收费标准.

（3）M_4, M_5, M_6 分别表示舒适性的使用方便、互不干扰、采光通风.

（4）M_7, M_8 分别表示安全性的人员疏散和防盗.

二、模型的分析、建立与求解

本题要求在考虑经济性、舒适性和安全性因素的基础上对附件中四种典型的学生宿舍设计方案做出综合量化评价和比较.根据附件中提供的学生宿舍设计特点、数据等已知及易获得的信息，可采用组合综合评价方法.第一步确定综合评价指标体系；第二步利用层次分析法确定各影响因素的权重；第三步从经济性、舒适性和安全性方面给出定量化方法；第四步对评价指标进行归一化和无量纲化处理.最后建立线性加权综合评价模型，并根据所求综合指标值，判断四种学生宿舍设计方案的优劣.

1. 确定综合评价指标体系

明确指标筛选和评价指标体系建立的原则是建立评价指标体系的前提条件.在实际的综合评价中，评价指标并非越多越好，但也不是越少越好.评价指标过多，存在重复性，易受干扰；评价指标过少，指标缺乏代表性，会产生片面性.因此，在建立评价指标体系时应遵循以下原则：系统性原则、一致性原则、独立性原则、科学性原则和可比性原则.

结合本题对于学生宿舍设计方案在经济性、舒适性和安全性方面的要求，以及附件中四种典型学生宿舍设计方案的标准层平面图提供的参考数据，建立如图 11-11 所示的学生宿舍设计方案综合评价指标体系.

由图 11-11 所示，学生宿舍设计方案的整体评价指标体系为两级，其中第一级由经济性、舒适性和安全性三个一级指标构成；每个一级指标各由多个二级指标构成，例如经济性指标由建设成本、运行成本和收费标准 3 个二级指标组成，舒适性由使用方便、互不干扰、采光通风 3 个二级指标组成，安全性由人员疏散、防盗 2 个二级指标组成.

2. 利用层次分析法确定各影响因素的权重

（1）由题意可知，不同因素重要性不同.先建立第一层影响因素 C（经济性、舒适性和安全性）对目标 O（评价宿舍设计方案）的判断矩阵 O-C，用正数 a_{ij} 表示因素 x_i 与因素 x_j 对目标 O 的影响的重要程度，根据九级标度法（表10-1）确定 a_{ij} 的取值.例如，相对于目标 O，舒适性比经济性重要些，故令 $a_{12} = 2$.类似地，可建立判断矩阵 O-C.

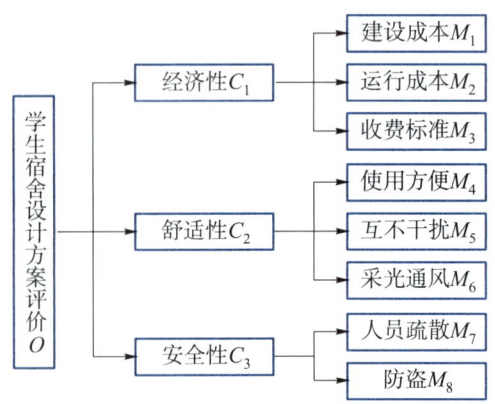

图 11-11　学生宿舍设计方案整体评价指标体系

$$O\text{-}C = \begin{pmatrix} 1 & \dfrac{11}{10} & \dfrac{10}{9} \\ \dfrac{10}{11} & 1 & \dfrac{8}{9} \\ \dfrac{9}{10} & \dfrac{9}{8} & 1 \end{pmatrix}.$$

同理，可以给出各因素判断矩阵，结果见表 11-18.

表 **11-18**

因素判断矩阵	$O\text{-}C$	$C_1\text{-}M$	$C_2\text{-}M$	$C_3\text{-}M$
数据	$\begin{pmatrix} 1 & \dfrac{11}{10} & \dfrac{10}{9} \\ \dfrac{10}{11} & 1 & \dfrac{8}{9} \\ \dfrac{9}{10} & \dfrac{9}{8} & 1 \end{pmatrix}$	$\begin{pmatrix} 1 & 2 & \dfrac{1}{4} \\ \dfrac{1}{2} & 1 & \dfrac{1}{6} \\ 4 & 6 & 1 \end{pmatrix}$	$\begin{pmatrix} 1 & 2 & 4 \\ \dfrac{1}{2} & 1 & 2 \\ \dfrac{1}{4} & \dfrac{1}{2} & 1 \end{pmatrix}$	$\begin{pmatrix} 1 & 3 \\ \dfrac{1}{3} & 1 \end{pmatrix}$

（2）因素判断矩阵的一致性检验

为判断所列矩阵的准确性，需进行一致性检验，即计算一致性指标 CI 和一致性检验比率 CR，其中

$$CI = \frac{\lambda_{\max} - n}{n-1},$$

这里，$\lambda_{\max}$ 为矩阵的最大特征根，n 为矩阵的阶数.

$$CR = \frac{CI}{RI},$$

其中 RI 是平均随机一致性指标，RI 的取值见表 10-4. 若 $CR < 0.1$，则判断矩阵满足一致性.

对于判断矩阵 $O\text{-}C$，最大特征根 $Q_0 = 3.001\ 8$. 阶数 $n = 3$，则由表 10-4 知 $RI = 0.58$，即

$$CI = \frac{Q_0 - n}{n - 1} = \frac{3.001\ 8 - 3}{2} = 0.000\ 9,$$

$$CR = \frac{CI}{RI} = \frac{0.000\ 9}{0.58} < 0.1.$$

由此可知，判断矩阵 $O\text{-}C$ 满足一致性.

由题可知，经济性从建设成本、运行成本和收费标准三个方面衡量；舒适性则考虑使用方便、互不干扰、采光通风因素；安全性可以从人员疏散和防盗方面考察. 下面构造判断矩阵 $C_1\text{-}M$、$C_2\text{-}M$ 和 $C_3\text{-}M$，与判断矩阵 $O\text{-}C$ 的一致性检验类似，结果见表 11-19.

表 11-19　因素 M 层对因素 C 层的判断矩阵及最大特征根

判断矩阵	最大特征根	一致性检验
$C_1\text{-}M = \begin{pmatrix} 1 & 2 & \frac{1}{4} \\ \frac{1}{2} & 1 & \frac{1}{6} \\ 4 & 6 & 1 \end{pmatrix}$	$Q_1 = 3.009\ 2$	$CI = \dfrac{Q_1 - n}{n - 1}$ $= \dfrac{3.009\ 2 - 3}{2} = 0.004\ 6;$ $CR = \dfrac{CI}{RI} = \dfrac{0.004\ 6}{0.58}$ $= 0.007\ 9 < 0.1$
$C_2\text{-}M = \begin{pmatrix} 1 & 2 & 4 \\ \frac{1}{2} & 1 & 2 \\ \frac{1}{4} & \frac{1}{2} & 1 \end{pmatrix}$	$Q_2 = 3$	$CI = \dfrac{Q_2 - n}{n - 1}$ $= \dfrac{3 - 3}{2} = 0;$ $CR = \dfrac{CI}{RI} = \dfrac{0}{1.12} = 0 < 0.1$
$C_3\text{-}M = \begin{pmatrix} 1 & 3 \\ \frac{1}{3} & 1 \end{pmatrix}$	$Q_3 = 2$	$CI = \dfrac{Q_3 - n}{n - 1} = \dfrac{2 - 2}{1} = 0;$ $CR = \dfrac{CI}{RI} = \dfrac{0}{0} = 0 < 0.1$

从表 11-19 可以看出，三个矩阵都通过一致性检验，满足一致性要求.

（3）确定层次因素的单层排序

层次单排序计算问题可以归结为计算判断矩阵的最大特征根及特征向量的问题，因为矩阵都通过一致性检验，满足一致性，故可用其最大特征向量作为权向量，并将最大特征根所对应的特征向量归一化，最后得出四个判断矩阵的各层次单排序，具体结果见表 11-20.

表 11-20

判断矩阵	$O\text{-}C$	$C_1\text{-}M$	$C_2\text{-}M$	$C_3\text{-}M$
最大特征根所对应的特征向量归一化后的向量	$\boldsymbol{w}_0 = \begin{pmatrix} 0.351\ 5 \\ 0.309\ 0 \\ 0.339\ 5 \end{pmatrix}$	$\boldsymbol{w}_1 = \begin{pmatrix} 0.192\ 9 \\ 0.106\ 2 \\ 0.701\ 0 \end{pmatrix}$	$\boldsymbol{w}_2 = \begin{pmatrix} 0.470\ 6 \\ 0.324\ 9 \\ 0.204\ 5 \end{pmatrix}$	$\boldsymbol{w}_3 = \begin{pmatrix} 0.75 \\ 0.25 \end{pmatrix}$

综合以上分析求解得出判断矩阵 $O\text{-}C$ 和判断矩阵 $C\text{-}M$ 的最大特征根所对应的归一化特征向量，综合表 11-20 中的数据，得各影响因素的单层权重，如图 11-12 所示.

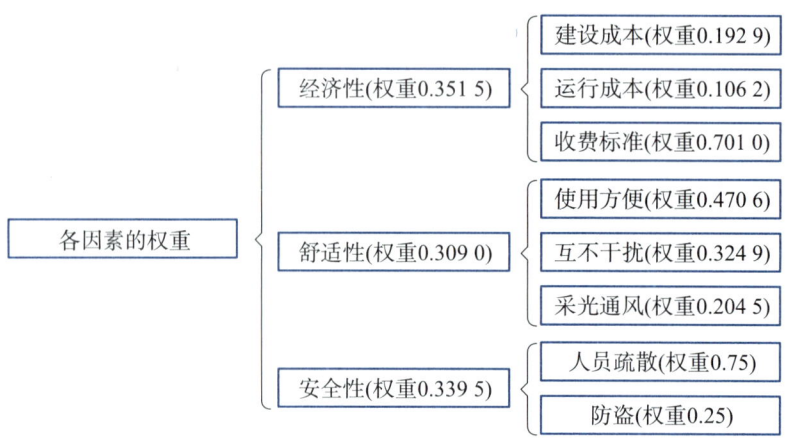

图 11-12

由图 11-12 可以看出，对目标来说，经济性的权重最大，而舒适性和安全性两项影响权重较小，即重要性程度排列为

经济性>安全性>舒适性.

对经济性来说，收费标准的权重占 70%多的比例，建设成本和运行成本占很小的权重，即重要性程度排列为

收费标准>建设成本>运行成本.

同理可得，舒适性和安全性的重要性程度排列分别为

使用方便>互不干扰>采光通风；

人员疏散>防盗.

（4）总排序及其一致性检验

层次总排序就是利用层次单排序的结果计算出各层次的组合权值，即每一个判断矩阵各因素对目标层（最上层）的相对权重. 检验层次总排序的一致性后，即可得到层次总排序.

例如，经济性对总目标 O 的权重是 0.351 5，经济性考察的其中一个因素建设成本对经济性因素的权重是 0.192 9，所以人员疏散因素对总目标 O 的权重为前两项权重之积 0.112 2. 故求得第二层 8 个影响因素对于总目标 O 的权重为

$$\boldsymbol{\lambda} = \begin{bmatrix} 0.067\ 8 & 0.037\ 3 & 0.246\ 4 & 0.145\ 4 & 0.100\ 4 & 0.063\ 2 & 0.254\ 6 & 0.084\ 9 \end{bmatrix}^{\mathrm{T}}.$$

为评价层次总排序的计算结果的一致性，用下面公式进行检验：

$$CI_{\text{总}} = \sum_{i=1}^{3} w_i CI_i; \quad RI_{\text{总}} = \sum_{i=1}^{3} w_i RI_i; \quad CR_{\text{总}} = \frac{CI_{\text{总}}}{RI_{\text{总}}}.$$

由一致性检验指标 $CR_{\text{总}} < 0.1$，说明满足一致性.

3. 给出经济性、舒适性和安全性方面的定量化方法

经济性指标包括：

（1）建设成本 M_1：极小型指标，表示宿舍单位面积的建设成本×建筑面积/宿舍容纳学生人数，单位为元/m²，建设成本越小经济性越好.

（2）运行成本 M_2：极小型指标，用宿舍面积来描述，单位为 m²，为寝室、走廊、卫生

间、沐浴间、盥洗室和其他配置设施(活动室、夜间自习室和简易餐厅等)面积之和,即宿舍面积越小,运行成本越少,经济性越好.

(3)收费标准 M_3:极小型指标,根据现行公办高校的住宿费标准,分别给出四种学生宿舍的设计方案中每间宿舍的收费标准,见表 11-21. 收费标准越小,经济性越好.

表 11-21

宿舍	宿舍一	宿舍二	宿舍三	宿舍四
每间收费标准/元	900	1 500	1 200	1 800

舒适性指标包括:

(1)使用方便 M_4:极大型指标,用设施完善程度来描述,无单位,若宿舍只配置了寝室、共用卫生间、沐浴间和盥洗室,令其设施配置等级为 1;在此基础上,若宿舍在每间寝室配置了独立卫生间,令其设施配置等级加 1;若宿舍还配置其他诸如活动室、夜间自习室和简易餐厅等配套设施,每增加一项配套设施,分别令其设施配置等级加 1. 设施完善程度越高,宿舍使用越方便,舒适性指标越好.

(2)互不干扰 M_5:极大型指标,用人均寝室面积和人均设施面积来共同描述,互不干扰 $=0.5\times$ 人均寝室面积 $+0.5\times$ 人均设施面积,单位为 $m^2/$人,相互干扰越少,舒适性指标越好.

(3)采光通风 M_6:极小型指标,用宿舍纵横比来描述,无单位,为宿舍纵向设计长度和横向设计长度的比值,宿舍纵横比越小,宿舍间相互遮光堵风的情况越少,舒适性越好.

安全性指标包括:

(1)人员疏散 M_7:极大型指标,用疏散人流密度来描述,单位为人/m,为学生人数除以扶梯间总的宽度,即疏散人流密度越大,疏散能力越明显,安全性越好.

(2)防盗 M_8:极小型指标,用寝室数量乘以扶梯间数量来描述,无单位,即寝室数量和扶梯间数量越少,宿舍被盗概率越小,安全性越高.

根据以上分析,我们可以得到各指标的值,见表 11-22.

表 11-22 评价指标值

评价指标	指标性质	单位	方案 1	方案 2	方案 3	方案 4
建设成本 M_1	极小型	元/m^2	4.77	12.09	9.78	14.29
运行成本 M_2	极小型	m^2	850.84	2 590.29	2 198.30	1 832.40
收费标准 M_3	极小型	元/人	900	1 500	1 200	1 800
使用方便 M_4	极大型	无单位	1.00	4.00	3.00	5.00
互不干扰 M_5	极大型	$m^2/$人	2.17	5.89	4.82	6.94
采光通风 M_6	极小型	无单位	1.87	0.55	1.09	0.99
人员疏散 M_7	极大型	人/m	1.7	0.72	0.72	0.66
防盗 M_8	极小型	无单位	46.00	225.00	190.00	110.00

4. 对评价指标进行同度量和无量纲处理

由于所给指标既有极小型指标，又有极大型指标，而且单位也不相同，无法进行直接比较. 为了使其具有可比性，必须对评价指标进行同度量处理和无量纲处理.

（1）同度量处理

由于评价指标多数是极小型指标，极小型指标无须处理，而对于极大型指标 x，通过变换

$$x' = M - x$$

将指标 x 极小化，其中 M 为指标 x 的可能取值的最大值. 处理结果见表 11-23.

表 **11-23** 同度量处理后的评价指标值

评价指标	指标性质	单位	方案 1	方案 2	方案 3	方案 4
建设成本 M_1	极小型	元/m^2	4.77	12.09	9.78	14.29
运行成本 M_2	极小型	m^2	850.84	2 590.29	2 198.30	1 832.40
收费标准 M_3	极小型	元/人	900	1 500	1 200	1 800
使用方便 M_4	极小型	无单位	4.00	1.00	2.00	0
互不干扰 M_5	极小型	m^2/人	4.77	1.05	2.12	0
采光通风 M_6	极小型	无单位	1.87	0.55	1.09	0.99
人员疏散 M_7	极小型	人/m	0	0.98	0.98	1.04
防盗 M_8	极小型	无单位	46.00	225.00	190.00	110.00

（2）无量纲处理

由于单位不同，利用公式

$$\tilde{x} = \frac{x_i - \bar{x}}{\sigma}$$

进行标准化处理将其变成无单位的量，其中 $\bar{x} = \dfrac{\sum\limits_{i=1}^{n} x_i}{n}$，$\sigma = \sqrt{\dfrac{(x_i - \bar{x})^2}{n}}$，结果见表11-24.

表 **11-24**

评价指标	指标性质	单位	方案 1	方案 2	方案 3	方案 4
建设成本 M_1	极小型	无	-1.34	0.46	-0.11	0.99
运行成本 M_2	极小型	无	-1.36	0.97	0.44	-0.05
收费标准 M_3	极小型	无	-1.16	0.39	-0.39	1.16
使用方便 M_4	极小型	无	1.32	-0.44	0.15	-1.02
互不干扰 M_5	极小型	无	1.36	-0.46	0.07	-0.97
采光通风 M_6	极小型	无	1.36	-1.05	-0.06	-0.25
人员疏散 M_7	极小型	无	-1.5	0.46	0.46	0.58
防盗 M_8	极小型	无	-1.2	1.02	0.59	-0.41

通过以上两种处理，所有因素都可以进行比较.

5. 建立线性加权综合评价模型

根据以上分析，建立宿舍方案的综合评价模型：

$$w_i = \sum_{j=1}^{8} \lambda_j \widetilde{x}_{ij} (i = 1,2,3,4) ，$$

其中 $\sum_{j=1}^{8} \lambda_j = 1(0 \leqslant \lambda_j \leqslant 1)$. 由前面的分析知道

$$\boldsymbol{\lambda} = (0.067\ 8 \quad 0.037\ 3 \quad 0.246\ 4 \quad 0.145\ 4 \quad 0.100\ 4 \quad 0.063\ 2 \quad 0.254\ 6 \\ 0.084\ 9)^{\mathrm{T}}.$$

6. 排序并得出结论

根据评价指数或分值，对参评单位进行排序，并由此得出结论，见表 11-25.

表 11-25　综合评价及比较结果

评价模型及结果		方案 1	方案 2	方案 3	方案 4
线性加权综合评价模型	评价值	−0.420 5	0.215 7	0.121 5	0.085 2
	排序值	1	4	3	2

由表 11-25 可知，从经济性、舒适性和安全性三方面对附件所示四种典型学生宿舍设计方案的整体综合评价结果为

$$方案 1 > 方案 4 > 方案 3 > 方案 2.$$

三、 模型的检验与推广（略）

11.8　公共自行车服务系统（CUMCM2013-D）
（获"IBM SPSS"创新奖）

公共自行车作为一种低碳、环保、节能、健康的出行方式，正在全国许多城市迅速推广与普及. 在公共自行车服务系统中，自行车租赁的站点位置及各站点自行车锁桩和自行车数量的配置，对系统的运行效率与用户的满意度有重要的影响.

附件 1 为浙江省温州市鹿城区公共自行车管理中心提供的某 20 天借车和还车的原始数据，所给站点的地理位置参见附件 2. 请你们在搞清楚公共自行车服务模式和使用规则的基础上，根据附件提供的数据，建立数学模型，讨论以下问题：

1. 分别统计各站点 20 天中每天及累计的借车频次和还车频次，并对所有站点按累计的借车频次和还车频次分别给出它们的排序. 另外，试统计分析每次用车时长的分布情况.

2. 试统计 20 天中各天使用公共自行车的不同借车卡（即借车人）数量，并统计数据中出现过的每张借车卡累计借车次数的分布情况.

3. 找出所有已给站点合计使用公共自行车次数最大的一天，并讨论以下问题：

（1）请定义两站点之间的距离，并找出自行车用车的借还车站点之间（非零）的最短距离与最长距离. 对借还车是同一站点且使用时间在 1 分钟以上的借还车情况进行统计.

（2）选择借车频次最高和还车频次最高的站点，分别统计分析其借、还车时刻的分布及用车时长的分布.

（3）找出各站点的借车高峰时段和还车高峰时段，在地图上标注或列表给出高峰时段各站点的借车频次和还车频次，并对具有共同借车高峰时段和还车高峰时段的站点分别进行归类.

4. 请说明上述统计结果携带了哪些有用的信息，由此对目前公共自行车服务系统站点设置和锁桩数量的配置做出评价.

5. 找出公共自行车服务系统的其他运行规律，提出改进建议.

附件 1：公共自行车数据（内含 20 个 Excel 文件）（略）

附件 2：公共自行车站点分布图（略）

[参考解答]

一、模型假设与变量说明

1. 模型假设

（1）假设题目提供的数据真实、完整、有效.

（2）假设公共自行车系统运转良好，无被偷、被盗现象，相关基础设施配置及运转正常，无意外或故障发生.

（3）假设所有自行车以匀速行驶，且速度相当.

（4）假设自行车行车时间为还车时刻与借车时刻之差，忽略取车、锁车时间.

（5）使用者完全知晓使用规则，会按规则正常借用.

（6）假设系统站点的设置和锁桩只考虑市民对自行车实际需求情况，不考虑经费、场地等其他因素.

2. 变量说明

（1）λ_t：每次用车时长.

（2）x_i：借车次数为 i 次.

（3）y_{li}：每天借车次数为 i 次的借车卡的数量.

二、模型的准备

1. 问题 1 的前期准备

（1）时间数据的处理

将附件 1 中 20 天的日期数据和时间数据的混合数据进行分栏处理，将借车时刻改为借车日期，将新分的一栏命名为借车时间，用同样方法将还车时刻改为还车日期，新增一栏命名为还车时间. 在变量视图下将数据宽度进行修改，然后将修改文件进行合并. 具体步骤如下：

a. 在附件 1 文件夹下，打开 Excel 文件"第 1 天"；

b. 选中第 G 列（借车时刻），单击右键复制，单击右键插入复制单元格（G 列之后）；

【小点评】

本文利用 SPSS 统计软件对公共自行车的借还车频次、用车时长、借车人的租车规律进行统计描述与分析，对问题所涉及的相关站点的借还车时刻分布和用车时长分布等进行统计分析和检验，并用聚类分析的方法对具有共同高峰时段的站点进行归类，结果与分析客观合理，较好地达到了利用数学建模解决实际问题的目的.

c. 单击数据选择分列；

d. 选择文件类型：固定宽度，单击下一步；

e. 选择列数据格式：日期，单击完成，单击确定；

f. 将 G 列标题改为借车日期，H 列标题改为借车时间；

g. 第 L 列的日期处理，另外 19 天日期处理同上述对 G 列的处理.

（2）数据文件的合并

利用 SPSS 统计软件将所有 Excel 表格数据合并到同一个数据文件下，具体步骤如下：

① 打开 SPSS 软件，点击"文件"按钮，选择"打开"，再选择"数据"，在弹出来的对话框"文件类型"一栏中，选择"Excel（＊.xls，＊xlsx，＊xlsm）"，在"文件名"一栏选择"附件 1"中的"第 1 天"，点击"打开"，再点击"确认"，此时，"第 1 天"文件打开. 接着点击"文件"按钮，选择"另存为"并命名为"第 1 天"，点击保存. 用此方法处理其他 19 天的数据.

② 用 SPSS 软件打开"第 1 天. cav"，选择"变量视图"将 1 至 17 的"宽度"数值分别改为"11，9，4，16，3，2，11，11，16，3，2，11，11，4，10，10，6"，用此方法，处理其他 19 天的数据.

③ 用 SPSS 软件打开"第 1 天. sav"，选择"数据"按钮，再选择"合并文件"，"添加个案"，在"浏览"中选择"第 2 天. sav"，点击"打开"，再点击"继续"，"确认"，则将数据"第 2 天. sav"成功导入，重复此步骤，将剩余的天数导入到"第 1 天. sav"中，得到数据备用.

2. 问题 3 的前期准备

根据问题 1 的统计结果，可以判断出所有已给站点合计使用公共自行车次数最大的一天为第 20 天.

（1）第 1 小问数据预处理

以借还车是同一站点且使用时间在 1 min 以上的借还车为条件选择数据，具体操作为

打开第 20 天的数据文件，选择"数据"，再选择"选择个案"，将个案条件设置为"借车站点＝还车站点 & 用车时间>＝1"，点击确定.

（2）第 2 小问数据预处理

以借车频次最高和还车频次最高为题设条件选择数据，根据第 1 小问的结果，得知借车频次最高的为街心公园，还车频次最高的为五马美食林. 具体操作为

打开第 20 天的数据文件，选择"数据"，再选择"选择个案"，将个案条件设置为"借车站点＝街心公园"以及"还车站点＝五马美食林"，点击确定.

（3）第 3 小问数据预处理

根据题目要求，需要提取时刻数值，具体操作为

① 选择"转换"，再选择"日期和时间向导"，在弹出对话框选择"提取日期或时间变量的一部分"提取"借车时间"变量的"小时"数据；

② 选择"转换"，再选择"日期和时间向导"，在弹出对话框选择"提取日期或时间变量的一部分"提取"还车时间"变量的"小时"数据.

三、问题 1 模型的建立与求解

1. 建模思路

根据题目要求，将 20 天的日期数据预处理后：

（1）结合统计学分配数列、频数分析知识，运用 SPSS 软件交叉表、绘图等功能统计各站点 20 天中每天及累计的借车频次和还车频次，并对其排序，观察分析规律；

（2）运用统计学回归分析、曲线估计相关理论，通过 SPSS 软件统计描述、交叉表、曲线估计功能分析每次用车时长的分布情况，观察、分析其分布形态.

2. 模型分析、建立与求解

利用 SPSS 软件的交叉列表、统计描述功能进行分析，得到每天借车频次和还车频次，对其汇总得出累计借车频次和累计还车频次并排序.

（1）各站点每天及累计借、还车频次统计

为统计各站点 20 天中每天及累计的借车频次和还车频次，运用 SPSS 软件频数分析法中的交叉列表分析法得出各站点每天及累计的借车频次和还车频次，由于数据量较大，仅用图 11-13 表示第 1 天各站点借车频次.

各站点 20 天中每天及每天累计的借车频次和还车频次见附件 1 和附件 2（略）. 运用 SPSS 软件得到各站点每天累计借车频次堆积图，如图 11-14 所示.

由图 11-14 可以看出每天各站点累计的借车频次差异显著，出现繁忙区站点和冷落区站点. 20 天累计借车频次最高的前五位站点为街心公园、墨斗小区、上陡门住宅公交站、区地税局、温迪路农贸市场. 20 天累计借车频次后五位站点为滨江美食园、市政府西、鹿城区公

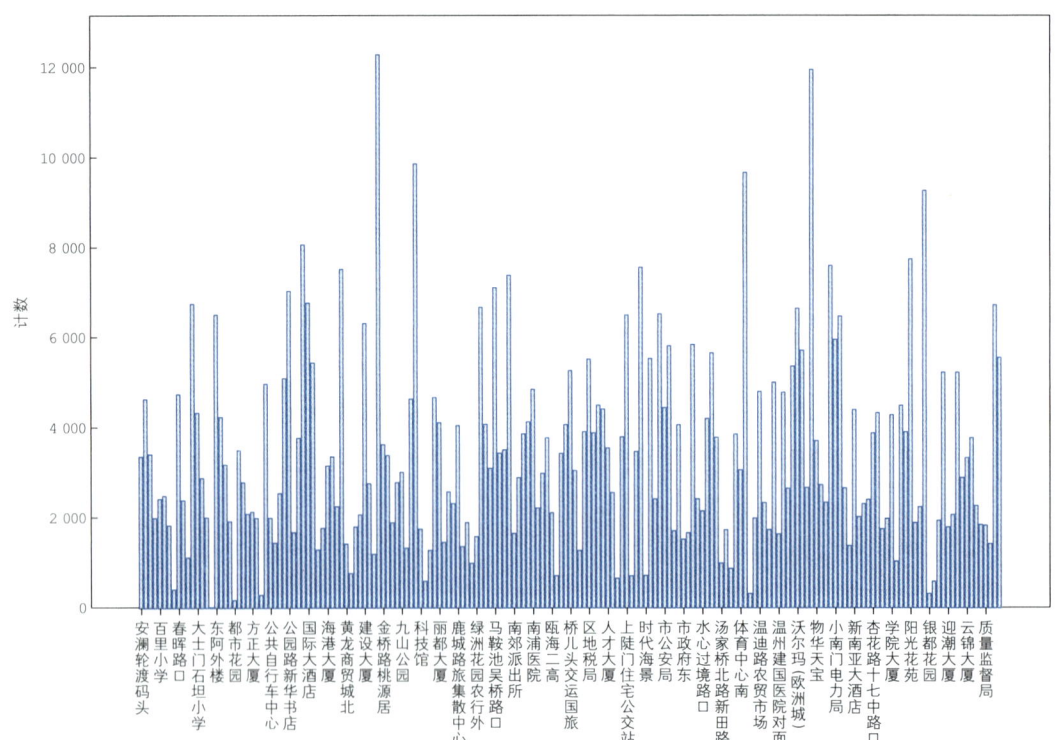

图 11-13　第 1 天各站点借车频次条形图

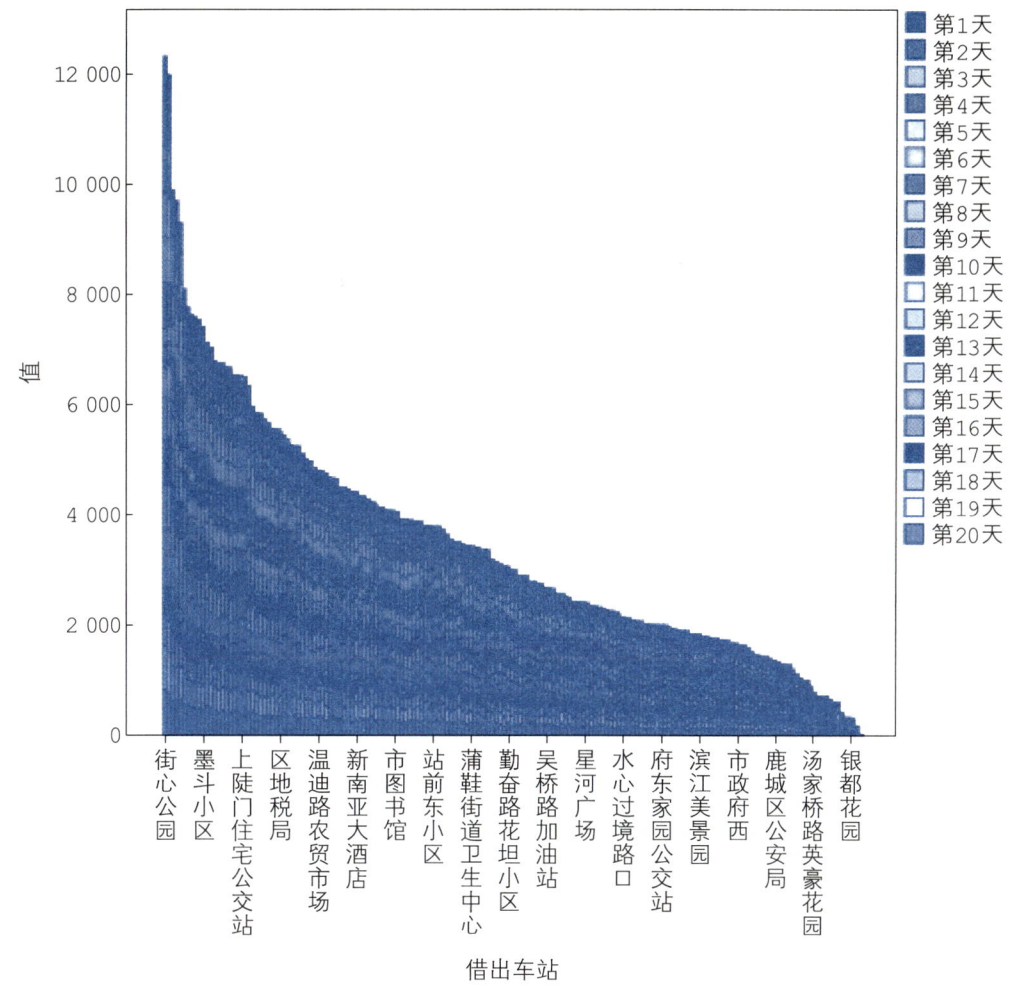

图 11-14　各站点每天累计借车频次堆积图

安局、汤家桥路英豪花园、银都花园.

运用 SPSS 软件中"描述统计"功能对每天各站点借车频次的极小值、极大值、均值、标准差进行统计得到的统计表，如表 11-26 所示.

表 **11-26**　每天各站点借车频次统计描述　　　　单位：次

	极小值	极大值	均值	标准差	变异系数
第 1 天	0	36 402	393.54	2 665.262	6.772 531
第 2 天	0	37 412	404.45	2 738.912	6.771 942
第 3 天	0	16 910	182.81	1 238.057	6.772 37
第 4 天	0	32 429	350.58	2 374.090	6.771 892
第 5 天	0	38 308	414.14	2 804.453	6.771 751
第 6 天	0	40 326	435.96	2 952.262	6.771 864
第 7 天	0	40 362	436.35	2 954.726	6.771 459
第 8 天	0	16 548	178.90	1 211.411	6.771 442
第 9 天	0	11 210	121.19	820.879	6.773 488

	极小值	极大值	均值	标准差	变异系数
第 10 天	0	6 981	75.47	511.306	6.774 957
第 11 天	0	32 726	353.79	2 395.778	6.771 752
第 12 天	0	38 319	414.26	2 805.192	6.771 573
第 13 天	0	41 920	453.19	3 068.725	6.771 387
第 14 天	0	41 831	452.23	3 062.199	6.771 331
第 15 天	0	38 939	420.96	2 850.568	6.771 589
第 16 天	0	19 130	206.81	1 400.380	6.771 336
第 17 天	0	32 400	350.27	2 371.858	6.771 513
第 18 天	0	32 453	350.84	2 375.646	6.771 309
第 19 天	0	40 693	439.92	2 978.892	6.771 44
第 20 天	0	42 242	456.67	3 092.257	6.771 316

由表 11-26 可以看出各站点累计的借车频次的极小值均为 0，极大值波动较大，最小值为 6 981，最大值为 42 242. 均值比较稳定，说明借车频次比较集中，标准差波动较大，而变异系数差异很小，表明每天均值的代表性差异不显著.

运用 SPSS 软件得到各站点每天累计还车频次堆积图，如图 11-15 所示.

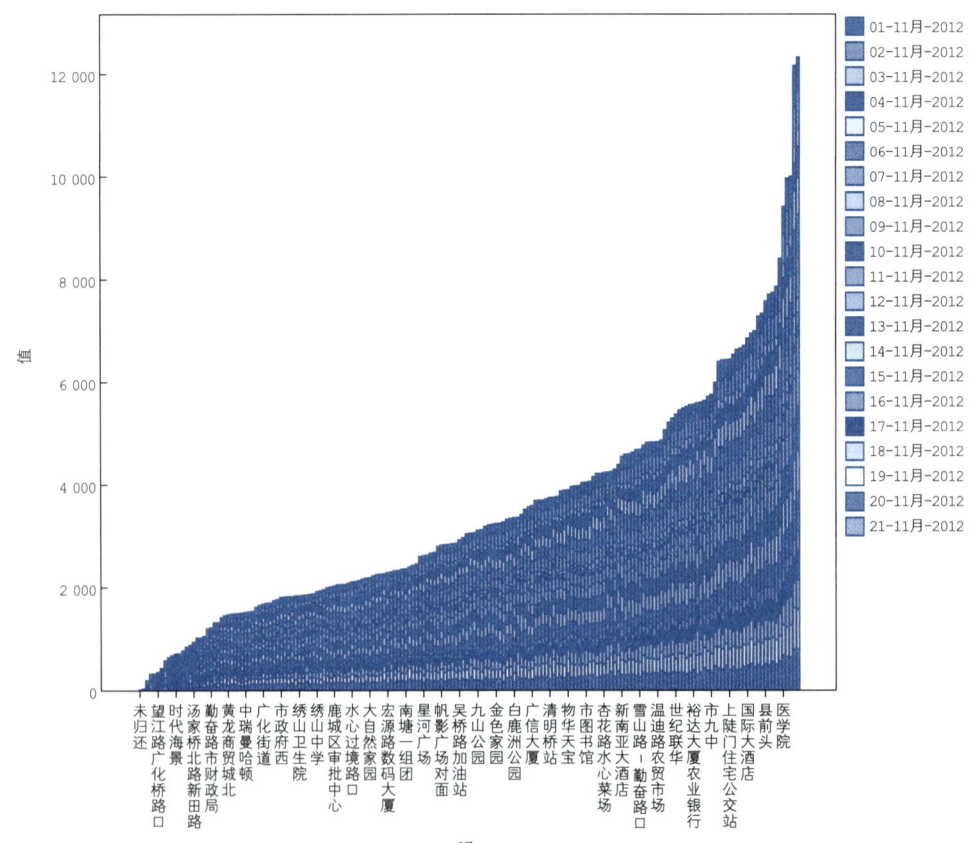

图 11-15　各站点每天累计还车频次堆积图

由图 11-15 可以看出各站点还车频次有高有低，且有一个站点有未归还的现象，可以看出累计还车频次前五位为医学院、县前头、国际大酒店、上陡门住宅公交站、市九中. 后五位为黄龙商贸城北、勤奋路市财政局、汤家桥北路新田路、时代海景、望江路广化桥路口.

由 SPSS 软件中描述性统计量功能对每天各站点还车频次的极小值、极大值、均值、标准差进行统计得到统计表，如表 11-27 所示：

表 11-27　每天各站点还车频次统计描述　　　单位：次

	极小值	极大值	均值	标准差
2012-11-01	0	800	196.72	137.451
2012-11-02	0	788	202.21	136.231
2012-11-03	0	334	91.43	63.976
2012-11-04	0	616	175.26	116.747
2012-11-05	0	774	207.08	137.897
2012-11-06	0	852	217.90	146.043
2012-11-07	0	813	218.17	143.932
2012-11-08	0	372	89.46	60.320
2012-11-09	0	271	60.58	44.552
2012-11-10	0	157	37.71	28.235
2012-11-11	0	661	176.85	118.709
2012-11-12	0	770	207.11	136.344
2012-11-13	0	876	226.51	148.991
2012-11-14	0	800	226.07	146.854
2012-11-15	0	757	210.46	139.837
2012-11-16	0	375	103.42	67.642
2012-11-17	0	590	175.07	114.661
2012-11-18	0	563	175.37	112.685
2012-11-19	0	806	219.89	142.780
2012-11-20	0	787	228.26	146.957
2012-11-21	0	1	.01	.104

由表 11-27 可以看出各站点累计的还车频次的极小值均为 0，极大值波动较大，最小值为 1，最大值为 876. 均值比较稳定，说明借车频次比较集中，标准差波动较大.

（2）每次用车时长统计

利用 SPSS 软件"描述统计"法中的"交叉表"功能统计分析出每次用车时长的分布情况（内容较多，略），并绘制直方图，如图 11-16 所示.

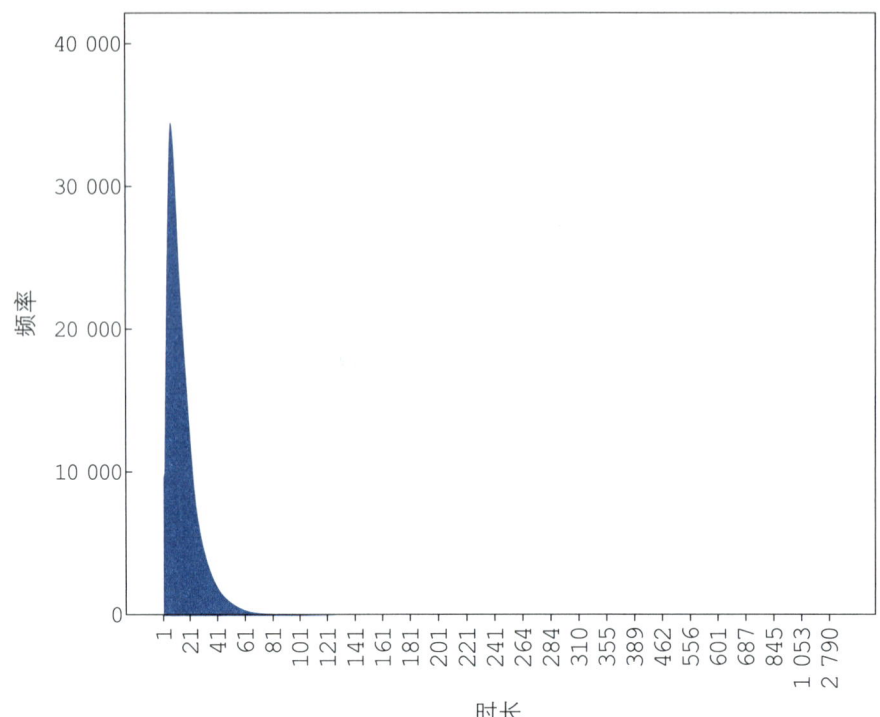

图 11-16　用车时长频次统计直方图

分析结果显示，每次用车时长呈偏正态分布，右侧拖有长尾，并且数据分布较为陡峭. 因此做基本统计量描述，进一步分析数据分布特征.

对用车时长进行频数分析，统计各个用车时长出现的频次，在此基础上，统计用车时长的基本统计量，如表 11-28 所示. 该分布在右边明显拖有长尾. 分布情况和表 11-28 显示结果完全一致. 呈现先急速上升，后下降的趋势，并逐渐趋近于 x 轴. 表 11-28 结果显示，偏度为 15.232，分布明显右偏；峰度为234.994，峰值出现在 7 分钟处，出现了 34 431 次，分布形态比正态分布更尖峭.

另外计算出每次用车时长 λ_t 在各段的概率为 $P(\lambda_t \leqslant 5) = 14.6\%$，$P(5 < \lambda_t \leqslant 20) = 60.7\%$，$P(20 < \lambda_t \leqslant 30) = 13.7\%$，$P(30 < \lambda_t \leqslant 40) = 5.9\%$，$P(40 < \lambda_t \leqslant 50) = 3.1\%$，$P(50 < \lambda_t \leqslant 60) = 0.9\%$，$P(\lambda_t > 60) = 1.1\%$. 由此可见，每次用车时长小于 1 小时的约占 98.9%，即绝大部分用车时间小于 60 分钟. 下面再运用次数分布序列将用车时长的分布情况进行统计，见表 11-29.

表 11-28　用车时长描述统计量

N	有效	490
	缺失	0
均值		3 827.29
中值		3.00
众数		1
标准差		39 778.511
偏度		15.232
偏度的标准误		.110
峰度		234.994
峰度的标准误		.220
极小值		1
极大值		637 541

表 11-29　按小时分组统计用车时长频次分布表

用车小时数/h	<1	1~2	3~4	4~5	5~9	10~14	15~19	20~29	≥30
用车频次/次	593 342	5 579	770	261	218	72	27	11	10
百分比	98.84%	0.93%	0.13%	0.04%	0.04%	0.01%	0.00%	0.00%	0.00%

表 11-29 也表明每次用车时长小于 1 小时的用车频次最高，其百分比接近于 99%，而大于 1 小时的用车时长频次很低，15 小时以上的用车时长频次就接近为 0 了．

四、问题 2 模型的建立与求解

1. 建模思路

根据题意，我们将做以下工作：

（1）统计 20 天中每天使用公共自行车的不同借车卡卡号和不同借车卡类型的频次，并统计数据中出现过的每张借车卡累计借车次数的分布情况．运用 SPSS 软件交叉表、个案汇总等功能进行统计整理，观察数据规律．

（2）运用统计学回归分析、曲线估计相关理论，通过 SPSS 软件统计描述、曲线估计功能分析相同借车次数的频次分布情况，观察、分析其分布形态．

2. 模型的分析、建立与求解

（1）20 天中每天使用公共自行车的不同借车卡（借车人）数量

利用 SPSS 软件得出 20 天中每天使用公共自行车的不同借车卡类型和借车卡卡号（借车人）的频次，进行统计分析，结果如表 11-30 所示：

表 11-30　20 天中每天使用公共自行车的不同借车卡类型数量统计表

借车日期	会员 VIP 卡	会员卡	普通会员 普通会员卡	合计	借车日期	会员 VIP 卡	会员卡	普通会员 普通会员卡	合计
第 1 天	637	0	35 765	36 402	第 11 天	714	0	37 605	38 319
第 2 天	672	1	36 739	37 412	第 12 天	959	0	40 961	41 920
第 3 天	297	0	16 613	16 910	第 13 天	850	0	40 981	41 831
第 4 天	578	0	31 851	32 429	第 14 天	866	0	38 073	38 939
第 5 天	629	0	37 679	38 308	第 15 天	300	0	18 830	19 130
第 6 天	751	0	39 575	40 326	第 16 天	699	0	31 701	32 400
第 7 天	741	0	39 621	40 362	第 17 天	689	0	31 764	32 453
第 8 天	305	0	16 243	16 548	第 18 天	721	0	39 972	40 693
第 9 天	178	0	11 032	11 210	第 19 天	754	0	41 488	42 242
第 10 天	130	0	6 851	6 981	第 20 天	714	0	37 605	38 319

表 11-30 表明公共自行车使用者普遍使用的普通会员卡的频次最高，每天使用比例都在 95% 以上，为主要的消费人群．每天借车人数差异不是很大．每天统计数据的分布形态和特征同第 1 问基本一致．

（2）相同借车卡借车次数的频次分布散点图

在统计出累计每张借车卡的借车次数后，汇总相同借车次数的借车卡（内容较多，略），并进行统计分析，见表 11-31．

表 11-31 说明，共有 45 423 张借车卡，20 天内有 1 张卡最大借车次数为 658 次，所有借车卡平均借车次数为 14.035 64．绘出散点图，如图 11-17 所示．

表 **11-31** 累计每张借车卡借车次数统计分析

平均	14.035 64
标准误差	0.064 243
中位数	10
众数	2
标准差	13.691 89
方差	187.467 7
峰度	115.836
偏度	4.248 814
区域	657
最小值	1
最大值	658
求和	637 541
观测数	45 423
最大（1）	658
最小（1）	1

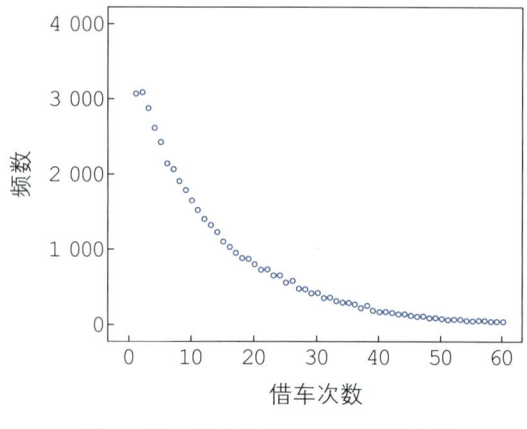

图 11-17 借车次数频数统计散点图

分析结果显示随着借车次数的增加，其相同借车次数出现的频数快速下降后，降低趋势逐渐减弱，呈现指数分布形态. 说明大部分借车卡借车次数不多，但也有部分人经常性地使用公共自行车.

（3）相同借车次数的频次分布

结合同一借车卡借车频次的散点图，下面对相同借车次数出现的频次进行非参数检验，使用单样本 K-S 功能检验是否服从已知的分布形态，检验结果显示该分布可能符合指数分布. 结果如表 11-32 所示.

表 **11-32** 单样本 **Kolmogorov-Smirnov** 检验 4

	N	59
指数参数	均值	710.22
	绝对值	.141
最极端差别	正	.141
	负	−.055
Kolmogorov-Smirnov Z		1.086
渐近显著性（双侧）		.189

表 11-32 结果显示，渐近显著性（双侧）= 0.189>0.05，接受分布符合指数分布的原假设.

（4）相同借车次数的频次分布函数参数拟合

为更好地求解相同借车次数的频次的分布函数，以 x_i（借车次数为 i 次）为自变量，以 y_{1i}（每天借车次数为 i 次的借车卡的数量）为因变量，对其进行曲线估计，结果如图 11-18 所示.

图 11-18 显示，指数函数能够较好地拟合相同借车次数的频次分布，拟合模型如下：

$$y_{1i} = 3\ 606.342\ 390\ 950\ 046\mathrm{e}^{-0.075\ 104\ 698\ 956\ 166\ 09x_i}.$$

3. 模型的分析与检验

（1）F-检验

表 **11-33** 方差分析表

	平方和	df	均方	F	sig.
回归	82.000	1	82.000	315.487	.000
残差	14.815	57	.260		
总计	96.815	58			

根据方差分析表（表 11-33）知：sig 小于 0.05，所以拒绝原假设，说明曲线估计模型具有显著性.

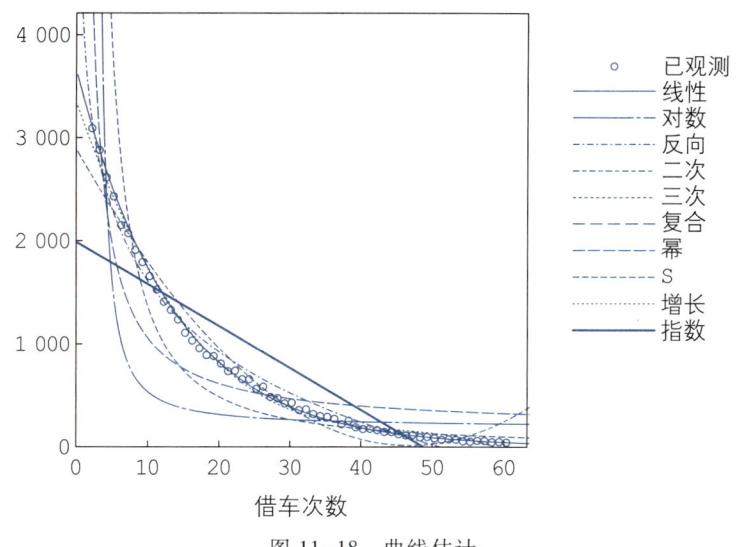

图 11-18　曲线估计

（2）t-检验

表 11-34　系数

	未标准化系数		标准化系数	t	sig.
	B	标准误	Beta		
ln（1）	−1.472	.083	−.920	−17.762	.000
（常数）	38 930.972	10 636.274		3.660	.001

根据 t-检验得知（表 11-34），因变量为 ln y 时，ln x 的系数为 38 930.972，t 统计量为 −17.762，sig<0.05，拒绝原假设，说明曲线的系数显著影响该模型.

（3）可决系数检验

表 11-35　模型汇总

R	R 方	调整 R 方	估计值的标准误
.920	.847	.844	.510

通过上表（表 11-35）数据，得到调整 R 方为 0.844，说明模型能解释大多数数据，证明模型的拟合优度好，认为相同借车次数的频次分布满足以上曲线估计模型.

五、问题 3 的模型建立与求解

1. 建模思路

根据题目要求，按以下步骤分析：

（1）先找出所有已给站点合计使用公共自行车次数最大的一天，即所有站点使用（借+还）车数量的一天.

（2）要寻找最短和最长距离，在数据预处理的基础上，选择最短用车时长，并综合考虑均值、标准差等因素，寻找最短和最长距离.

（3）在选择符合题设条件的数据的基础上，对各站点借还车次数，运用 SPSS 软件频数分析功能进行统计描述并观察规律.

（4）在选择符合题设条件的数据的基础上，对相应站点借、还时刻分布和用车时长分布，运用 SPSS 软件频数分析、绘图功能进行统计描述，并观察规律.

（5）在数据预处理的基础上，运用 SPSS 软件交叉表功能，统计各时点各借车站点借车频数和各时点各还车站点还车频数，找出高峰时段，运用 SPSS 软件聚类分析功能进行归类.

2. 模型的分析、建立与求解

（1）站点合计使用公共自行车次数最大的一天

统计出 20 天各站点合计借、还车的数量，结果显示第 20 天为合计使用公共自行车次数最大的一天. 借出 42 242 次，还回 42 229 次，共借还 84 471 次.

（2）站点间最短距离和最长距离

要寻找 20 天自行车用车的借还车站点之间（非零）的最短和最长距离. 由于附件中仅提供了部分借车卡的借车时刻和还车时刻，因此需要由借车时间转换为距离. 在假设所有自行车以相同的速度匀速行驶的前提下，合理的用车时间可以对应地转换为距离. 下面确定两站点间的用车时间.

由于不同人从同一出发点到同一地点有可能时间不一样，原因有骑车速度不同，路径不同等. 这里剔除骑车速度的影响，我们认为，样本量较大时，用车时间的极小值(可以剔除绕行、中途休息等延长用车时间因素等）结合均值、方差等因素，能较准确地表示两站点间所用时间. 当样本较小时，需综合 20 天两站点之间的用车时间的极小值、均值和方差考虑.

① 两站点之间用车时间的范围：通过对 20 天用车时长的极小值分析发现，极小值的最大值为 60. 同时，从提供的地图与手机地图搜索也发现：骑自行车在鹿城区间最远距离所用时间不超过（小于等于）60 min. 为此，用车时间在不超过 60 min 以内分析.

② 定义借车站点和还车站点用车时长极小值为两点间的距离，并综合考虑用车时长的均值、标准差、样本个数等相关因素，以第 20 日为基准，参考全部累计数据人工搜索确定出最短距离和最长距离.

③ 最短距离确定的具体原则

选取第 20 天用车时长极小值最小的数据，再选取均值最小的数据，再选取方差最小的数据.

若还有多条数据，则参照 20 天的用车时长数据中均值最小、方差最小的数据作为确定自行车用车的借还车站点之间（非零）最短距离站的依据.

④ 最长距离确定的具体原则

选取第 20 天用车时长小于 60 min 的数据，使用 SPSS 软件，对个案借车按站点拆分，剔除借车站点和还车站点相同的数据，使用个案汇总功能统计出每天及累计用车时长的最小值、均值、标准差、样本个数（内容较多，略）.

按最小值最小，然后是取均值（或中值）最小，相同的情况下方差最小为最短距离.

参照 20 天相应借、还站点时间的极小值、均值、方差确定.

当样本个数较小时，还需考虑 20 天的用车数据，并再往下一条数据进行分析.

使用 EXCEL 表格数据筛选功能，人工搜索出最短距离和最长距离，如表 11-36 所示：

表 11-36 最短距离和最长距离

距离	借出车站	归还车站	N	均值	中值	标准差	极小值	数据源
最长距离	百里路勤奋路口	会展中心	2	44.5	44.5	0.707	44	当天
		会展中心	3	40.67	44	6.658	33	20 天
最短距离	十四中学	繁华公寓	5	11	1	14.560 219 78	1	当天

⑤ 结果

最短距离为从十四中学到繁华公寓，用车时间为 1 min，最长距离为从百里路勤奋路口到会展中心，用车时间为 44 min. 通过网络查找，知自行车速度在 10~15 km/h，考虑取、还车等因素，设自行车行驶速度为 13 km/h，则可计算出距离=自行车行驶速度×行驶时间，得

最短距离为：$s = vt = \dfrac{13\,000}{60} \times 1 = 217\,(\text{m})$，

最长距离为：$s = vt = \dfrac{13}{60} \times 44 \approx 9.5\,(\text{km})$.

通过手机地图搜索，发现十四中学到繁华公寓约为 223 m，百里路勤奋路口到会展中心约为 9.9 km. 验证了模型的准确性.

（3）借还车同一站点

通过 SPSS 软件频数分析统计出的借还车是同一站点的各站点借还车频次（内容较多，略），如图 11-19 所示.

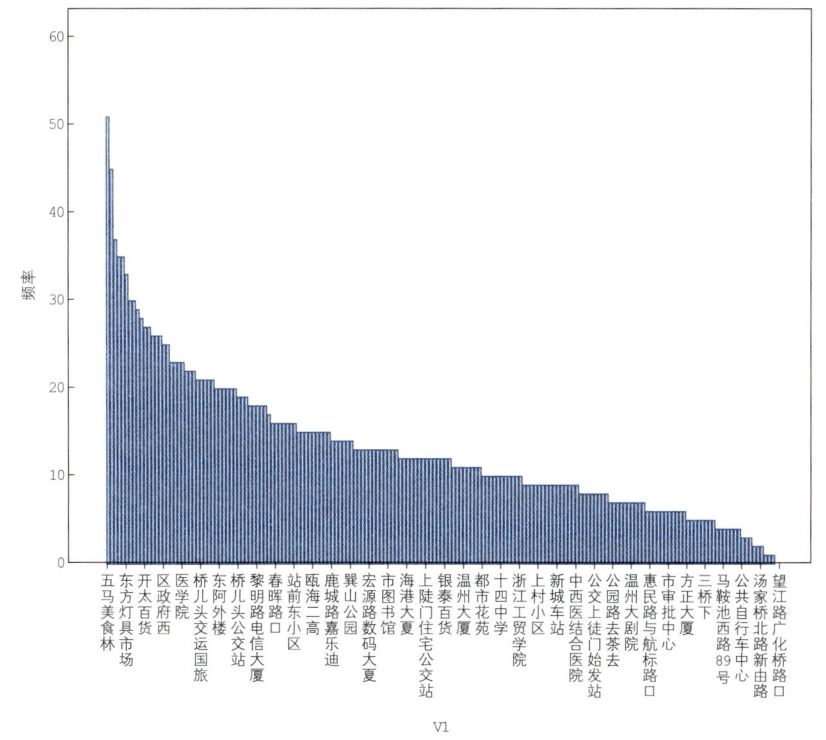

图 11-19　借出车站同一站点统计图

由图 11-19 可以看出，借还车车站是同一站点的频次差异明显，五马美食林站点的频率值最高，其值为 51，其他站点频次逐渐降低，望江路广化桥路口站点的频率值最低，其值为 1.

（4）借还车频次最高站点的时刻分布及用车时长的分布

根据第1问的结果，可得借车频次最高的为街心公园，还车频次最高的为医学院. 在数据预处理的基础上，使用 SPSS 软件频数分析功能统计街心公园借车时刻、还车时刻、用车时长的频次，并绘图，观察数据分布规律.

① 街心公园借车时刻分布

统计分析出街心公园借车时刻分布如图 11-20 所示.

由图 11-20 可以看出街心公园借车时刻的频次在一天内有较大波动，借车时刻在 6 时的频次最低，借车时刻在 17 时的频次最高.

② 街心公园还车时刻分布

同理，可以绘出街心公园还车时刻分布图，并发现街心公园还车频次在一天内波动明显，还车频次在 6 时最低，在 17 时的频次最高.

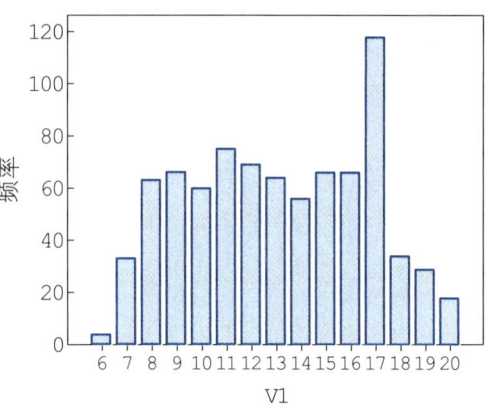

图 11-20　街心公园借车时刻

③ 街心公园用车时长分布

由图 11-21 可以看出，街心公园用车时间的频率值有明显差异，用车时间大多数为 3～19 min，其他用车时间较少，尤其大于 53 min 以后的使用时间就很少了，呈现右偏、较为陡峭的偏正态分布特征.

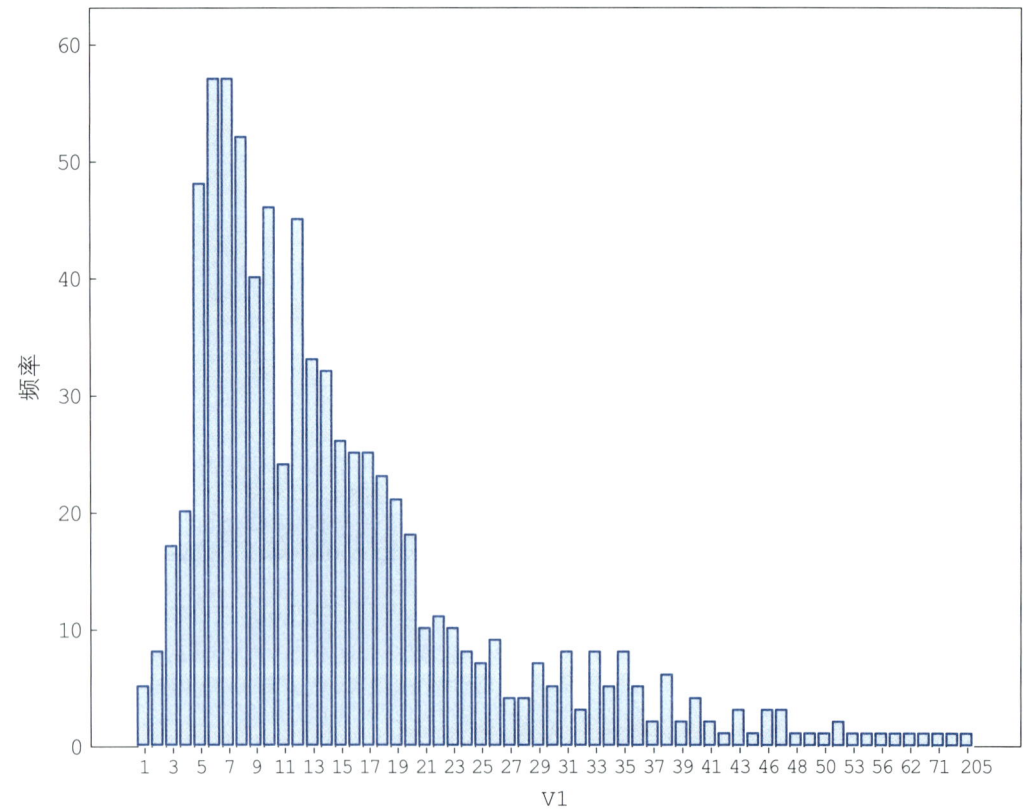

图 11-21　街心公园用车时间

④ 各站点借还车高峰时段

在数据预处理的基础上，运用 SPSS 软件"交叉表"功能，统计出各时点各借车站点借车频数和各时点各还车站点还车频数（内容较多，略），利用 EXCEL 统计得出各站点的借车高峰和还车高峰所在高峰时段（内容较多，略），对具有共同借车高峰时段和还车高峰时段的站点运用 SPSS 软件"聚类分析"功能进行归类.

聚类分析结果显示，高峰时段的各站点分类相对比较集中. 为便于观察各站点属于哪组，各站点分组情况见表 11-37（仅给出分 6 组情况）.

表 **11-37** 聚类分析表

组别	组成员
1	1:安澜轮渡码头、2:安平大厦、5:百里小学、6:滨江街道办事处、7:滨江美景园、10:粗糠桥、13:大士门石坦小学、15:大自然家园、18:东门商业步行街、20:都市花苑、22:繁华公寓、25:妇女儿童中心、26:工人文化宫、28:公交集团、29:公交上徒门始发站、30:公园路去茶去、31:公园路新华书店、35:国际大酒店、40:海悦名邸酒店、41:宏源路数码大厦、43:黄龙商贸城北、45:惠民路与航标路口、46:火车站对面、51:金桥路桃源居、61:黎明街道卫生中心、66:鹿城路嘉乐迪、67:鹿城路旅集散中心、72:马鞍池公园北、73:马鞍池路杏花桥口、74:马鞍池南、76:马鞍池西路89号、77:妙果寺、80:南浦街道、81:南浦桥、84:南塘一组团、85:牛山北路文杰酒业、86:瓯昌饭店、88:瓯江路鹿城广场、89:蒲鞋街道卫生中心、90:桥儿头公交站、91:桥儿头交运国旅、92:勤奋路花坦小区、93:勤奋路市财政局、94:清明桥站、95:区地税局、96:区政府东、97:区政府西、99:人才大厦、100:人力资源社保局、102:上村小区、104:上田菜场、105:十四中学、108:世纪联华、109:市电力局、10:市二医院、112:市九中、113:市审批中心、114:市图书馆、115:市政府东、116:市政府西、118:双龙路王子花苑、119:水心过境路口、120:水心汇昌路口、121:水心邮电、122:松台广场、124:汤家桥北云中花园、126:特警支队、131:温迪路农贸市场、132:温四中、133:温州大剧院、134:温州大厦、135:温州建国医院对面、136:温州十九中、137:温州石化总公司、138:文景花苑东、140:吴桥路观松楼、141:吴桥路加油站、144:西城菜场、145:喜来登酒店、149:新城车站、150:新城大道体检中心、151:新南亚大酒店、152:新田园人本超市、154:星河广场、155:杏花路十七中路口、156:杏花路水心菜场、157:绣山卫生院、158:绣山中学、160:学院东路丰源路口、161:雪山路-勤奋路口、162:巽山公园、164:杨府山公园停车场、165:杨府山南大门、167:银都花苑、168:银泰百货、169:迎潮大厦、172:远东大酒店、173:云锦大厦、174:站前东小区、176:浙南农贸市场对面、177:质量监督局、180:中西医结合医院
2	3:白鹿洲公园、4:百里路勤奋路口、8:测试点、11:粗糠桥公交站、14:大世界超市、19:东南剧院、21:帆影广场对面、23:方正大厦、24:府东家园公交站、27:公共自行车中心、32:广化街道、33:广信大厦、37:过境路黄龙商贸城、38:过境路宽带路口、39:海港大厦、44:会展中心、48:江滨路车站大道、49:江滨路府东路口、52:金色家园、53:金迅达大厦、55:九山公园、59:科技馆、60:拉菲度假酒店、63:丽都大厦、64:龙方家园、65:鹿城法院、68:鹿城区公安局、69:鹿城区审批中心、70:鹿城实验中学、71:绿洲花园农行外、79:南郊派出所、87:瓯海二高、98:群艺大楼、101:三桥下、107:时代海景、123:汤家桥北路新田路、125:汤家桥路英豪花园、127:体育中心南、129:望江路广化桥路口、130:温八医、153:信河嘉会里路口、170:鱼鳞浃、175:浙江工贸学院、178:中瑞曼哈顿

组别	组成员
3	9:春晖路口、12:大南门农贸、16:东阿外楼、17:东方灯具市场、34:国光大厦、36:国际贸易中心、47:建设大厦、54:锦江家园、57:均瑶宾馆对面、58:开太百货、62:黎明路电信大厦、75:马鞍池吴桥路口、78:墨斗小区、82:南浦小区、83:南浦医院、103:上陡门住宅公交站、106:时代广场、111:市公安局、117:数码广场、128:体育中心西、139:沃尔玛（欧洲城）、142:五马美食林、143:物华天宝、146:县前头、147:小南门电力局、148:小南门立交桥、159:学院大厦、163:阳光花苑、166:医学院、171:裕达大厦农业银行、179:中山公园北
4	42:洪殿奥康
5	50:街心公园
6	56:巨一花苑

六、问题 4 模型的建立与求解

1. 统计结果携带的有用信息

由前面 3 题的统计结果，可以看出：（1）各站点的使用情况不一致，出现忙站点和闲站点；（2）不同借车卡的使用情况不一致，人们对不同卡有不同的喜好．由问题 3 可以看出，各站点的使用情况存在借车高峰时段和还车高峰时段．对目前公共自行车服务系统站点设置需要在实际运行中逐步调整，人流量大的地方、使用率高的地方应该多设站点，多放车，以便能很好地满足人们的需求．建议将来的自行车投放点和公交车站点设置的位置统一，或者每隔两个公交车站点设置一个自行车放置点，实现公交车和自行车零换乘．

2. 车辆周转次数的评价

SPSS 软件统计出的结果表明，车辆最大周转次数为 490，最小周转次数为 1，每天周转次数为 7.178，与杭州日周转次数 2.6 相比，效率较高．但仍有部分车辆近乎未使用，仍有很大的改进空间．

目前，公共自行车服务系统站点设置比较合理，但也有不足的方面，人们需要步行很远才有站点提供公共自行车，这给人们带来了诸多不便．

3. 锁桩数量配置的评价

结合前面问题的统计数据，从锁桩数量的使用率和锁桩数量配置的分布两方面对目前公共自行车服务系统锁桩数量的配置做出评价．

（1）锁桩数量的使用率评价

利用 EXCEL 统计出各站点锁桩数量的最大使用情况和各站点锁桩数量的总量，将锁桩数量的最大使用情况和锁桩数量的总量进行比较，得出各站点锁桩数量（内容较多，略）．利用 SPSS 软件绘出各站点的锁桩数量最大使用量图，如图 11-22 所示．

由图 11-22 可以看出，各站点的锁桩数量最大使用量基本持平，保持在 20 个左右，但有一些站点的锁桩数量最大使用量接近 30 个，也有一些站点低于 20 个，甚至低于 10 个，说明部分站点的锁桩数量并未很好地利用．

从站点中随机抽取 20 个站点的锁桩数量的最大使用量与各自站点的锁桩总量比较，得出各站点锁桩数量的使用效率，如图 11-23 所示．

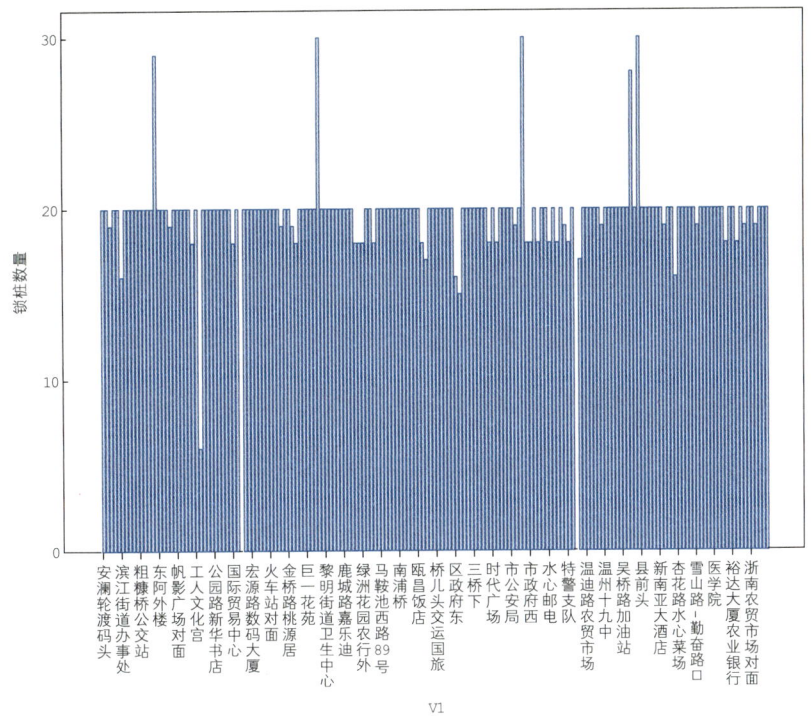

图 11-22　各站点的锁桩数量最大使用量

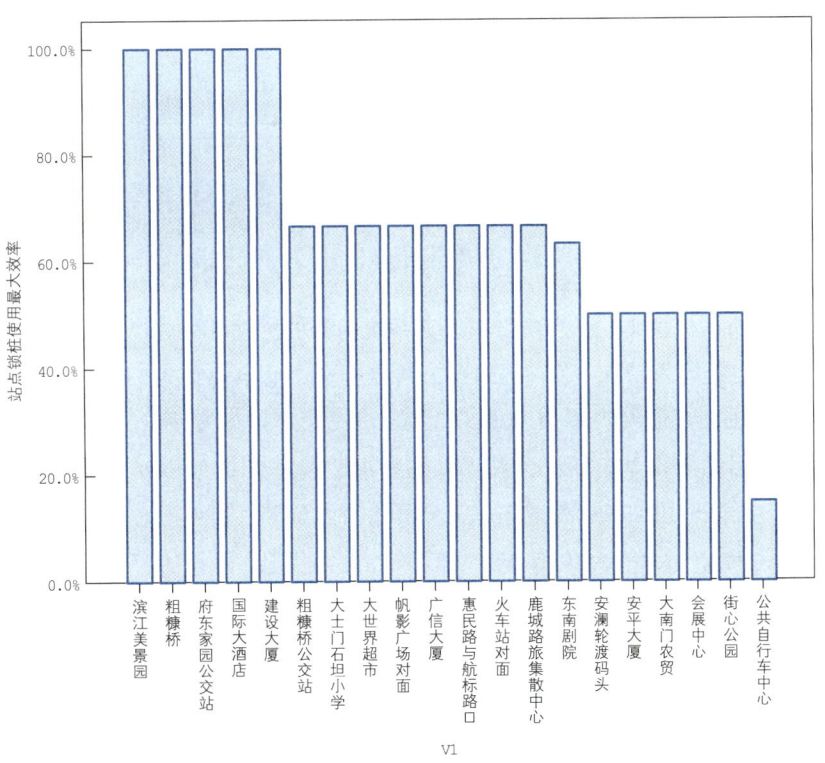

图 11-23　各站点锁桩数量的使用效率

由图 11-23 结果可以看出，各站点锁桩数量的使用效率差异显著，多数车站锁桩使用效率超过 50%，说明各站点锁桩配资效率良好，仍有进一步提高的空间.

统计出各借还车站点最大桩号，将其与网站资料进行对比，计算其使用效率，随机抽取 20 个站点锁桩数量的最大使用量如表 11-38 所示.

表 11-38　站点锁桩使用最大效率

	高峰使用锁桩数	站点锁桩数	站点锁桩使用最大效率
安澜轮渡码头	20	40	50.00%
安平大厦	20	40	50.00%
滨江美景园	20	20	100.00%
粗糠桥	20	20	100.00%
粗糠桥公交站	20	30	66.67%
大南门农贸	20	40	50.00%
大士门石坦小学	20	30	66.67%
大世界超市	20	30	66.67%
东南剧院	19	30	63.33%
帆影广场对面	20	30	66.67%
府东家园公交站	20	20	100.00%
公共自行车中心	6	40	15.00%
广信大厦	20	30	66.67%
国际大酒店	20	20	100.00%
会展中心	20	40	50.00%
惠民路与航标路口	20	30	66.67%
火车站对面	20	30	66.67%
建设大厦	20	20	100.00%
街心公园	20	40	50.00%
鹿城路旅集散中心	20	30	66.67%

公共自行车服务系统在锁桩数量配置方面可以参考各站点锁桩数量的使用效率，以更好地进行锁桩数量的配置.

（2）锁桩数量配置的分布评价

根据市民反映，有些地方公共自行车服务系统的锁桩放置的朝向设计不合理，造成了空间资源的浪费，也给行人带来不便. 例如：公共自行车中心高峰使用锁桩数 6，设置站点锁桩数 40，站点锁桩使用最大效率 15.00%，效率十分低，可以将该站点锁桩数设置在 6～10；安平大厦高峰使用锁桩数 20，而设置站点锁桩数 40，效率只有 50.00%，可以将站点锁桩数设置在 15～20，提高使用站点锁桩效率，充分利用有限资源，减少不必要的浪费.

七、问题 5 模型的建立与求解

近年来，随着私家车拥有量大幅上涨，城市拥堵现象也随之而来，导致停车难、交通事故发生率大幅上升等问题. 公共自行车的推广，可以在一定程度上缓解道路交通压力. 公共自行车服务系统在运行过程中也存在许多缺点：公共自行车配置方面，网点的数量还达不到市民出行的需求，在人群密集的地方车辆需求量比较大，例如街心公园、五马美食林等；服务系统运行方面，智能化程度不够高，借车(或还车)时几秒钟内无动作或者操作失误便会锁卡，一旦锁卡，便要到鹿城公共自行车服务点去重新开卡，造成很大不便，使服务系统的运行效率降低.

1. 站点借还车的情况

从借还车的频次看，对 VIP 卡、会员卡、普通会员卡在这 20 天中各站点借还频次进行统计，总共借车 637 541 次，总共还车 637 541 次，借出车辆等于还回车辆，平均每天有 3 187.55 辆车借出．每天借车和还车情况的分布规律基本相同，但是 20 天中借车频次波动性比较大．其中借还车最为频繁的是街心公园站．

2. 各个站点借还车繁忙的程度情况

从各个站点借还车繁忙的程度情况来看，将平均每天各站点借还车辆进行求和（即每天各个站点服务次数），按照 "0~30" "60~90" "90~180" "180~300" "300~450" "450 以上" 分为 6 组，分别统计各处服务站点的繁忙程度．公共自行车服务系统每天的借车时长为 16 h(6:00~22:00)，还车时长为 24 h，总站数为 183 个．

非常清闲的站点(0~50 次/天)有 8 个，占比为 4.44%；清闲的站点(50~200 次/天)有 82 个，占比为 45.56%，效率有待提高．

服务情况一般的站点(200~400 次/天)有 68 个，占比为 37.79%；比较忙碌的站点(400~600 次/天)有 18 个，占比为 10%；非常忙碌的站点(600 以上次/天)有 4 个，占比为 2.22%．

3. 所有站点借车总时长分段情况

从所有站点借车和还车时长的情况看，借还车总时间最长的是第 1 组，20 天借还总时间为 227 335 min，平均每天 11 366.76 min；借还车总时间最短的是第 113 组，20 天借还总时间为 1 130 min，平均每天 56.6 min．

4. 改进建议（略）

八、模型的检验与推广（略）

11.9 古塔的变形（CUMCM2013-C）
（获"高教社杯"最高奖）

源程序代码

由于长时间承受自重、气温、风力等各种作用，偶然还要受地震、飓风的影响，古塔会产生各种变形，诸如倾斜、弯曲、扭曲等．为保护古塔，文物部门需适时对古塔进行观测，了解各种变形量，以制订必要的保护措施．

某古塔已有上千年历史，是我国重点保护文物．管理部门委托测绘公司先后于 1986 年 7 月、1996 年 8 月、2009 年 3 月和 2011 年 3 月对该塔进行了 4 次观测．

请你们根据附件 1 提供的 4 次观测数据，讨论以下问题：

1. 给出确定古塔各层中心位置的通用方

【小点评】

论文用与各层观测点等距的方法确定古塔各层中心位置，利用这些中心点的坐标确定古塔在四次测量时的整体倾斜、弯曲和扭曲，并用灰色预测估算变形趋势．在计算倾斜时，采用的是计算塔顶与底层中心连线与铅垂线夹角的方法；计算弯曲时，将各层中心点作二次拟合，求出拟合曲线各点的曲率；在计算扭曲时，将扭曲视作各层中心点与各观测点连线的旋转变换，用最小二乘法求出该旋转角即扭转角，这一方法有一定新意．

法，并列表给出各次测量的古塔各层中心坐标.

2. 分析该塔倾斜、弯曲、扭曲等变形情况.

3. 分析该塔的变形趋势.

附件 1 见二维码.

附件 1

[参考解答]

一、模型假设与变量说明

1. 模型假设

（1）由于中国古代建筑物多为对称图形，假设古塔是对称的.

（2）假设每次古塔的测量点选取是固定的.

（3）假设测量数据都准确可靠.

（4）假设古塔的变形只由倾斜、弯曲和扭曲造成，不考虑其他因素.

2. 变量说明

（1）$(x_{ij}(k), y_{ij}(k), z_{ij}(k))$：第 k 次测量时第 i 层第 j 个观测点的观测坐标 $(i=1,2,\cdots,13; j=1,2,\cdots,8; k=1,2,3,4)$；

（2）$(x_i^*(k), y_i^*(k), z_i^*(k))$：第 k 次测量时第 i 层中心点坐标 $(i=1,2,\cdots,13; k=1,2,3,4)$；

（3）$(x_j^\wedge(k), y_j^\wedge(k), z_j^\wedge(k))$：第 k 次测量时塔尖第 j 个观测点的观测坐标 $(j=1,2,\cdots,8; k=1,2,3,4)$；

（4）$(x^*(k), y^*(k), z^*(k))$：第 k 次测量时塔尖的中心点坐标 $(k=1,2,3,4)$；

（5）$d_{ij}(k)$：第 k 次测量时第 i 层第 j 个观测点与该层中心点的距离 $(i=1,2,\cdots,13; j=1,2,\cdots,8; k=1,2,3,4)$；

（6）$z=A_i(k)x+B_i(k)y+C_i(k)$：第 k 次测量时第 i 层观测点的拟合平面方程 $(i=1,2,\cdots13; k=1,2,3,4)$；

（7）$H(k)$：第 k 次测量时古塔的塔高 $(k=1,2,3,4)$；

（8）$d(k)$：第 k 次测量时古塔的塔尖与塔的底层中心的水平距离 $(k=1,2,3,4)$；

（9）$\alpha(k)$：第 k 次测量时古塔的倾斜角 $(k=1,2,3,4)$；

（10）$\begin{cases} x_k(t)=a_1(k)t^2+b_1(k)t+c_1(k), \\ y_k(t)=a_2(k)t^2+b_2(k)t+c_2(k), \\ z_k(t)=t \end{cases}$：第 k 次测量时古塔各层中心点的拟合曲线 $(k=1,2,3,4)$；

（11）K_k：第 k 次测量时古塔的弯曲率 $(k=1,2,3,4)$；

（12）$\theta_{ij}(k)$：第 k 次测量时古塔第 i 层第 j 个观测点相对于上次测量的扭曲度 $(i=1,2,\cdots,13; j=1,2,\cdots,8; k=2,3,4)$；

（13）$\overline{\theta}_i(k)$：第 k 次测量时古塔第 i 层相对于上次测量的平均扭曲度 $(i=1,2,\cdots,13; k=2,3,4)$；

（14）$(p_i(k), q_i(k))$：第 k 次测量时古塔第 i 层相对于上次测量的水平坐标平移量 $(i=1,2,\cdots,13; k=2,3,4)$.

二、模型准备

1. 对建筑物变形、倾斜、弯曲、扭曲的理解

根据《中华人民共和国行业标准(JGJ8-2016):建筑变形测量规范》,定义以下概念.

建筑变形:建筑的地基、基础、上部结构及其场地受各种作用力而产生的形状或位置变化现象. 这里认为建筑变形主要由建筑物的倾斜、弯曲、扭曲以及沉降等现象共同造成.

倾斜:建筑中心线或其墙、柱等,在不同高度的点对其相应底部点的偏移现象. 在本文中,定义倾斜角 α,其正切值即塔尖与底层中心的水平距离与塔高的比值,即 $\tan\alpha = \dfrac{d}{H}$.

弯曲:当杆件受到与杆轴线垂直的外力或在轴线平面内的力作用时,杆的轴线由原来的直线变成弯曲,这种变形叫弯曲变形. 这里利用古塔各层中心位置所在空间曲线的曲率定义古塔的弯曲率 K.

扭曲:建筑产生的非竖向变形. 由于扭曲为非竖向的变形,讨论古塔扭曲时只需考虑水平方向的坐标变化,即 x,y 坐标的水平旋转,这里用古塔水平旋转角度的扭曲度 θ 来描述.

2. 缺失数据的预处理

第 13 层的缺失数据处理:在第 1 次和第 2 次的观测数据中,第 13 层缺少一个点的观测数据. 由对古塔各观测点散点图可见,古塔相邻两层的对应观测点坐标之间具有相类似的关系. 由于第一次测量中第 12 层第 5 个观测点相对于第 11 层第 5 个点的坐标变化值为 $(-0.055, 0.173, 4.271)$,从而由第 12 层第 5 个观测点坐标加上相对变化值可将第 13 层的缺失数据赋值为 $(567.984, 519.588, 52.984)$. 同理可将第 2 次测量中第 13 层的缺失数据赋值为 $(567.99, 519.581\ 6, 52.983)$.

塔尖的数据处理:在后两次测量中,塔尖仅有一个观测数据. 由于塔尖各点坐标变化很小,所以对于只有一个测量点的塔尖数据,我们将其近似处理为塔尖中心点坐标.

三、模型的建立与求解

1. 问题 1 模型建立与求解

(1)建模思路

问题 1 要求确定古塔各层中心位置的通用方法. 根据建筑变形测量规范,在建筑物变形测量中,为更好地测量出建筑物变形程度的各个指标,我们假设每次测量应选取固定的测量点,且在同一层所选取的测量点在未变形前处于同一个水平面上. 而经过对各层观测点三维散点图(图 11-24)的绘制发现,各层的八个点近似对称地分布在一个平面上,只是因为年代久远发生变形导致了一些偏差. 因此为了更准确地找出各层中心点,我们考虑先利用最小二乘法拟合出各层观测点所在的平面方程,再建立优化模型在该平面上寻找一点使其到各观测点距离的平方和最小,以此确立古塔各层中心坐标.

(2)平面拟合

根据假设,在变形前,同层的观测点应处于同一平面上,而由于该层各点发生的变形程度的不同使其与该平面有微小的偏差,因此我们先根据各层的观测值通过最小二乘法拟合所在平面.

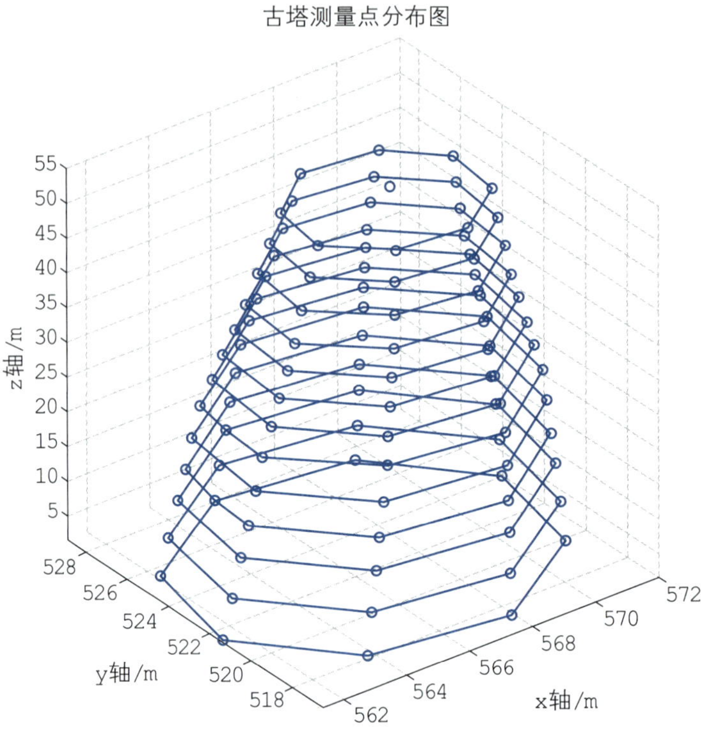

古塔测量点分布图

图 11-24 各层观测点三维图

平面方程的一般表达式为

$$Ax+By+Cz+D=0\,(\,C\neq 0\,)\Rightarrow z=-\frac{A}{C}x-\frac{B}{C}y-\frac{D}{C},$$

因此可设第 k 次测量时第 i 层观测点的拟合平面方程为

$$z=A_i(k)x+B_i(k)y+C_i(k).$$

利用最小二乘法的思想，建立如下优化模型

$$\min\sum_{j=1}^{8}\,\left(A_i(k)x_{ij}(k)+B_i(k)y_{ij}(k)+C_i(k)-z_{ij}(k)\right)^2(i=1,2,\cdots,13;k=1,2,3,4)$$

寻找与各层观测点最接近的平面方程.

该问题为无条件极值问题，函数

$$f(A_i(k),B_i(k),C_i(k))=\sum_{j=1}^{8}\,\left(A_i(k)x_{ij}(k)+B_i(k)y_{ij}(k)+C_i(k)-z_{ij}(k)\right)^2$$

取得极小值的必要条件是三个偏导数应满足

$$\frac{\partial f}{\partial A}=\frac{\partial f}{\partial B}=\frac{\partial f}{\partial C}=0,$$

即

$$\begin{cases}\displaystyle\sum_{j=1}^{8}2\left[A_i(k)x_{ij}(k)+B_i(k)y_{ij}(k)+C_i(k)-z_{ij}(k)\right]x_{ij}(k)=0,\\[2mm]\displaystyle\sum_{j=1}^{8}2\left[A_i(k)x_{ij}(k)+B_i(k)y_{ij}(k)+C_i(k)-z_{ij}(k)\right]y_{ij}(k)=0,\\[2mm]\displaystyle\sum_{j=1}^{8}2\left[A_i(k)x_{ij}(k)+B_i(k)y_{ij}(k)+C_i(k)-z_{ij}(k)\right]z_{ij}(k)=0,\end{cases}$$

整理可得

$$\begin{cases} A_i(k) \sum_{j=1}^{8} x_{ij}^2(k) + B_i(k) \sum_{j=1}^{8} \left[x_{ij}(k) y_{ij}(k) \right] + C_i(k) \sum_{j=1}^{8} x_{ij}(k) = \sum_{j=1}^{8} \left[x_{ij}(k) z_{ij}(k) \right], \\ A_i(k) \sum_{j=1}^{8} \left[x_{ij}(k) y_{ij}(k) \right] + B_i(k) \sum_{j=1}^{8} y_{ij}^2(k) + C_i(k) \sum_{j=1}^{8} y_{ij}(k) = \sum_{j=1}^{8} \left[y_{ij}(k) z_{ij}(k) \right], \\ A_i(k) \sum_{j=1}^{8} \left[x_{ij}(k) z_{ij}(k) \right] + B_i(k) \sum_{j=1}^{8} \left[y_{ij}(k) z_{ij}(k) \right] + C_i(k) \sum_{j=1}^{8} z_{ij}(k) = \sum_{j=1}^{8} z_{ij}^2(k). \end{cases}$$

将各层观测值 $x_{ij}(k), y_{ij}(k)$ 代入上式，利用 MATLAB 编程解上述线性方程组，解得每次测量各层的拟合平面系数 $A_i(k), B_i(k), C_i(k)$，如表 11-39 所示.

表 11-39　拟合后各层的系数

第 i 层	第一次测量拟合平面系数			第 i 层	第二次测量拟合平面系数		
	A	B	C		A	B	C
1	−0.000 83	0.003 417	0.471 956	1	−0.001 49	0.003 715	0.684 4
2	−0.000 82	0.003 629	5.887 189	2	−0.000 49	0.003 782	5.617 203
3	−0.103 53	−0.170 6	160.107 3	3	−0.103 88	−0.170 6	160.297 6
4	−0.084 43	−0.139 13	137.255 6	4	−0.082 9	−0.139 16	136.401 5
5	−0.093 17	−0.156 34	155.815 7	5	−0.093 55	−0.156 34	156.025 7
6	−0.109 06	−0.155 76	169.050 3	6	−0.108 7	−0.155 62	168.762 8
7	−0.097 25	−0.132 91	154.098	7	−0.096 89	−0.132 79	153.828 9
8	−0.100 94	−0.138 74	162.765 3	8	−0.101 35	−0.138 66	162.944 6
9	−0.107 08	−0.149 04	175.128 4	9	−0.106 64	−0.148 86	174.778 4
10	−0.107 13	−0.156 24	182.259 2	10	−0.107 68	−0.156 28	182.591
11	−0.135 03	−0.217 48	234.257 6	11	−0.135 53	−0.217 45	234.520 2
12	−0.145 29	−0.233 31	252.614 9	12	−0.145 91	−0.233 38	252.994 6
13	−0.147 84	−0.253 95	268.996 5	13	−0.148 17	−0.254 01	269.208 7
塔尖	1.144 8	0.703 5	−961.701	塔尖	1.269 504	0.641 135	−999.836
第 i 层	第三次测量拟合平面系数			第 i 层	第四次测量拟合平面系数		
	A	B	C		A	B	C
1	−0.002 37	−0.003 77	5.079 985	1	−0.002 33	−0.003 74	5.040 576
2	−0.003 97	−0.000 19	9.661 222	2	−0.002 55	−0.002 53	10.061 01
3	0.171 78	−0.104 99	−30.246 1	3	0.172 475	−0.106 26	−29.982 2
4	0.140 823	−0.082 76	−19.892 8	4	0.140 913	−0.085 03	−18.772 2
5	0.157 628	−0.090 9	−20.558 3	5	0.158 721	−0.091 92	−20.653 4
6	0.168 466	−0.118 76	−7.632 86	6	0.168 404	−0.119 17	−7.390 17
7	0.134 088	−0.095 3	3.269 996	7	0.133 926	−0.094 93	3.161 969
8	0.139 157	−0.100 75	6.766 714	8	0.139 362	−0.100 79	6.667 407
9	0.147 529	−0.104 82	7.636 402	9	0.148 239	−0.107 21	8.463 752
10	0.152 723	−0.103 46	7.301 055	10	0.155 18	−0.107 13	7.808 521
11	0.215 153	−0.135 88	−6.995 14	11	0.216 632	−0.138 85	−6.295 11
12	0.232 414	−0.147 31	−6.561 17	12	0.231 244	−0.142 26	−8.553 93
13	0.241 372	−0.157 73	−2.088 25	13	0.241 593	−0.158 41	−1.864 42

（3）中心点的确定

中心点即与四周距离相等的点. 根据各层实际观测点近似对称地分布在一个平面的特征，我们在上一小节中所求得的各层拟合平面中寻找一点，使其到该层各观测点距离的平方和最小，建立如下优化模型.

目标函数：到该层各观测点距离的平方和最小，即

$$\min \sum_{j=1}^{8} d_{ij}(k) = \sum_{j=1}^{8} \left[(x_{ij}(k) - x_i^*(k))^2 + (y_{ij}(k) - y_i^*(k))^2 + (z_{ij}(k) - z_i^*(k))^2 \right].$$

约束条件：该中心点在拟合平面上，即

$$z_i^*(k) = A_i(k)x_i^*(k) + B_i(k)y_i^*(k) + C_i(k).$$

该问题为条件极值问题，将约束条件 $z_i^*(k) = A_i(k)x_i^*(k) + B_i(k)y_i^*(k) + C_i(k)$ 代入目标函数可将其转换为无条件极值问题：

$$\min \sum_{j=1}^{8} d_{ij}(k) = \sum_{j=1}^{8} \left[(x_{ij}(k) - x_i^*(k))^2 + (y_{ij}(k) - y_i^*(k))^2 + (z_{ij}(k) - A_i(k)x_i^*(k) - B_i(k)y_i^*(k) - C_i(k))^2 \right],$$

利用 MATLAB 编程求解该无条件极值问题，求得每次各层中心点坐标，将其绘成三维图如图 11-25 所示.

古塔测量点分布图及计算所得的中心坐标

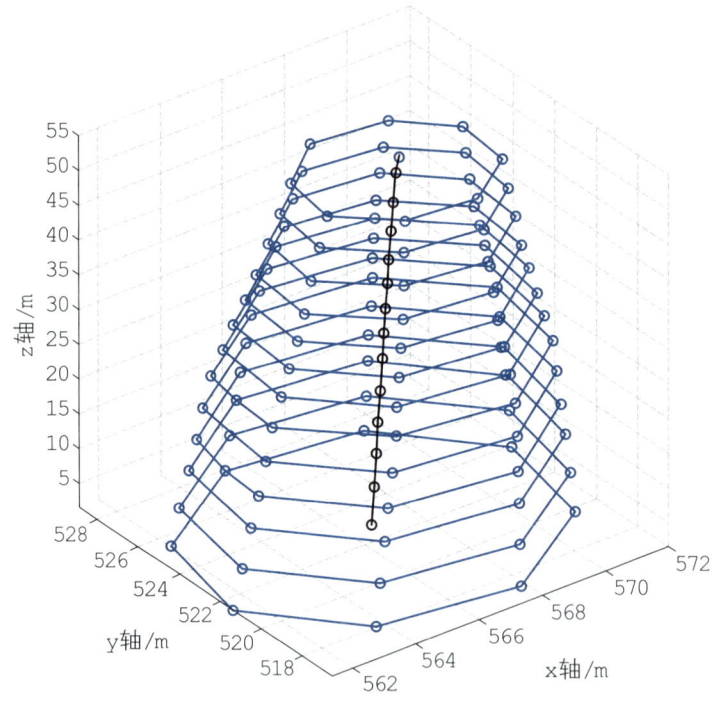

图 11-25　中心点的三维图

2. 问题 2 模型建立与求解

（1）建模思路

根据《中华人民共和国行业标准（JGJ8-2016）:建筑变形测量规范》知，变形是建筑的地基、基础、上部结构及其场地受各种作用力而产生的形状或位置变化现象. 在本问中，我们主要分析古塔三种主要的变形情况：倾斜、弯曲、扭曲.

对于倾斜变形，我们用倾斜角 α 进行描述，其正切值等于塔尖与底层中心的水平距离与塔高的比值，即 $\tan\alpha=\dfrac{d}{H}$；对于弯曲变形，我们先通过投影法拟合出古塔各层中心点所在空间曲线的参数方程，再利用空间曲线的曲率来刻画古塔的弯曲度 K；对于扭曲变形，考虑到扭曲变形实际由古塔水平面的旋转产生，因此我们采用二维坐标 (x,y) 旋转的矩阵变换，通过各观测量点前后的坐标确定古塔的旋转角度 θ，以此刻画古塔的扭曲度. 但是，实际中水平面坐标 (x,y) 不仅发生了旋转变换，还受到倾斜弯曲变形等所引起的平移变化的影响，因此我们在考虑坐标变换的时候加入了平移量 (p,q)，使其更加准确合理.

（2）倾斜变形

古塔的倾斜变形可用其倾斜角 α 来描述，其正切值等于塔尖与底层中心的水平距离与塔高的比值，即

$$\tan\alpha=\frac{d}{H},$$

因此，第 k 次测量的倾斜角可以用如下式子表示

$$\alpha(k)=\arctan\frac{d(k)}{H(k)},$$

其中塔尖与底层中心的水平距离为

$$d(k)=\sqrt{\left[x^*(k)-x_1^*(k)\right]^2+\left[y^*(k)-y_1^*(k)\right]^2},$$

塔高即塔尖与底层中心的纵坐标之差

$$H(k)=z^*(k)-z_1^*(k).$$

根据问题 1 所求出的塔尖与底层的中心坐标，利用距离公式可计算出 $d(k)$、$H(k)$ 的值，其计算方法如下：

$$d(k)=\sqrt{\left[x^*(k)-x_1^*(k)\right]^2+\left[y^*(k)-y_1^*(k)\right]^2},H(k)=z^*(k)-z_1^*(k),$$

再将所得 $d(k)$、$H(k)$ 的值代入

$$\alpha(k)=\arctan\frac{d(k)}{H(k)}.$$

利用 MATLAB 编程求解出 $\alpha(k)$ 的值如表 11-40 所示.

（3）弯曲变形

① 模型分析与建立

弯曲变形是指当杆件受到与杆轴线垂直的外力或在轴线平面内的力作用时，杆的轴线由原来的直线变成弯曲. 因此，古塔的弯曲率即因为变形致使古塔轴线弯曲的程度.

表 11-40　各次测量的倾斜角

测量次数	倾斜角
第 1 次	0.014 1
第 2 次	0.014 2
第 3 次	0.014 6
第 4 次	0.014 7

把古塔各层中心点拟合出的空间曲线作为古塔的轴线. 首先将问题 1 所得到的各层中心点的坐标分别投影到 zOx 平面和 yOz 平面，利用投影法拟合轴线的参数方程，然后利用拟合的空间曲线曲率来刻画古塔在各层的弯曲率 K.

a. 空间曲线拟合

将第 k 次测量时各层中心点分别投影到 zOx 平面和 yOz 平面，得到其投影点坐标

$(x_i^*(k),0,z_i^*(k))$，$(0,y_i^*(k),z_i^*(k))(i=1,2,\cdots,13)$，$(x^*(k),0,z^*(k))$，$(0,y^*(k),z^*(k))$．

利用投影点坐标对 x，z 坐标及 y，z 坐标分别进行二次拟合得空间曲线 l_k 的参数方程如下：

$$\begin{cases} x_k(t)=a_1(k)t^2+b_1(k)t+c_1(k), \\ y_k(t)=a_2(k)t^2+b_2(k)t+c_2(k), \\ z_k(t)=t. \end{cases}$$

b. 曲率计算

根据拟合得到的空间曲线的参数方程 $\begin{cases} x_k(t)=a_1(k)t^2+b_1(k)t+c_1(k), \\ y_k(t)=a_2(k)t^2+b_2(k)t+c_2(k), \\ z_k(t)=t \end{cases}$，以及空间曲线的曲

率公式

$$K_k=\dfrac{\sqrt{\left|\begin{matrix} x_k'(t) & y_k'(t) \\ x_k''(t) & y_k''(t) \end{matrix}\right|^2+\left|\begin{matrix} y_k'(t) & z_k'(t) \\ y_k''(t) & z_k''(t) \end{matrix}\right|^2+\left|\begin{matrix} z_k'(t) & x_k'(t) \\ z_k''(t) & x_k''(t) \end{matrix}\right|^2}}{\left\{\left[x_k'(t)\right]^2+\left[y_k'(t)\right]^2+\left[z_k'(t)\right]^2\right\}^{\frac{3}{2}}},$$

即得到第 k 次测量时古塔的弯曲率函数 $K_k(t)$．

② 模型求解

a. 空间曲线拟合

根据问题 1 得到各层中心点的坐标在 zOx 平面和 yOz 平面的投影坐标．

通过投影坐标对 x，z 及 y，z 坐标分别进行二次拟合，设拟合出的空间曲线参数方程为

$$\begin{cases} x_k(t)=a_1(k)t^2+b_1(k)t+c_1(k), \\ y_k(t)=a_2(k)t^2+b_2(k)t+c_2(k), \\ z_k(t)=t. \end{cases}$$

利用 MATLAB 编程，可计算得到拟合空间曲线系数 $a_i(k),b_i(k),c_i(k)(i=1,2;k=1,2,3,4)$，如表 11-41 所示．

表 **11-41** 中心点拟合得到的空间曲线的系数值

	$a_i(k)$	$b_i(k)$	$c_i(k)$
$x_1(t)$	0.000 07	0.006 40	566.656 24
$y_1(t)$	0.000 01	−0.008 63	522.701 88
$x_2(t)$	0.000 06	0.006 90	566.653 75
$y_2(t)$	0.000 01	−0.008 56	522.700 36
$x_3(t)$	0.000 02	0.010 78	566.703 41
$y_3(t)$	−0.000 04	−0.006 82	522.709 05
$x_4(t)$	0.000 02	0.010 83	566.703 53
$y_4(t)$	0.000 02	0.010 83	566.703 53

b. 曲率计算

对拟合空间曲线参数方程
$$\begin{cases} x_k(t) = a_1(k)t^2 + b_1(k)t + c_1(k), \\ y_k(t) = a_2(k)t^2 + b_2(k)t + c_2(k), \\ z_k(t) = t \end{cases}$$
各式的 t 求一阶导数可得

$$\begin{cases} x'_k(t) = 2a_1(k)t + b_1(k), \\ y'_k(t) = 2a_2(k)t + b_2(k), \\ z'_k(t) = 1, \end{cases}$$

求二阶导数可得

$$\begin{cases} x''_k(t) = 2a_1(k), \\ y''_k(t) = 2a_2(k), \\ z''_k(t) = 0. \end{cases}$$

将表 11-40 所求得的系数 $a_i(k), b_i(k), c_i(k) (i=1,2; k=1,2,3,4)$ 代入参数方程 x, y, z, 分别求对 t 的一阶导数和二阶导数, 再利用空间曲线的曲率公式

$$K_k = \frac{\sqrt{\begin{vmatrix} x'_k(t) & y'_k(t) \\ x''_k(t) & y''_k(t) \end{vmatrix}^2 + \begin{vmatrix} y'_k(t) & z'_k(t) \\ y''_k(t) & z''_k(t) \end{vmatrix}^2 + \begin{vmatrix} z'_k(t) & x'_k(t) \\ z''_k(t) & x''_k(t) \end{vmatrix}^2}}{\left\{ [x'_k(t)]^2 + [y'_k(t)]^2 + [z'_k(t)]^2 \right\}^{\frac{3}{2}}},$$

通过 MATLAB 编程, 求解得到 K_k 的值.

③ 模型结果的分析

根据数据可知, 古塔在各层的弯曲率差距不大, 且最近两次观测弯曲现象有"矫正"倾向, 可能是因为古塔的修复引起的.

(4) 扭曲变形

扭曲变形是建筑产生的非竖向变形, 实际上是由水平坐标 (x, y) 的旋转变换所致. 因此我们考虑对古塔各观测点的水平坐标进行坐标旋转, 通过计算其旋转角度 θ 来描述该点相对于上次测量的扭曲度, 并对每层各观测点的扭曲度取平均值得到该层相对于上次测量的平均扭曲度.

由于古塔的水平坐标变换不仅由扭曲所导致的旋转变换决定, 还与倾斜和弯曲所引起的平移变换有关, 因此为了更准确地描述实际的变换规律, 我们引入逆时针变换的相对扭曲度 θ 和水平坐标的相对平移量 (p, q), 综合考虑水平坐标的旋转变换和平移变换, 建立如下代数模型:

$$(x_{ij}(k-1), y_{ij}(k-1)) \cdot \begin{pmatrix} \cos\theta_{ij}(k) & -\sin\theta_{ij}(k) \\ \sin\theta_{ij}(k) & \cos\theta_{ij}(k) \end{pmatrix} + (p_i(k), q_i(k)) = (x_{ij}(k), y_{ij}(k)),$$

即可求得第 k 次测量时每层各观测点的相对扭曲度 $\theta_{ij}(k)$, 再对同一层的 $\theta_{ij}(k)$ 取平均值

$$\overline{\theta_i}(k) = \frac{\sum_{j=1}^{8} \theta_{ij}(k)}{8},$$

则可求得第 k 次测量时每层的平均相对扭曲度.

上述代数模型通过矩阵乘法得到如下形式：

$$(x_{ij}(k-1)\cos\theta_{ij}(k)+y_{ij}(k-1)\sin\theta_{ij}(k)\,,\,-x_{ij}(k-1)\sin\theta_{ij}(k)+y_{ij}(k-1)\cos\theta_{ij}(k))+$$
$$(p_i(k)\,,\,q_i(k))=(x_{ij}(k)\,,\,y_{ij}(k))\,,$$

即

$$\begin{cases} x_{ij}(k-1)\cos\theta_{ij}(k)+y_{ij}(k-1)\sin\theta_{ij}(k)=x_{ij}(k)-p_i(k)\,, \\ -x_{ij}(k-1)\sin\theta_{ij}(k)+y_{ij}(k-1)\cos\theta_{ij}(k)=y_{ij}(k)-q_i(k)\,. \end{cases}$$

但考虑到实际中其他因素也可能导致水平坐标的改变以及计算误差所带来的影响，上述两个方程不可能同时满足，因此，我们利用最小二乘法寻找 $\theta_{ij}(k)$，使得

$$\{x_{ij}(k-1)\cos\theta_{ij}(k)+y_{ij}(k-1)\sin\theta_{ij}(k)-[x_{ij}(k)-p_i(k)]\}^2+$$
$$\{-x_{ij}(k-1)\sin\theta_{ij}(k)+y_{ij}(k-1)\cos\theta_{ij}(k)-[y_{ij}(k)-q_i(k)]\}^2$$

最小，即求解优化模型

$$\min \quad \begin{aligned}&\{x_{ij}(k-1)\cos\theta_{ij}(k)+y_{ij}(k-1)\sin\theta_{ij}(k)-[x_{ij}(k)-p_i(k)]\}^2+\\&\{-x_{ij}(k-1)\sin\theta_{ij}(k)+y_{ij}(k-1)\cos\theta_{ij}(k)-[y_{ij}(k)-q_i(k)]\}^2.\end{aligned}$$

为简化该无条件极值的计算，我们令 $x=\sin\theta$，$\sqrt{1-x^2}=\cos\theta$，将其转换为关于 x 的无条件极值问题，并利用 MATLAB 编程计算出 $\theta_{ij}(k)$，从而得到 $\overline{\theta}_i(k)$ 的值. 可知古塔在 1999 年到 2009 年期间发生了较大的扭曲变形.

3. 问题 3 模型的建立与求解

我们认为建筑物变形由建筑物的倾斜、弯曲、扭曲因素共同造成. 由于题中只给出了 4 次统计的数据，而我们的目标是分析古塔未来多年的变化趋势，因此我们采用信息不完全、不充分的预测系统——灰色预测对古塔未来的变形趋势进行预测. 我们建立 GM(2,1) 模型

$$\frac{\mathrm{d}^2 x^{(1)}}{\mathrm{d}t^2}+a\,\frac{\mathrm{d}x^{(1)}}{\mathrm{d}t}=b\,,$$

分别从古塔的倾斜、弯曲、扭曲三个方面来研究古塔的变形趋势.

由上一小节得到的数据结果可知三种变形情况的原始数据序列，记为

$$x^{(0)}=(x^{(0)}(1),x^{(0)}(2),x^{(0)}(3),x^{(0)}(4))\,,$$

对其序列作一次累加得到的累加序列记为

$$x^{(1)}=(x^{(1)}(1),x^{(1)}(2),x^{(1)}(3),x^{(1)}(4))\,,$$

对 $x^{(1)}$ 求均值得到均值序列记为

$$\alpha^{(1)}x^{(0)}=(\alpha^{(1)}x^{(0)}(1),\alpha^{(1)}x^{(0)}(2),\alpha^{(1)}x^{(0)}(3),\alpha^{(1)}x^{(0)}(4))\,,$$

即可建立古塔三种变形情况下变化趋势的白化微分方程为

$$\frac{\mathrm{d}^2 x^{(1)}}{\mathrm{d}t^2}+a\,\frac{\mathrm{d}x^{(1)}}{\mathrm{d}t}=b\,,$$

由于 GM(2,1) 模型 $\dfrac{\mathrm{d}^2 x^{(1)}}{\mathrm{d}t^2}+a\,\dfrac{\mathrm{d}x^{(1)}}{\mathrm{d}t}=b$ 中参数的最小二乘估计满足

$$\hat{u}=(\hat{a},\hat{b})^{\mathrm{T}}=(\boldsymbol{B}^{\mathrm{T}}\boldsymbol{B})^{-1}\boldsymbol{B}^{\mathrm{T}}\boldsymbol{Y}\,,$$

其中

$$B = \begin{bmatrix} -x^{(0)}(2) & -z^{(1)}(2) & 1 \\ -x^{(0)}(3) & -z^{(1)}(3) & 1 \\ \vdots & \vdots & \vdots \\ -x^{(0)}(n) & -z^{(1)}(n) & 1 \end{bmatrix},$$

$$Y = \begin{bmatrix} \alpha^{(1)} x^{(0)}(1) \\ \alpha^{(1)} x^{(0)}(2) \\ \vdots \\ \alpha^{(1)} x^{(0)}(n) \end{bmatrix} = \begin{bmatrix} x^{(0)}(2) - x^{(0)}(1) \\ x^{(0)}(3) - x^{(0)}(2) \\ \vdots \\ x^{(0)}(n) - x^{(0)}(n-1) \end{bmatrix}.$$

利用 MATLAB 编程, 即可得倾斜角的预测函数

$$\alpha = 0.013\ 566\ 7t + 0.002\ 488\ 89\mathrm{e}^{0.214\ 286t} + 0.011\ 611\ 1,$$

并得到倾斜角 α 的误差检验, 如表 11-42 所示.

表 11-42　倾斜角 α 的误差检验表

序号	原始数据	预测数据	残差	相对误差
2	0.014 2	0.014 2	0.000 038 5	0.27%
3	0.014 6	0.014 3	0.000 296 4	2.03%
4	0.014 7	0.014 5	0.000 220 3	1.50%

四、模型的检验与推广(略)

MATLAB简介

一、MATLAB 的几个常用命令

1. 帮助命令（help）

MATLAB 提供了方便的在线帮助命令（help），利用它可获得各个命令的用法指南.它有以下几种形式：

（1）help

只输入 help，将列出所有的目录，它们是各自函数群组名称：

Matlab/general

Matlab/ops

……

（2）help 目录名

MATLAB 提供自动检索函数及参数名称的功能.例如，所有线性代数函数都在 matfun 目录下，要列出该目录下所有函数的名称，可输入 help matfun，help lang 将列出与 MATLAB 编程语言有关的所有命令及其函数.

（3）help 函数名

查询函数的相关信息，包括它的意思、用法（命令格式）和相关事项.例如，想了解 limit 的用法可输入

>> help limit

2. demo 命令

打开 MATLAB 例子，跟着计算机学习有两种方法：

（1）输入 demo；

（2）在菜单中双击"Examples and Demos"命令.

3. 编辑命令行

在使用 MATLAB 时经常需要对输入的命令进行编辑，表 1 是一些编辑键的编辑作用.

例如，当你输入 x=sn(1/2)回车时，系统会产生如下提示：

??? Undefined function or variable'sn'.

表 1

功能键	快捷键	作用
↑	Ctrl+p	调用前一行
↓	Ctrl+n	调用下一行
←	Ctrl+b	光标向后移一字符
→	Ctrl+f	光标向前移一字符
Home	Ctrl+a	光标移至行首
End	Ctrl+e	光标移至行尾
Delete	Ctrl+d	删除光标后字符
Backspace	Ctrl+h	删除光标前字符
Esc	Ctrl+u	清除行

功能键	快捷键	作用
Ctrl+←	Ctrl+l	光标向左移一个词
Ctrl+→	Ctrl+r	光标向右移一个词
	Ctrl+k	删除光标至行尾的字符

此时，可用"↑"键重新显示该语句，并用"←"键将光标移到字母"s"之后，输入字母"i"改正，回车即可.

二、 MATLAB 的变量

在 MATLAB 中存在一些固定变量，见表 2.

表 2

函数名	含 义
i,j	虚数单位
pi	π
inf	无限大
realmax	最大正浮点数值
realmin	最小正浮点数值
NaN	不定值

MATLAB 对变量名有下面三个规定：

（1）变量名的开头必须是一个英文字母；

（2）区分大小写；

（3）变量名不能超过 31 个字符.

有时，某个变量作用在多个函数上，这时可声明为全局变量. 例如：

```
global  PI
        PI = 3.14
```

约定:尽量用大写字母书写全局变量.

MATLAB 的符号变量在使用前必须声明，如:syms x y a.

三、 MATLAB 的基本数组函数

表 3 是 MATLAB 的一些基本数组函数表.

表 3

函数名	功能
sin	正弦
cos	余弦
tan	正切
cot	余切
sec	正割
csc	余割

函数名	功能
asin	反正弦
acos	反余弦
atan	反正切
acot	反余切
asec	反正割
acsc	反余割
sinh	双曲正弦
cosh	双曲余弦
tanh	双曲正切
coth	双曲余切
exp	指数
log	自然对数
log10	常用对数
log2	以 2 为底的对数
pow2	以 2 为底的指数
sqrt	平方根
abs	绝对值
image	复数的虚部
real	复数的实部

例如,在 MATLAB 中, $\exp(2*x)$ 表示函数 e^{2x}.

四、绘图简介

1. plot 命令

输入 plot(a,b) 会画出一个以 a 为 x 轴, b 为 y 轴的图形. 如输入

≫ x = 0:pi/50:1/2 * pi;

≫ plot(x,cos(x))

图形如图 1 所示.

plot 命令中增加一个参数,用来控制图形的颜色、粗细等,输入格式为:plot(a,b,'参数'). 表 4 列出几个常用的 plot 附加参数.

表 **4**

参数	含义	参数	含义	参数	含义
y	黄色	k	黑色	p	五角星形
m	紫色	w	白色	×	打叉
c	青色	o	圆	–	实线
r	红色	.	点	:	虚线
g	绿色	+	加号	–.	点划线
b	蓝色	*	星号	——	破折线

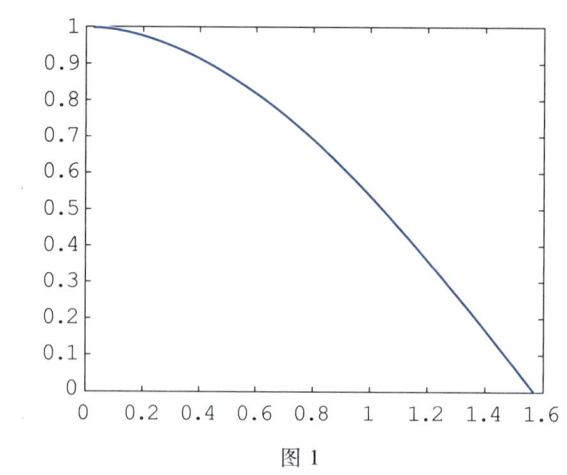

图 1

在一个坐标系上画几个图形, 可输入如下形式的命令:

```
>> x = 0:pi/50:2*pi;
>> plot(x,sin(x),'r',x,sin(x)-0.1,'b')
```

结果见图 2.

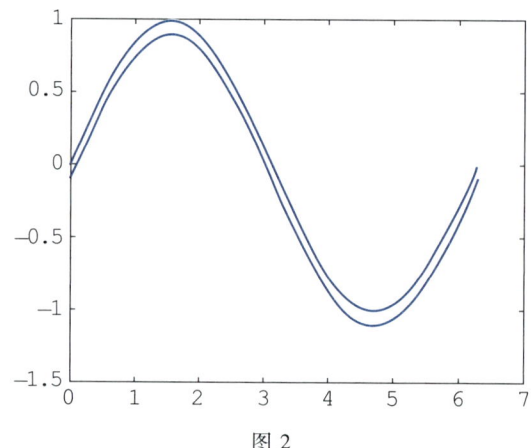

图 2

2. surf 命令

surf 是画出一个三维表面图的命令. 例如输入:

```
>> z = peaks(50);
>> h = surf(z);
```

其中 peaks(50) 是取一个 50×50 的高斯分布矩阵. 结果见图 3.

3. mesh 命令

mesh 命令可以画出一个网状三维图形. 例如输入

```
>> z = peaks(50);
>> h = mesh(z);
```

结果如图 4 所示.

4. plot3 命令

plot3 用来绘制三维线形图. 如输入以下命令:

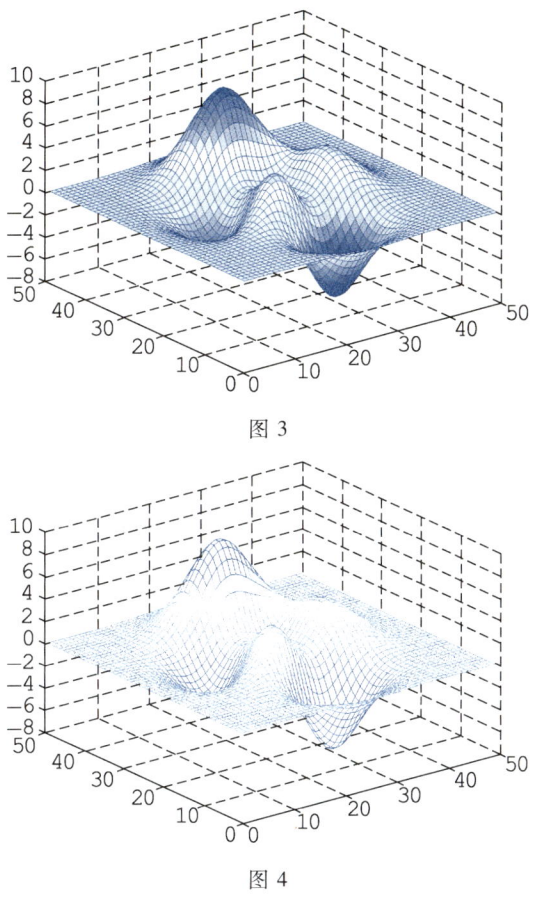

图 3

图 4

```
>> x = 0:pi/50:10 * pi;
>> plot3(sin(x),cos(x),x);
>> grid on
```

结果如图 5 所示.

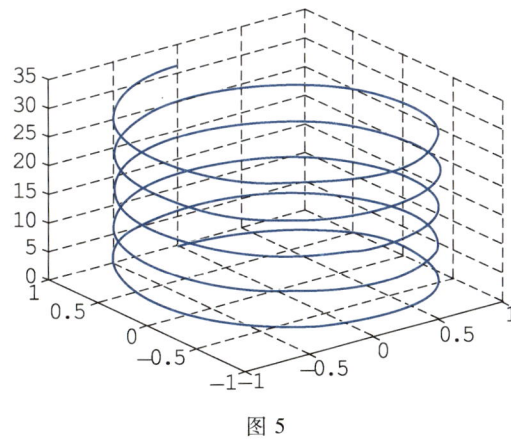

图 5

五、M 文件编程

通常，输入一条一条的命令，就会得到执行结果. 但有时，一条一条地输入命令难以实现复杂功能，MATLAB 设立了文件编辑器.

在"File"菜单中打开"New"命令菜单,"M-file"表示新建一个 M 文件,或在命令窗口用 edit 命令打开,这时,会出现 MATLAB 的编辑器:Matlab Editor Debugger. 所有 M 文件都是以".m"作为扩展名. M 文件有两种:脚本和函数. 下面给出一函数文件的例子.

例 1 建立函数文件 mean.m 计算矩阵的平均值.

```
function y = mean(x)        % (定义行, 其中 x 为输入参数, y 为输出参数, mean 为函数名)
% MEAN average or mean value
% for vectors, mean(x) returns the mean value
% for matrices, mean(x) is row vector
% containing the mean value of each column
[m, n] = size(x);
if m == 1                   % 函数体
    m = n;
end
y = sum(x) /m;
```

保存退出编辑窗口后,在命令窗口输入:

```
>> x = 1:100;
>> m = mean(x)
```

得

```
m =
    50.500 0
```

编辑函数 M 文件时,须注意:

(1) M 文件的第一行必须用关键字"function"把文件定义为一外函数,并说明该函数的名称(与文件名相同)、输入参数、输出参数,否则为脚本文件.

(2)"%"后面的语句为注释,只为程序易于理解,而不被 MATLAB 执行.

(3) 函数体是函数的主体部分. 它可以有流程控制、交互输入输出、计算、赋值、注释,还可包括函数调用和对文本文件的调用.

MATLAB 提供了循环语句、条件转移语句等一些常用的控制语句.

1. 循环语句

(1) for 循环

格式: for   循环变量 = 初始值:步长:终止值
                  循环体

              end

(2) while 循环

格式: while   表达式
                    循环体

              end

2. 条件转移语句

（1）if else 语句

有三种格式：

第一种　if　　逻辑表达式

　　　　　　　执行语句

　　　　　　end

第二种　if　　逻辑表达式

　　　　　　　执行语句 1

　　　　　else　执行语句 2

　　　　　　end

第三种　if　　逻辑表达式 1

　　　　　　　执行语句 1

　　　　　elseif　逻辑表达式 2

　　　　　　　执行语句 2

　　　　　　end

（2）switch 语句

格式：　switch　表达式

　　　　　case　值 1

　　　　　　　语句 1

　　　　　case　值 2

　　　　　　　语句 2

　　　　　otherwise

　　　　　　　语句 3

　　　　　　end

例 2（双重循环）　编写 **a1.m** 文件如下：

```
function a = a1(i,j)
for i = 1:3
  for j = 1:3
    a(i,j) = i+j;
  end
end
```

在命令窗口输入

```
>> a = a1
a =
    2    3    4
    3    4    5
    4    5    6
```

例 3 写出下式的赋值程序 $y = \begin{cases} 10, & x \geqslant 1, \\ 0, & -1 < x < 1, \\ -10, & x \leqslant -1. \end{cases}$

解 编写 a2.m 文件如下：

```
function y = a2(x)
if x >= 1
  y = 10
elseif x > -1 & x < 1
  y = 0
else  y = -10
end
```

在命令窗口输入

```
>> y = a2(10)
y =
    10
```

例 4 求从 1 到哪个自然数之和大于或等于 100.

解 编写 a3.m 文件为

```
function i = a3(sum)
sum = 0 ; i = 0 ;
while sum < 100
  i = i + 1 ;
  sum = sum + i ;
end
```

在命令窗口输入

```
>> i = b3(100)
i =
14
```

六、MATLAB 求解数学问题的一些常用命令(表 5)

表 5

输入命令格式	表达式
limit (f, x, a)	$\lim\limits_{x \to a} f(x)$
limit (f, x, a, 'left')	$\lim\limits_{x \to a^-} f(x)$
limit (f, x, a, 'right')	$\lim\limits_{x \to a^+} f(x)$
diff(f) 或 diff(f, x)	$\dfrac{\mathrm{d}}{\mathrm{d}x} f(x)$
diff(f, 2) 或 diff(f, x, 2)	$\dfrac{\mathrm{d}^2}{\mathrm{d}x^2} f(x)$

输入命令格式	表达式
diff(f,n) 或 diff(f,x,n)	$\dfrac{\mathrm{d}^n}{\mathrm{d}x^n}f(x)$
diff(S,'x')	求表达式 S 关于 x 的导数
diff(S,'x',n)	求表达式 S 关于 x 的 n 次导数
int(f) 或 int(f,x)	$\int f(x)\,\mathrm{d}x$
int(f,a,b) 或 int(f,x,a,b)	$\int_a^b f(x)\,\mathrm{d}x$
dsolve('Dy=f(x,y)','x')	求一阶微分方程 $y'=f(x,y)$ 的通解
dsolve('Dy=f(x,y)','y(0)=a','x')	求一阶微分方程 $y'=f(x,y),y(0)=a$ 的特解
dsolve('D2y=f(x,y,Dy)','y(0)=a', 'Dy(0)=b','x')	求二阶微分方程 $y''=f(x,y,y')$, $y(0)=a,y'(0)=b$ 的特解
+	加
−	减
* 或 .*	乘
/ 或 ./	除
A′	A 的转置
inv(A)	求方阵 A 的逆
rref(A)	将 A 化为简化矩阵(简化行阶梯形矩阵)
rank(A)	求矩阵 A 的秩
bino	二项分布
chi2	卡方分布
norm	正态分布
poiss	泊松分布
t	t 分布
unif	均匀分布
unid	离散均匀分布
mean (x)	x 为向量,求 x 的各元素的平均值
median (x)	x 为向量,求 x 的各元素的中位数
geomean (x)	x 为向量,求 x 的各元素的几何平均值
harmmean (x)	x 为向量,求 x 的各元素的调和平均值
var (x)	x 为向量,求 x 的各元素构成的样本的方差
std (x)	x 为向量,求 x 的各元素构成的样本的标准差

参考文献

[1] 周品，赵新芬. MATLAB 数学建模与仿真. 北京：国防工业出版社，2009.

[2] 王文波. 数学建模及其基础知识详解. 武汉：武汉大学出版社，2006.

[3] 姜启源，谢金星，叶俊. 数学模型. 6 版. 北京：高等教育出版社，2024.

[4] 赵静，但琦. 数学建模与数学实验. 5 版. 北京：高等教育出版社，2020.

[5] 韩中庚. 数学建模方法及其应用. 3 版. 北京：高等教育出版社，2017.

[6] 徐全智，杨晋浩. 数学建模. 2 版. 北京：高等教育出版社，2008.

[7] 韩中庚，周素静. 数学建模实用教程. 2 版. 北京：高等教育出版社，2020.

郑重声明

高等教育出版社依法对本书享有专有出版权。任何未经许可的复制、销售行为均违反《中华人民共和国著作权法》,其行为人将承担相应的民事责任和行政责任;构成犯罪的,将被依法追究刑事责任。为了维护市场秩序,保护读者的合法权益,避免读者误用盗版书造成不良后果,我社将配合行政执法部门和司法机关对违法犯罪的单位和个人进行严厉打击。社会各界人士如发现上述侵权行为,希望及时举报,我社将奖励举报有功人员。

反盗版举报电话 (010)58581999 58582371
反盗版举报邮箱 dd@hep.com.cn
通信地址 北京市西城区德外大街4号
         高等教育出版社知识产权与法律事务部
邮政编码 100120

读者意见反馈

为收集对教材的意见建议,进一步完善教材编写并做好服务工作,读者可将对本教材的意见建议通过如下渠道反馈至我社。

咨询电话 400-810-0598
反馈邮箱 gjdzfwb@pub.hep.cn
通信地址 北京市朝阳区惠新东街4号富盛大厦1座 高等教育出版社总
         编辑办公室
邮政编码 100029

资源服务提示

授课教师如需获得本书配套教辅资源,请登录“高等教育出版社产品信息检索系统”(http://xuanshu.hep.com.cn)搜索本书并下载资源,首次使用本系统的用户,请先注册并进行教师资格认证。也可电邮至资源服务支持邮箱:mayzh@hep.com.cn,申请获得相关资源。